U0249585

胡宁生 著

趣味力学现象

国华题

江苏凤凰教育出版社
Phoenix Education Publishing, Ltd

图书在版编目（CIP）数据

趣味力学现象/胡宁生著. —南京：江苏凤凰教
育出版社，2016.12（2017.4 重印）
　ISBN 978 - 7 - 5499 - 6034 - 7

　Ⅰ. ①趣…　Ⅱ. ①胡…　Ⅲ. ①力学—普及读物　Ⅳ.
①O3 - 49

中国版本图书馆 CIP 数据核字（2016）第 217721 号

书　　名	趣味力学现象
著　　者	胡宁生
责任编辑	刘　芳　姚　喆
装帧设计	卞　磊
出版发行	江苏凤凰教育出版社（南京市湖南路 1 号 A 楼　邮编 210009）
苏教网址	http://www.1088.com.cn
照　　排	南京凯建图文制作有限公司
印　　刷	江苏凤凰新华印务有限公司
厂　　址	江苏省南京市新港经济技术开发区尧新大道 399 号
开　　本	787 mm×1092 mm　1/16
印　　张	24.25
版　　次	2016 年 12 月第 1 版 2017 年 4 月第 2 次印刷
书　　号	ISBN 978 - 7 - 5499 - 6034 - 7
定　　价	68.00 元
网店地址	http://jsfhjycbs.tmall.com
公 众 号	苏教服务（微信号：jsfhjy）
邮购电话	025 - 85406265，025 - 85400774，短信 02585420909
盗版举报	025 - 83658579

前　言

自从享誉世界的俄罗斯趣味科学大师别莱利曼写出《趣味力学》以来，已过了整整一个世纪。在近百年中，牛顿力学在日常生活中得到了极其广泛的应用。这些既巧妙又有趣的力学应用，在本书中基本都有涉及。

在撰写本书的两年中，作者曾关注了世人久久未能解释的一些力学现象。作者尝试着破解了其中的几个谜团，现将这几个谜团写出来，让读者看看作者的解释是否有道理。

谜团一是：昆虫为什么长六条腿？国外互联网上有一条内容说："一句话，这个问题没有答案，因为昆虫总要长腿，只是碰巧长了六条而已。如果昆虫长了四条腿（作者注：正如英文版《圣经·利未记》11:20中所说：……对所有用翅膀飞而又用四条腿行走的昆虫，都应该被你们厌恶……），那么你又会问：'昆虫为什么长四条腿？'"对这个看似无法解决的难题，作者却悟出了昆虫会不约而同地长六条腿是有深层力学原因的。

谜团二是：古秘鲁人是怎样画出那在地面上看不全的纳斯卡巨大图形的？对这个被列入世界十大谜团之一的难题，曾有一位德国女数学家玛利亚·赖歇（Maria Reiche）在纳斯卡毕其半生也没解决。但作者在本书中指出：一年级的中国小学生就能想出来画出看不全的巨大图形的方法。

谜团三是：张衡地动仪的奥秘是什么？中国正史《后汉书》记载，张衡曾制造出地动仪，并得到了实际应用。可近130年来，中外学者却都解释不了张衡地动仪的工作原理，他们也都还原不出张衡地动仪。可他们却总不肯承认，已掌握了近代力学知识的自己还会不如1800年前的张衡，最后他们只好说，张衡地动仪的历史记载错了。因此，国内网络上对张衡地动仪也全是质疑之声。

对于这一问题，本书作者于2013年用理论和实验证明了张衡地动仪的记录是正确的，并在2014年出版了《张衡地动仪的奥秘》一书。

谜团四是：（行进中的）自行车为什么不会倒？此处先对这个力学趣题进行简扼介绍：早在1897年，法国科学院就曾悬赏征求最佳解答，结果此奖被法国数学家布尔莱（Bourlet）获得。但几乎同时，英国数学家惠普尔（Whipple）也从剑桥大学获得此问题的"史密斯"奖。但上述两个奖项似乎都未能完满解答问题，以至20世纪的各国出现了对"行进中的自行车为什么不会倒"这个问题的各种解释。在以后的几十年中，不少权威学术刊物上还不时会出现对前述解释的驳斥论文，如在1970年的《今日物理》上。这种局面一直延续到近几年，如在2011年英国的《皇家学会会刊》上，和在2011年美国的《科学》（Science）期刊上，都刊出了有关"行进中的自行车为什么不会倒"的论文。

更有趣的是，直到2013年，比利时排名第一的根特大学还将15万欧元的研究基金用于自行车稳定性的再研究。

总之，对"自行车稳定性的破解"成为世上罕见的、能先得两次奖又能再争论100多年而尚不能获得共识的奇特事例。

本书作者不易看到那些得奖论文，只好运用力学去独立研究"行进中的自行车为什么不会倒"的物理机制，并将结果以科普读物形式写在本书内。本书作者写完后才知道，其获得的结论竟与戴维 E. H.琼斯（David E. H. Jones）1970年发表在《今日物理》上的结论完全一致。能有两个人用不同的方法得出同样的结论，看来那个结论的可信度应该是比较高的。可是很遗憾，琼斯提出的自行车之所以不倒的机制理论或许是因为用到的数学过于深奥，非但没有得奖，还在2011年被指为"这种机制是不必要的"。

此外，还有一个很难的热门问题，即被带到别处的鸽子是怎么回家的。作者在本书中对已有的和新提出的各种观点进行了较深入的分析，另外也提出了自己的一种新观点。

本书力图以深入简出而又引人入胜的写法，去阐述看似高深的力学现象。其实，即使是世界级的力学难题，一旦被破解后，也能用科普语言讲清楚。凡有小学五年级以上程度的各行各业人员，应都能读懂本书。如不看书中的少量公式，也不会影响对内容的理解。本书适合下列人群：

1. 对生活中的力学现象感兴趣的人。相信他们在看过本书后，就能独立想通很多力学现象了；

2. 对力学课不感兴趣，因而力学成绩不佳的学生；

3. 经历考试后想松一口气的人；

4. 尚在犹豫选文科还是理科的学生；

5. 为选什么作为生日礼物而操心的家长。

本书提出了很多独特的见解，并批驳了许多当前流行的似是而非的观点。在写本书时，作者也难免出现一些错误，在此恳请看出错误的读者不吝指出，以便本书在再版时改正（可用 E-mail:13809031359@163.com）。

胡宁生

2015年9月于南京

目　录

◆ 第一章　重力的奇妙效应 ◆

◆ 第二章　动物的行进 ◆

◆ 第三章　物体的平衡 ◆

◆ 第四章　生活中的力学现象 ◆

目 录

◆ 第五章　似是而非的力学解释 ◆

◆ 第六章 有危险的力学现象 ◆

◆ 第七章　最不可思议的理论——宇宙大爆炸 ◆

◆ 附：对本书各问题之解答 ◆

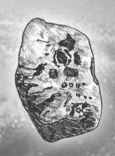

第一章
重力的奇妙效应

1.1 昆虫长六条腿之谜

昆虫只长四条腿行不行呢？作者依据自己的研究结果，先编个神话来回答。

话说很久以前，上帝在创世之初，曾问昆虫要几条腿。昆虫答要四条，就像猫、狗一样。但是仅过了一天，昆虫就哭哭啼啼、一路狂奔着找到上帝，说是四条腿不行呀，我跑得一慢，身子就会拖地。如要不拖地，我就得全天狂奔，以致不但累得够呛，而且还饿得不行。我甚至难以攀爬，须知对我们这种小身材来说，世上几无坦途可言，到处都是高大的障碍物，我辈非得时时攀爬不可。所以失去攀爬本领对我们来说是无论如何也不能接受的，于是上帝就改赐了六条腿给昆虫。

有趣的是，英文版《圣经·利未记》11：21、22中写道：……然而，有些有翅膀又用四条腿行走的生物，例如蝗虫、蟋蟀和蚂蚱，你们（人）可以吃（显然，写《圣经》的40个人中有1个人误把六条腿的昆虫写成了四条腿，可能是他没有认真数过昆虫的腿的条数。但是圣经应该不会出错，可能是几千年前写《圣经》时，昆虫确实是四条腿的。为此，古生物学家进行了研究，后来他们发现，在柏油塘中或琥珀中保留了上万年的古代昆虫确实是六条腿的）。

有的生物学家说，昆虫长六条腿是自然界进化的结果，这不已解答了吗？问题是昆虫为什么会进化成六条腿，他却答不上来。

研究昆虫为什么长六条腿似乎是没有什么实际意义的，可这问题却有很浓的趣味性，它可以看出人类的认知能力到底有多高。

谷歌上有一条内容涉及昆虫为什么长六条腿，可查到的答案竟说"这个问题没有答案"。这表明，世人已承认自己无法找出原因。

有关趣例是，上世纪初，为了发展航空事业，法国科学家们建立了一套空气动力学理论。可是，当他们用这套理论去计算大黄蜂的飞行时，得到的结论却是，大黄蜂的翅膀太小，以至于根本飞不起来，显然这个结论与实际不符，这件事还曾遭到法国公众的嘲笑。人们说，所谓的科学家，水平也不过如此，他们连大黄蜂的飞行都解释不了，更不用说像昆虫为什么长六条腿那样无从下手的难题了。

　　现在看来，昆虫为什么长六条腿的谜团如能解开，就不但能给进化论学说又提供一个有力例证，而且对生物教师的讲课也是十分有益的。

　　昆虫长六条腿果真是没有原因的吗？是近百万种昆虫自己随意地长了六条腿？还是上帝给了昆虫六条腿？作者在用力学原理对各种动物的行进作了系统的研究后，才逐渐悟出了昆虫长六条腿的原因。虽然这仅是个人之见，但还是想把它写出来供大家评议。

　　其实，研究昆虫长几条腿并非没有实际意义，昆虫对人类生活还是有重大影响的。例如，世界史记载，全球多处都发生过蝗灾。那时，铺天盖地的蝗虫吃光了全部庄稼的叶片，以致农民颗粒无收。在整个人类的历史中，因蝗灾而饿死的灾民加起来恐怕有上百万之多。因此，全面开展蝗虫研究就很有必要了，而要全面研究，那么蝗虫为什么长六条腿应该也是一个课题。在该研究的启示下，可提出一种灭蝗虫的新方法，即在庄稼植株近地处的茎外涂上一圈润滑物（如油粉混合液）。这样，那些翅膀还未长成的幼龄蝗虫，即使它有六条腿之多，也不能爬上植株去觅食了。于是，若干亿个幼龄蝗虫就得饿死，若干万人就可以足食。另一个更好的防蝗虫的方法是，可以培育一种茎秆上能长出硬毛的庄稼，这样蝗虫就都爬不上植株了。近年，有科学家指出：人类正面临地球无力负担若干亿人食物供给这一尴尬的局面。可是，地球上却生活着极多的昆虫，即使每人每年吃掉 1 000 千克的昆虫，理论上，人把昆虫当食物还是可行的。所以，研究昆虫食品的开发和昆虫养殖的方法应该会有很好的前景。据报道，目前荷兰超市内已有昆虫食品在销售了。

正如《圣经》中指出的，人可以吃的昆虫有几种。而且，有些地区的民众早就有吃某些昆虫的习俗了。据报道，有人在巴黎街头免费请路人品尝自己做的油炸面拖虾，而尝过的人无不夸赞它是一道美味。殊不知，所谓的面拖"虾"，其实是面拖"蝗虫"。

1.1.1　四条腿动物的行进特点

我们不难发现，各种动物在静止时，它们的身体重心总会落在着地各条腿所形成的区域（如矩形）内，这时动物就不会有倾倒力矩，而是处在稳定状态。但当动物一旦开始行走了，如狗在迈出一条（左）前腿（A）时，就只剩下三条腿着地了（见图1.1.1A），此时狗的重力矢量 W 就会越出这三条腿（B、C、D）所形成的支撑三角形（因为狗的前部比后部重些）。这时，重力 W 乘以越出距离 d，就构成了一个会使狗的前部下沉的力矩。

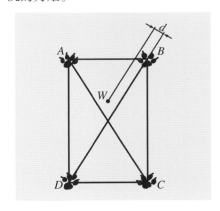

图1.1.1A　狗的着地点

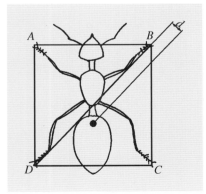

图1.1.1B　假想的只有四条腿的昆虫

前面已讲到，狗在行进中，前部会有下落的倾向。而昆虫在行进中抬起任何一条后腿时，有下落倾向的不是躯体的前部，而是躯体的后部，这是因为昆虫躯体的后半部往往较重，见图1.1.1B。

1.1.2　四条腿昆虫行进时的下落力学分析

由于昆虫下落部分移动时会受到昆虫另半部分的牵制，所以昆虫下落部分的加速度就会达不到自由落体重力加速度g的全部值，估计只能达到0.8g左右（其实，采用0.5～0.9g中的数值都可以，因为这个值并不会影响以后计算结果的特点）。我们注意到，自由落体（不论其大小和轻重）从一开始下落的瞬间（如三十分之一秒以内），会每秒增加9.8米，即g。虽然各物体的形状不同，但因下落速度的数值很小，此时落体受到的空气阻力都是非常小的（此阻力与速度的平方成正比），所以可以忽略不计空气阻力对昆虫躯体下落运动的影响。

我们下面举一个已简化的计算例子：对一个体高仅6毫米的昆虫来说，如允许它在行进时的腹部下沉量为2毫米（否则其腹部的尾端将拖地，从而大大地增加行进时的阻力），那么我们就可以知道物体作加速运动时的移动距离s及加速度a和作用时间t，从而用中学课本中熟知的公式$s=\dfrac{a\cdot t^2}{2}$来得知s、a、t三者间的关系。上述公式可改写为$t^2=\dfrac{2s}{a}$或$t=\sqrt{\dfrac{2s}{a}}$。前面已讲过，昆虫在行进中，其腹部下沉的加速度a可取0.8g，而$g=9.8$ m/s^{2}或$g=9\,800$ mm/s^2。以此a值及$s=2$ mm代入t式，就可以求出昆虫行进中允许的最大下落时间t。这样，我们就可以得到

$$t=\sqrt{\frac{2s}{a}}=\sqrt{\frac{2\times 2(\text{mm})}{0.8\times 9\,800(\text{mm/s}^2)}}=\frac{1}{44}\text{ s}$$。注意，在此四十四分之一秒的时间

内，昆虫不仅要抬起一条后腿向前迈一步，而且还要在此条后腿着地后再向后方至少蹬半步（以使此昆虫的重心前移到不再产生下落力矩的状况）。可见四条腿的昆虫在行进中每秒将作至少44次的跨步动作，这就解释了前面神话中提到的四条腿的昆虫为什么要狂奔了。其实，四条腿的昆虫要想在行进时不必狂奔也有其他办法。如它可以采用一种特殊的走法，即它每用一条后腿快走一步，就再用一条前腿慢走一步（因为四条腿的昆虫在只抬起一条前腿时，其腹部仍有后腿撑着，故腹部此时并不会下落），然后再用一条后腿迅速地走一步。显然，这种复杂的走法很可能会使昆虫的头脑和运动系统超载，所以昆虫宁可用增加两条腿的方法去解决问题（下文会讲到六条腿行进的优点）。

小结一下，四条腿的昆虫在行进时的不利因素首先是上述的要作每秒高达44步的狂奔（动物是不能以太高频率运动的，以人类自己为例，人摆动两根手指的最高频率约为每秒3次，远达不到手指肌肉力量所能达到的每秒约20次。你可以做一下下面这个试验，让别人拿一张钞票，你的手放在他的手的下方，然后他放手让钞票下落。当你看到钞票下落时，你可以试着用两根手指去夹那张钞票。如果你能夹到该钞票，它就归你了。计算表明，钞票从开始下落到掉离你手指的时间有100多毫秒，你可试试能否夹住它）。其次是昆虫如以高速行走，则其复眼看到的近物的单幅图像就会做高频变换，而这种高频变换会要求昆虫的头脑做出高频响应，否则会使昆虫陷入无法看清图像的窘境。快速行进的昆虫如看不清前面的障碍物，其后果不难想象。

图 1.1.2A　狂奔的四条腿昆虫

　　昆虫界著名的短跑运动员是虎甲。不少人见过，虎甲在空旷处高速狂奔几十厘米后会停歇一下，然后再继续狂奔。这是因为，狂奔中的虎甲是个睁眼瞎，它非得时不时地停下 1～2 秒，等看清了前方后，才能再狂奔几十厘米。

　　昆虫如高速行进，第三个不利因素是会消耗掉更多的能量，这就要求昆虫吃下更多的食物。人们知道，如考虑自身表面积的因素，则小型动物每天需要的食物会大于大型动物。事实上，有些小动物已几乎全天都在觅食了，我们总不能要求昆虫在睡着时也进食吧！

　　看完以上内容，读者不禁要问：为什么脊椎动物能用四条腿行进呢？这是因为，对体型较大的四条腿动物来说，如高为 500 毫米的狗，它在行进中，每步的躯体下落量即使大达 50 毫米（昆虫的下落量只能达到几毫米），也不会给行进带来显著不利影响。与躯体下落量 50 毫米相应的步速是较慢的，仅为每秒约3步（而不是昆虫的每秒44步）。这样，狗在行进时就不必狂奔。

对某些小体型脊椎动物来说，由于它们拥有坚强的脊椎，所以可以将前腿长得尽量靠前，而后腿又长得尽量靠后，从而获得较稳定的支撑方式。例如，小蜥蜴就长有这样的前腿和后腿。而且，蜥蜴还会用它的粗长尾巴去平衡它头部的重量。这样，当蜥蜴抬起一条腿时，它的重心就仍能保持在三条腿和尾尖的支撑面内。因此，只用三条腿或两条腿站立的蜥蜴是可以长期不倒的。有人可能在电视上看过，烈日下，蜥蜴会轮流抬起各条腿。其实，它是为了减轻热砂烫脚的煎熬。

更小的脊椎动物，如幼蛙，却想出了另一种避免狂奔的行进方式——间歇地跳跃。

图1.1.2B　怕烫脚的蜥蜴

1.1.3　昆虫用六条腿行进的优点

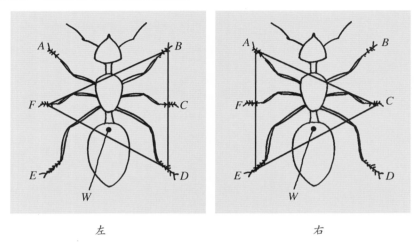

左　　　　　　　　　　右

图 1.1.3　昆虫用六条腿行进

图 1.1.3 能说明昆虫用六条腿行进的优点。如果每走一步只抬三条腿（图左）ACE，而让另外三条腿 BDF 留在地上，则昆虫的重心 W 会落在 BDF 所形成的三角区内，显然，W 对昆虫的躯体不构成倾倒力矩，故而昆虫此时仍能够稳定地站立。类似地（图右），昆虫下一步将放下之前抬起的 ACE 腿，而抬起另外三条腿，也可见，昆虫的重心 W 将落在 ACE 三条腿的中间，此时昆虫的躯体也是稳定的。所以说，昆虫即使用很慢的步速行进，也不必担心躯体会下落而拖地。

1.1.4　昆虫攀爬时的力学特性

我们不难想到，对昆虫来说，攀爬与行进是同等重要的，因此也应该研究一下昆虫在攀爬时的力学特性。

如果是四条腿的昆虫停在垂直的壁面上（图 1.1.4），它不致坠落的静力学条件有两个。第一个条件是，昆虫的腿在壁面上需要产生一个向上的力，以抵消它的体重 W，该昆虫靠其前腿顶端的爪子钩握住粗糙壁面

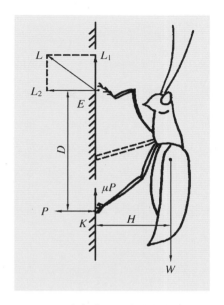

图 1.1.4　停在壁面上的昆虫的受力图

上的局部小凸起，以产生一个斜向拉力 L，此 L 力可分解为向上的分力 L_1 及水平分力 L_2。此外，昆虫的（1～2个）后腿会以力 P 压上壁面，而此力可产生摩擦力 μP。可见，条件一的力学表示式为 $L_1 + \mu P = W$。

第二个条件是，昆虫的前腿和后腿产生的力矩应该能抵消昆虫体重所产生的坠落力矩。从上图可见，昆虫前腿产生的力矩为 $L_2 D$，而昆虫后腿产生的力矩为 PD。因此，条件二的力学表示式为 $L_2 D + PD = WH$。上式中，L_2 和 P 的大小是会改变的，它们由昆虫的主观所决定。

当昆虫的前腿能使出足够的力 L 后（后腿只需挺住不弯），就可以同时满足上述两个条件，这时，昆虫就能停在壁面而不致坠落。如果昆虫用更大的 L 力，那么它就能往上爬。

可以推测，如果壁面是较光滑的或是已经风化了且一碰就会掉渣，特别是当壁面上湿滑时，那么昆虫要抓住壁面就有一定的困难，有时甚至还会无处可抓。这意味着，昆虫能抓住壁面的成功率一般达不到100%。即使这个成功率能达到90%，可仍有10%的失败率。我们应注意，对仅有四条腿的昆虫而言，它在向上爬而抬起一条前腿时，就只剩另一条前腿在抓壁面了。前述的10%的失败率，意味着四条腿的昆虫在用前腿每爬10步后，平均就会失败一次而致全身坠地。显然，这种四条腿的昆虫不能爬得很高。

但是，对长六条腿的昆虫而言，攀爬会顺利很多。不难理解，我们前面对图1.1.3的叙述于攀爬也是适用的。这样，有六条腿的昆虫在攀爬时即使抬起三条腿，那么除一条后腿外，它仍有未抬起的一条前腿和一条中腿着壁，而这两条腿又都高于后腿。因此，六条腿的昆虫总有两条腿能起到抓壁作用。只有那两条腿同时抓壁失败，昆虫才会坠落。如果一条腿抓壁的失败率为10%，则两条腿同时抓壁的失败率（按照数学规律）就为10%乘以10%，即小至1%。这意味着，六条腿的昆虫的前腿需攀爬约100步，才会坠落一次。因此，六条腿的昆虫可以爬得更稳更高。

图1.1.4A　跌落的昆虫

虽然前面是用失败率为10%来举例的，但不难推知当失败率为其他值时（如1%或5%），六条腿明显优于四条腿的结论依然是成立的。

有人看过这样的场景：某种昆虫从壁面上一连坠落几次后，依旧不折不挠地继续往上爬。可见，昆虫即使用六条腿攀爬，依然有难度。

对用两条腿走路的人类而言，其在行进中的躯体下落会比四条腿的动物更严重。读者可以自己去分析一下人类行走的特点。

其实，昆虫如不愿狂奔，那么它也可以采用其他办法来对付身体的拖地问题。如它可在腹部长出耐磨的鳞片，或者尽量少走路。在要去远方觅食时，很多昆虫已进化成用飞行代替步行。因此，昆虫如单为行走，就不一定非要长六条腿。但昆虫如要攀爬，那么它就非得长六条腿不可。

一天，某只聪明的昆虫看到一只蜥蜴仅用两条腿就能站稳，它不禁想：如果我也有四条腿且两条后腿都延长一些，那么我在行走时每提起两条对角的腿后，不是也可以像蜥蜴一样不倒吗？这样，我就不必狂奔了。但它继而一想：如果我有四条腿，那就不便攀爬了。况且上帝已给了我六条腿，那么就保留六条腿不变吧。

本节中，关于大、小动物用不同方式行进的观点是符合客观实际的。例如，麻雀较小，用两只脚行走会很困难，所以麻雀总是跳着前进。我的老家有一种说法，说谁要是能看到麻雀走路，那么谁就能当皇帝了。此说一出，害得当地的小孩无不死盯着地上的麻雀看，但真没人能看到麻雀走路。同样地，谁也看不到大鸟（如仙鹤等）跳跃行走。就连个头不算太大的母鸡，它也不会跳着走路。那么，小鸡为什么也不跳着走路呢？按照作者的观点，小鸡要是不跳着走路，那它必须快跑，所以我们总能看到小鸡在飞奔。当然，小鸡如想慢慢地走，就得每步都调整自己的重心，即把重心移到那只着地脚的上方，这样它才能不倒。

至此，作者觉得已把昆虫为什么长六条腿讲明白了。读者不妨等着看看，何时才会出现对这个谜的别种见解。

1.2　臂毛的缓慢转向

读者如留意就会发现，人身上的汗毛尖基本都是朝下的，唯独前臂的汗毛尖是横向甚至略微向上翘的。对这个怪异的现象，某国生物学家宣称他们已找到了原因。说是汗毛在地球重力的作用下，很自然地会下垂成汗毛尖向下状。那么，人前臂上的汗毛尖为什么会横长呢？这是

类人猿的臂毛

因为，在约100万年前，人类还没有从类人猿进化过来时，整日高举着手臂去抓树枝，以摆荡来行进，长此以往，汗毛尖在重力的作用下就自然指向肩胛了。不过，那时类人猿的汗毛尖方向确实是符合重力方向的。

但随着地球上气候的慢慢变化，类人猿为了生存而改变了生活习性，被迫下树并用两条腿行走。之后，人类就一直垂着手臂活动了。人类手臂的下垂导致了汗毛尖在重力的作用下开始转向，即由向上转为向下。但是这个转向是一个漫长的过程，大约得经历90万年才能转约90度（即180度的一半），达到横向状态。因此，现代人手臂上的汗毛尖是朝向侧面的。

本书作者觉得以上说法相当有趣，而且不难做出以下推论：

推论一：我们可以去观察一下现代类人猿的臂毛，如果臂毛是向下的，那么那套汗毛转向理论将不成立。反之，如果类人猿的臂毛是向上的，则我们可以继续推论下去（读者如查百度百科的类人猿条目，就可在有关图片上发现，有些类人猿前臂毛的毛尖真的是朝着肩胛方向的）。

推论二：汗毛尖的指向对人类的生活没有什么显著影响。因此在人类的进化中，汗毛的转向并不是很迫切的事，以至它变化得十分缓慢。相较而言，人类自从用兽皮来御寒后，毛就不再有用，到了夏天，毛就显得更加多余，而且毛越多，意味着将消耗掉更多的能量和食物。因此，使毛变短就显得比使毛转向更为重要了。所以，体毛变短在约10万年的时间就形成了。人类进化得更快的器官是头脑，因为它对生存最为重要。在几十万年中，头脑的体积增加了很多，而且它的复杂程度也大大增加了。

人类各种器官的进化是相当缓慢的。例如，有位美国科学家说，人类是从3万年前开始穿鞋的。读者不禁要问：这个3万年的数字是怎样得知的呢？而且，人类的文字只有几千年的历史，不可能有3万年的鞋子被记载。原来，是人类学家发现今人的脚趾骨比原始人的脚趾骨细（而人身上的其他骨骼并无明显变化），脚趾骨的变细只能归因于人穿鞋后，单个脚趾所承受的人体重量被鞋底分摊，所以脚趾骨就开始退化。由此，人类学家从欧洲古人类遗骨上进一步发现了人类脚趾骨变细的现象最早始于3万年前。

但是，作者发现非洲人比欧洲人更早就穿上了鞋子。依据是，在非洲撒哈拉沙漠的边缘，发现了多幅几万年前古人画的岩画，其中有几幅，画中人的脚上已有明显的鞋子。现在出现了一个问题：考古学家是怎么知道古岩画的年代的呢（答案见书末解答之 No.1.2）？

多年前，日本的一本刊物曾登载：当时的日本人中，不少人长着方下巴的国字脸。但一位科学家用电脑模拟算出的结果显示：100年后，很多日本人会变成尖下巴的冰淇淋蛋筒脸。其原因是，日本人的食物变得越来越软，以致下颌和咀嚼肌不断退化，从而导致下巴变得越来越尖。

冰淇淋蛋筒脸的美女

本书作者认为，下颌及咀嚼肌的强弱对人的生存所起的作用十分有限，所以它们的进化不会太快，把这位科学家说的100年改成几万年还差不多。看来，那个算出未来人脸的电脑程序是编错了，至少是有些计算的前提设置错了。

顺便提醒下读者，不要轻易相信某些人用电脑推算出来的结果。诚然电脑在计算时不会出错，可那个计算方法，特别是计算的前提及其物理意义等重要因素却是需要计算者去完成的。如果考虑不周或是理解有误，那么电脑按照那种程序去执行计算，所得到的就只能是错误甚至是荒谬的结论。

下面列举两个有明显错误的例子。第一个例子是，如果某人要电脑推算这样一个简单数学题：即一辆汽车驰离驻地 A，先行驶 2 千米到 B 地，再行驶 2 千米到 C 地，请问此时这辆汽车离 A 地有多远？电脑答 4 千米。但编程员忘了告诉电脑这辆汽车行驶的方向，实际 C 地在 A 地的近旁，汽车到达 B 地后，是掉头折返回 A 地的。

第二个例子是，一位博士生曾用电脑推算出月亮是由奶酪构成的这样一个荒诞的结论。导师在审查后发现，这位博士生的计算方法和步骤都是正确的，只是计算的前提没有设置对。读者很难想象，那位博士生是用什么前提算出那个结论的。有一种可能是，博士生把天文望远镜后的光谱仪摄得的月亮光谱置入电脑，并对人们已知的各种物体的光谱进行计算分析，然后发现奶酪的光谱与月亮的光谱曲线有些相似，于是月亮是奶酪构成的这个荒诞的结论就出炉了。

推论三：如去统计各人种臂毛的转向角度，或许有助于推知哪一人种的祖宗最先从树上下地。例如人种 A 的臂毛离天（顶）平均是 60 度，

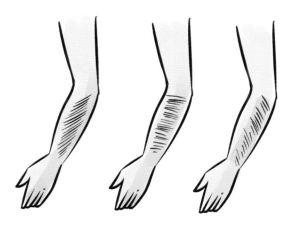

臂毛的缓慢转向

人种 B 是 120 度，那么人种 B 可能先于人种 A 下树（这里先要有一个前提，就是各人种臂毛转动的速度要大致一样）。在上面这个例子中，人种 A 虽然下树的时间落后了，但在当今世界也不会遭到种族歧视。

为了使自己在生存竞争中处于不败，有些生物竟然进化出了一个绝招。例如，一个动物在遇到其他对自己有威胁的动物时，要想既不费力又能镇住对方，可以把自己的外形变大，使自己看起来更可畏。人通常想不出一瞬间把自己变大的方法，可狗的脑子却能令毛根肌肉收缩，形成鸡皮疙瘩，从而使每一根长毛都竖起来，这样狗的外形就会立即变大了。有一种蜥蜴也会瞬间变大，它能把长在颈外的一张长皮膜像伞一样撑开，于是它的外形就会显著变大。

有这样一种说法，当一条狗对你狂吠时，你可以不断地撑、收一把雨伞，狗看到雨伞突然变大，以为是什么魔法，就怕得不敢咬你了。有趣的是，人还遗留有起鸡皮疙瘩的竖毛功能。但这个曾起过一定作用的功能现在已变得毫无意义，因为人类已进化到无长毛可竖了。

1.3　梦能遗传吗？

不少人都做过自己从空中坠落的噩梦，接着会从梦中惊醒，有时还会吓出一身冷汗。几年前，某国有位科学家宣称他找到了人会做这个高空坠落噩梦的原因，居然也是重力的一种效应。他提出，人类在进化时，虽然已从树上下到地面，但到晚上睡觉时，为了防止野兽的伤害，原始人还得爬上树睡觉。这样一来，原始人在睡觉时就要不时地提防从树上坠落，因而会做高空坠落的梦是很自然的。可是这个梦却能通过基因遗传近万代，然后传给现代人，确实令人费解。这是因为，动物的意识或思维是很抽象的东西，它们不是实体，既没有质量，也无法计量。那么，思维是通过什么机制遗传的呢？自然界中的确有不少事物是人类一直想不通的，但那些想不通的事物并不会因为人想不通而不存在。本书作者想到，动物的本能可以被遗传这一事实已为很多人所接受，本能并不是物质，它更接近于思维。这样看来，如果本能可以遗传，也就意味着思维也可以遗传，而梦则可看成是一种思维活动。既然思维能遗传，那么梦能遗传似乎也就讲得通了。

如此看来，要证明本能会遗传是一个关键，我们不妨举两个例子。第一个例子是，不少海洋鱼类（如鲑鱼）在它的寿命快终结时会游回它的出生地——某条淡水河的上游去产卵（因为这种鱼的卵只有在淡水中才能孵化）。这种要返回出生地的本能并不是小鱼向大鱼学来的，因为大鱼一生也只返回一次，而大鱼在产卵后就死亡了，根本无法教给小鱼。因此，小鱼将来会游回出生地这个本能只能是由遗传而得。

第二个例子是，当鹰发现一个蛋后，鹰既不能用它那不够大的爪子去抓蛋，因为蛋又圆又滑；也不易用喙去啄蛋，因为它的喙尖是向后弯的。但鹰还是想出了一个妙计，即它抓起一块石头后，飞到蛋的上方，然后丢下石头去砸蛋。为了证明鹰抓石头砸蛋这一技能是通过遗传得到的，而不是从它的父母那里学来的，有人对从小在动物园笼内长大的鹰做了实验。显然，在笼内长大的鹰从来没见过砸蛋这个场景，可它从笼内被放出而看到蛋时，竟也会用石块砸蛋，这就证明了砸蛋这种需要思维的举动确实是可以遗传的。

至此，我们可知梦能遗传一说似乎是有些道理的。

1.4　人晕车的原因新说

对人会晕车的原因已有几种熟知的说法，这里只介绍一种新说法。说是人在行进的车上，伴随颠簸而来的是窗外近物的快速后退。这种体验会使人的头脑困惑起来：依据以往的经验，只有在我（脑子）指挥两条腿奔跑时，才会发生既颠簸又有景物快速后退的现象。但是现在我没有发出奔跑指令，两条腿怎么自行瞎跑了？而且全身还谎报说受到了颠簸。于是，脑子的功能在困扰下终致瘫痪，各种神经性的晕车反应（如呕吐）就不请自来了。

人脑子的这种不适反应其实是在警告人应赶快脱离这个晕车环境。显然，光靠闭上眼睛并不能彻底消除晕车反应，因为还有颠簸，特别是上下方向的颠簸，它不但在向上颠时对人体（特别是大小脑）有过重效应，而且在向下作加速运动时对大小脑产生失重效应。作者猜想，人的

人晕车

脑子可能对失重最为敏感。由此可解释为什么晕船比晕车更为严重，因为船在风浪中摇晃时，人的脑子经历的失重时间比乘车时长很多。由此想到，晕车的人应该荡秋千时也会晕。而事实上，晕车的人荡秋千时不会晕，因为人的脑子知道是它在正常指挥。

历史上两个著名的与晕船有关的例子如下：一是英国生物学家查尔斯·罗伯特·达尔文（Charles Robert Darwin）若顾自己晕船的不适而不随贝格尔号军舰进行环球生物考察，就不会在19世纪出现《物种起源》（*The Origin of Species*）这一巨著。

二是英国近代地震学之父约翰·米尔恩（John Milne）虽因晕船而不能直接从英国乘远洋船到日本应聘，可他却从欧洲经陆路又横跨西伯利亚，再从中国乘短途船到日本去创建他的地震学学说，从而成为地震学的开山鼻祖。

1.5 孔子被小儿难倒的故事

据《列子》记载，从前，有两个小儿向当时的大儒孔子发问：早上的太阳近还是中午的太阳近？一个小儿说，早晨的太阳看起来比中午的大，那么早上的太阳应该比中午的更近些。而另一个小儿说，中午的太阳比早上的火辣得多，那么应该是中午的太阳更近些。孔子居然被这个矛盾的问题给难倒了，答不上来。

1000多年后，直到波兰天文学家哥白尼发现了地球自转且又绕太阳公转后，以上问题才有了解答。如果地球绕太阳公转的轨道是正圆形，那么地心到日心的距离将一直不变。此时地球自转使得当地到了中午时，朝向太阳的地点会比看到太阳刚升起时的地点更接近太阳一些，而近的距离大约是地球的半径（与当地的纬度有关）。但是，地球绕太阳公转的轨道不是正圆形，而是椭圆形。因此，有半年左右的时间，地球离太阳会远一些，而另半年的时间里，地球会离太阳近一些（一年中，最远时的距离和最近时的距离相差约500万千米）。这样，以每秒约20千米的速度绕太阳飞奔的地球，在一个半年中，中午会比早上多跑一段路，从而使地心更远离一些太阳（另一个半年则正好相反）。这个远离的程度有时会超过地表中午时稍接近太阳的程度，因此在这半年中（不到半年），地表中午时离太阳总会远些。相反在另半年（多于半年）中，中午的太阳会比早上的近。

至于中午的太阳光为什么会更强，这是因为中午时，阳光基本直射地面，阳光穿过的大气厚度最小，因而阳光被大气的吸收衰减也最小。然而当早上太阳贴近地表时，阳光穿过的稠密大气的距离会大大增加，以至阳光遭到大气的严重吸收，从而衰减到不致眩目的程度。

至于早晨（或傍晚）看到的太阳会明显变大的原因至今还没有公认的解释。有一位读者告诉我，对早晨和中午的太阳为什么会不一样大这个问题，科普书上早就有了解答。书上说，在早晨的太阳旁，总有树木、房屋等可作比较的参照物，所以太阳就显得大。而到了中午，太阳旁没有了参照物，它就显得小了。其实书上这种讲法是似是而非的，但还真能博得不少人的相信。如按照书上的讲法，就可以推出以下情景：一位妈妈分给小姐妹一人一个苹果。姐姐嚷起来："为什么我的苹果这么小。"于是妈妈运用书上讲的原理，在小苹果旁放上预备以后吃的两个橘子，她期待小苹果看起来会显得大一些。但实施后，姐姐仍在闹，因为小苹果并没有显大。

不信你可以亲自试一下，选一个月夜，左右移动若干步，然后看那半空中的月亮在靠近大树（或大楼）时会不会变大（太阳太亮，看了会伤眼睛）。

又如，照书上的说法，海员在海上看日出时，由于海上没有参照物，那么海员看到的太阳应该比较小，但事实并非如此。

测量界的人大多知道以下现象，即人不仅会把近地面的太阳看大，还会把近地面的所有东西都看大。例如，某人看一仰角达30度的建筑物，可用经纬仪测得的那座建筑物的真实仰角却会小很多，可能只有20度。正因为人会把低仰角的东西都看大，所以就不会单把太阳看大。

另外，人们通常认为近地面大气的光折射效应也会使太阳显大。但经过仔细的分析和计算表明，近地面的大气折射只会使太阳看起来变扁，并不会使太阳显大。值得一提的是，用照相机去拍摄早晨和中午的太阳，其显示结果是两者一样大。严格地说，地平线上的太阳，在本身高度上还小（扁）了一点。

对于以上问题，作者猜想很可能是重力在作祟。因为人平视太阳时，眼球在重力的作用下会变长一些，以至眼睛相应的成像距离变长（相当于变焦照相镜头的焦距变长），这样太阳在视网膜上成像的区域也就变大了，所以看到的太阳就变大了一些。到了中午，人抬头看太阳时，重力对眼球的方向改变了，眼球会扁一些，从而引起成像距离变短。这会使在视网膜上的太阳成像也缩小一些，于是抬头看到的太阳就会变小一些。人眼球长度的改变而引起相应的调焦变化，是由人眼的睫状肌自动完成的。

人的眼球外有多条能使眼球转动的肌肉，那些肌肉旁的间隙允许眼球有变形的余地。

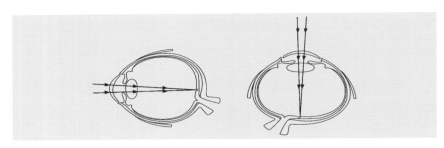
人眼球的重力变形

此外，作者猜测，人的大脑皮层也可能因为重力方向的改变而影响到对视物的大小发生感觉上的变化。

人会近视的原因，除常说的看近物太多外，还有一个力学原因，就是人必须利用眼球旁的肌的拉力将两个眼球分别对准近距的物体，导致该肌的疲劳而引起近视。这就能解释为什么东方人近视的概率会比西方人大了。其原因竟是东方人的脸型比西方人的宽，因而双眼间的距离较大，这样东方人的眼球旁的肌就要多转一些双眼的夹角，所以就更易疲劳，近视的概率也就大了。

一家英国的眼科期刊上曾刊登过一篇文章，那篇文章的作者发现，不但多看近物会得近视，而且出乎意料的是，如长时间不看东西也会得近视。他曾做了以下实验，将小鸡的一只眼睛用眼罩盖住，经半年后，取下眼罩一检查，小鸡的那只眼睛已近视了。据此他指出，学生看书时，看到的是白纸黑字，显然白纸的面积远远大于黑字，而看白纸等于没有看东西，正像那只小鸡一样，时间一长，人眼就变近视了。如这种说法能成立，那么，我们似应把白纸染成浅绿色并印上简单花纹，以便人仍能看到东西，从而少得近视。

以前也有人问：人眼视网膜上呈现的是事物的倒像，那么为什么我们看到的事物却是正立的呢？一种解答是，人脑会根据从婴儿起就看到的倒像进行符合客观现象的转像修正。其实还有更简单的解释，就是胚胎在发育时，只要把眼底通到大脑的视神经束反扭180度，就能起到转像作用了。

搞光学仪器的人都知道，单片透镜所成的像是不清楚的，因为单片透镜存在球面像差和色差，所以照相机的镜头都采用了由多片透镜组合而成的复杂系统。至于人眼为什么不存在单片透镜的球面像差和色差，科学家到目前尚无法解释。

1.6　这是从火星飞来的陨石吗？

人们多年来在地表已捡到了许多大小不一的陨石，我国南极站的工作组曾一次就捡到过上千块陨石，这是由于黑色陨石在白色的冰雪荒原上十分显眼的缘故。实际落到地上的天外来客只是少数，而大多数不够大的陨石在高速进入地球大气时，与大气强烈的摩擦而烧蚀殆尽，它们成了划破夜空的流星，只有一些陨石灰——如纯铁微尘散落在地面。据报道，美国一位父亲曾带着小女儿，用绳子牵着一个强磁铁在自家屋顶横扫一遍后，那磁铁居然吸上了少量的陨石铁粉。

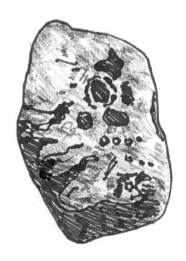

铁质陨石

对陨石的化学成分进行分析后得知,陨石主要有石质的、纯铁的和铁中含有铱的等几种类型。但在化验过的成千上万块陨石中,有十几块陨石的成分与众不同,而这个问题也长期得不到合理的解释。直到20世纪下半叶,美国的火星探测器在化验了火星表面岩石的化学成分后才发现,在地球表面捡到的那十几块特殊陨石的成分居然与火星岩石的成分相当一致。这就引出了一个问题:那些火星岩石是怎样来到地球表面的呢?有一种比较可信的解释是,有颗小行星之类的天体偶然撞上了火星,由于火星上的大气太稀薄,不能有效减小撞上它的天体的速度,因此那高速天体撞火星的威力十分巨大。火星表面被撞碎成无数小块后,又经火星地壳的反弹而高速飞向太空。这些火星岩石碎片在摆脱了火星的重力束缚后,在太阳系广阔的空间内绕太阳公转起来。其中一些火星岩石竟到了地球的绕日轨道,更有极少数的火星岩石恰好进入了地球的引力区,闯入地球大气,最终那些较大的火星岩石未被地球大气烧尽而落到了地球表面。粗略的计算表明,每1 000亿块由火星撞击而溅出的火星岩石碎块中,只有1块能恰好落到地球的表面。现在人们已发现了多块火星来的陨石,加上落入大海的,实际数量会更多,究其原因,要么火星被撞击的规模大到不可思议,要么火星曾发生过多次撞击事件。

有人设想,火星上从前如果有生物,如细菌,那么火星岩石中就会有细菌。当这些含细菌的火星陨石到达地球表面后,那些还未死尽的细菌(细菌能长期存活在寒冷的太阳系空间的真空环境中)就会在地球上继续繁殖,从而进化出所有物种,这就是地球上生命起源的学说之一。人们之所以能想到火星被其他天体撞击,是因为人们知道地球过去曾受过其他天体的撞击。可信度较高的一次是6 500万年前,一个天体撞进了墨西哥尤卡坦半岛外的近海中，后由一家海洋石油公司在那里的海底发现了这个庞大无比的陨石坑（以后又得到卫星图片的证实）。同时，在地球各地已有6 500万年历史的古老地层中，都发现存在少量的一薄层铱元素。须知地球自身的铱十分稀少，所以广泛存在的一薄层铱只能是一个含铱天体撞到地球而碎片飞散到世界各地所致。更巧的是，所有的恐龙化石都埋藏在比6 500万年更古老的地层中。而在比6 500万年新一些的地层中，则没有恐龙化石的存在。由此可知，恐龙是在6 500万年前突然灭绝的，而那时恰好是大陨石撞击地球的时刻。据推测，撞击产生的大火烧毁了地球上所有的植被，撞击扬起蔽天遮日的烟尘，使植物吸收不到阳光，在短期内不能再生，于是恐龙就都饿死了。

目前，被拍卖的陨石往往都价格不菲，如一块几千克重的稀有石质陨石，标价可达100万元人民币。也有报道说，有的天体完全是由黄金、白金、钻石构成的，不过那些天体是人类可望而不可即的。可是地球上却有可能找到天外坠落的大陨石，或许还有大块碎片埋在大陨石坑下。

美国亚利桑那大陨石坑

曾有一名商人组织了一支机械挖掘队，在美国亚利桑那大陨石坑下挖了好一阵子。他们想，即使只能挖到铁陨石，那么多铁也可小赚一笔，而如果那颗陨石是镍的或是铱的，那么就可以大赚一票了。可结果却令他们十分失望，除了普通岩石外，他们竟一无所获。

　　既然火星陨石都能到达地球，那么月亮陨石就更能到达地球了。正因月亮离地球比火星近得多，所以人们发现的月亮陨石也比火星陨石多得多。

1.7　从"大陆漂移说"到地震

1.7.1　大陆漂移

　　20世纪初，德国气象学家阿尔弗雷德·魏格纳（Alfred Lothar Wegener）注意到，世界地图上，大西洋两岸的形状可以很好地拼合在一起（见图1.7.1）。其实，该"拼合"现象早在1505年第一张世界地图画成时，就被画图者发现并记下了。魏格纳还发现，这两个海岸埋藏有同样的矿藏。此外，两岸的特有动物（如一种正蚯蚓）也极为相似。根据这些特征，魏格纳大胆提出：南美洲东海岸本来是与非洲西海岸相连的，之后由于某种原因才逐渐分离开来，目前两个海岸已被数千千米的大西洋隔开。这个新颖且大胆的假说在1912年一经提出，就轰动了全世界。当时很多地理学家都说，魏格纳只是气象学家，他不懂地理学，所以才会如此胡说八道。加上这个猜测当时确实无法用实测来证明，因为那时由（只有米级精度的）天文大地测量实测两个海岸的经度变动后，发现两个海岸都不再处于移动状态。这样，"大陆漂移说"也就被搁置起来。直到几十年后的20世纪七八十年代，世界上出现了利用宇宙空间中射电源位置的甚长基线射电干涉测量（VLBI）这一新技术。这种技术能够测出各大洲之间小至几厘米的距离变动。只需经过几年间隔的测量，科学家就能发现美洲和非洲正以每年约几厘米的速度在互相分开，这就在实测上证实了目前的大陆仍在漂移着。另一方面，美国海洋学家也绘出了整个大西洋海底的地形图。图1.7.1显示了大西洋中部的海底有一条南北向的长达上万千米的大裂缝，也可称为洋脊或峡谷。而且经过对海底地壳的取样分析发现，离大裂缝越近的岩石，其生成的年代就越近；离大裂缝越远的岩石，其生成年代就越久远。这一现象表明，那些年代较远的岩石是早就开始离开大裂缝的。大西洋底的这种分裂运动无可辩驳地证明了地壳是会移动的。自此，魏格纳的"大陆漂移说"才被全球学术界所公认。

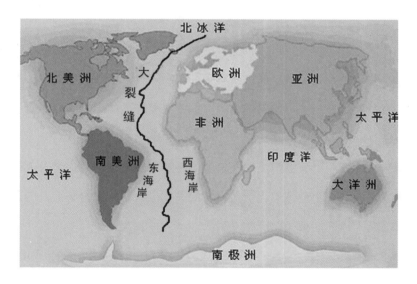

图1.7.1 两个形状可拼合的海岸及大西洋底的裂缝

事实上，大西洋底的长裂缝的北端正好通过冰岛，这就使得冰岛上有很多活火山，而且冰岛还在沿东西方向不断扩大。

目前已知，远古（1.2亿年前）时世界上只有一个大陆被称为"冈瓦纳古大陆"。之后，美洲向西分裂，南极洲则向南分裂。实测中还发现，一个大陆板块内有小一些的板块在作异向运动，因此，用地壳的板块运动来取代之前的"大陆漂移说"更贴切一些。现在已发现的大板块有7块，中板块也有7块，还有许多的小板块。

近代的观测发现，澳大利亚自从由南极洲分裂出来后，正在漂向亚洲大陆，它将把印度尼西亚挤靠至越南。此外还发现，印度板块是9 000万年前从非洲南端分裂出去的。

1.7.2　地壳板块运动的起因和地震

人们通过对地球内部地震波（包括人工爆炸产生的）的探测得知，地球深部都由熔岩组成，熔岩的深度可达几千千米，地核则呈固体特性。地表为一层已冷却的岩石硬壳，虽然其厚度达5～30千米，但与熔岩相比，就好比蛋壳与蛋体。地球内部的热量被认为是由大量放射性物质以及物质重力下沉的摩擦功所产生的。由于地球内部各处的发热量不同，各处熔岩的温度也就不尽相同。那些温度较高的熔岩，体积会多膨胀一些，从而使其密度和比重减少一些。于是，周围密度相对较大的熔岩在重力的作用下就会挤压那些较轻的熔岩，使之上浮。这个对流机制和大气中的对流十分类似。只是熔岩的黏度极大，所以岩浆上升的速度异常缓慢，每年只不过上升约10厘米。

一大股上升的熔岩柱在升到地壳时，会将地壳向上顶而形成山峰，地壳被顶高的同时，重力将压迫下面的熔岩，使之沿水平方向朝四周散去。作水平运动的岩浆将自然带动它上面的地壳随之作水平漂移运动，这就使得地壳褶皱，从而形成山脉。这个漂移的速度非常缓慢，和人指甲的生长速度相当（一年约2厘米）。正是因为地幔对流的密度差很小且移动又十分缓慢，所以目前地震学家尚无法用实测来证实地幔的对流。

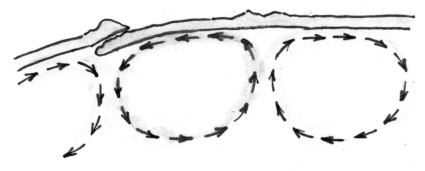

地幔的对流

如果地球表面有几处岩浆升柱，那么各个对流板块就有迎面相遇的可能。另一方面，较热的熔岩通过地壳散热而逐渐冷却，它的密度就变大起来，在重力的作用下，已稍冷却的岩浆将钻向地下，重新流回岩浆升起的发源地。这样，一个地下的对流大循环就形成了。当两股迎面而来的熔岩相遇时，两块迎面而来的地壳板块也就慢慢碰撞到一起，当两个板块的岩石被挤压或拉伸达到强度极限时，就会发生破裂——地震就发生了。

板块运动有时会使甲板块钻到乙板块的下方，从而使乙板块被抬升至弯曲状态，最终造成乙板块的断裂，这也是发生地震的原因。正是印度板块钻到了欧亚板块的下方，才造成了喜马拉雅山脉和青藏高原的不断升高，其结果是山脉阻挡了海洋飘来的湿气，造成了中国西北部的干旱，甚至形成了塔克拉玛干大沙漠。因此，地壳运动还会影响气候。此外，澳洲板块也在慢慢往欧亚板块下面钻，因而印度尼西亚常会发生大地震。还有，太平洋板块也在慢慢往南美洲、北美洲的下面钻，从而使美洲西海岸成为地震的多发区。此外，非洲板块也在向欧亚板块移动，其后果是地中海将会被挤掉，阿尔卑斯山将会被抬升得比喜马拉雅山还高，而意大利则会成为地震带。

在美国西海岸著名的圣安德列斯断层的两旁，靠太平洋的板块在向北移动，而另一侧的板块则在向南移动。现在已可以看到，西海岸某镇一个人行道的台阶和一座石桥已发生极明显的南北错位。

错开的人行道的台阶

显然，未来美国西部必将重演1906年旧金山发生过的那种特大地震，但对发生地震的准确日期，谁都不清楚。美国地震学家已查明那个大地震迟迟不来的原因，原来南北移动地层是在滑石岩上进行的，滑石层会不断发生粉末状破碎，从而减弱了应力的紧张程度。

全球有几个地震频发带，其中最显著的是环太平洋地震带，它包括印度尼西亚、台湾、日本、美国西海岸和南美的智利等人口稠密地区。另外，欧洲的意大利和亚洲中部也是地震多发地区。发生地震的原因似乎并不复杂，只是各地壳板块在地下熔岩的带动下，互相碰撞、撕裂或剪切造成的。问题的关键是，我们不清楚被拉（或被压、被剪切）的地壳究竟有多大的截面以及板块受到的应力要到什么程度才会破裂。由于地壳长期被熔岩带动而受力，这个过程往往长达数十到数百年，所以板块岩石被破坏的时间点无法被精确推测出来。地震学家曾想通过岩石受力后的各种次生现象来推知岩石的受力程度。这些次生现象包括声波在受力的岩石中传播会略微改变其传播速度；花岗岩在受压后会释放出少量氡气，收集这些岩层旁的氡气，由其浓度就可以推知岩石的受力大小；岩石或土壤在受力后，它们的电阻也会有些变化，因此测量地面相隔两点间的地下电阻，应能得知地下应力的大小；人们平时就能观测到的井水的高低也与地下应力有关。但是，这些岩石受力后的次生现象都是连续缓变的，它们在地震前并不会发生突变，所以观测岩石应变后的各种次生现象是不能有效地预报发生地震的确切时刻的。

曾有多个报道说，某种动物的行为在地震发生前有了明显的变化。如老鼠成群上街逃窜，蚂蚁搬家，蚯蚓出洞，鸡羊不肯归巢，大象挣脱束缚而逃上高地等。对动物能事先察觉地震的原因，一个说法是动物有第六感，另一个说法是动物的五种感官比人灵敏。支持后一种说法的人常用狗的嗅觉为例。据说狗能嗅出小偷逃离后的足迹气味，即使气味经过几小时的扩散，狗仍能嗅出来。近来才有人弄明白，狗并不是能嗅出小偷逃离后的足迹气味，而是能闻到比那浓烈得多的小偷身上掉落的皮屑（人每秒会掉落约80颗皮屑，一天会掉落约600万颗皮屑）的味道。美国地震学家在认真统计分析了动物异常行为能预报地震的说法后，得出了全盘否定的结论：很多地震发生前，动物行为并无反常；有时动物行为反常了，却未发生地震。因此，他们认为以前的记录只是巧合而已。美国地震界还曾宣布，今后不再作地震预报。不过，也有一些国家的地震学者仍在继续进行动物预报地震的研究。

1976年唐山大地震发生后，国内曾出现过一股地震预报热。一种预报法是"旱震说"，即某地大旱后就会发生大震。但在理论上很难解释大旱能诱发大震。大旱似乎只能影响到不深的地下，而地震的震中常在地下若干千米处。还有人根据地震记录分析出"二倍法"，即发生于同一地点的地震有周期倍增的规律。如前两次地震发生时间的间隔为30年，则以后的间隔就为60年和120年，等等。但是这种说法也缺乏理论根据。

20世纪70年代发生云南地震前，云南天文台用天文方法测得的经纬度有一些异常，这种异常分析起来有两种可能：一是测站在震前发生了经纬度的变化，即测站的水平位置有过几米的移动。但是，当时的大地测量并未测出这种地面位移。二是测站的重力铅垂线方向发生了变化，导致天文测得的经纬度也发生了变化，而实际的测站位置并未发生变化。但是在原理上，地震前的地应力变化应该不会引起铅垂线变化。

这个震前经天文测量测得的经纬度会变化的说法最终还是不了了之了。目前，各国的地震学家都不能精确地预报地震，他们只能指出某一地区在今后的几十年中必然会发生大震，这是他们根据历史记录和板块运动的特点来推知的。如日本东京地区在1880年发生过大地震，在1923年又再次发生了大地震，因此从20世纪70年代起，日本地震学家就预言东京地区不久将再次大震，但预警已经过去了30多年，预言中的东京大地震还是没有发生。

大地震能释放出相当于数千个甚至更多的（在广岛爆炸的）原子弹爆炸所释放的能量，这是因为地下广大的岩层断面在长期受力变形后积蓄了巨大的位能。地震释放出的能量并不是熔岩运动的动能。虽然参与运动的熔岩质量极大，熔岩的体积边长可以达到上千千米，但是熔岩流动的速度实在太慢，而熔岩的动能是与速度的平方成正比的，所以一大块熔岩运动的动能算下来只相当于一辆中速行驶的卡车的动能，真是微不足道了。

小孩大都见过搭高的积木倒塌后的情景，通常是积木一旦塌成一堆后，就会立即安静下来，绝不会像地震那样，屡屡发生余震，而且有些余震还来得很晚。那么，原因是什么呢（答案见书末解答之No.1.7.2）？

现在作者设想，由于有些材料在被拉伸到快断裂时，有在短期内突然变长一些的特点，如果地壳岩石在破碎前的短期内也有突然多变形一些的特点，那么人们用最精密的测距技术或许能检查出这种震前的甲、乙两地间距离突然的微小变化。估计这个变形的量级只有每几百千米变化几厘米，或几千米只变化1毫米，要测量几千米距离只变化1毫米还是有可能的。如在预计的地震区的两侧边缘埋以细管道并将管道内的空气抽出，然后在管道的甲端装上一台激光干涉测长仪，在管道的乙端装上一个平面镜或光学后向反射器，从而可用激光干涉条纹数或激光通过管道的时间来求得甲、乙两地的精密距离。与之类似的，天文学家已在用地面望远镜来精确测量月亮表面上（由宇航员放在那里）的后向反射器，从而得知当时地球和月亮的距离。美国已有用干涉测距法来探测引力波的专门天文台。

全球的地震学家经过100多年的努力，还是取得了一些地震预报的成果的。第一项成果是弄清了地震的成因以及何处在几十年内会发生大震。第二项成果是日本（和墨西哥）的地震学家能做到为居民提供一二十秒的短期预警。这一预警的根据在于，震中处一旦发震，邻近（如100千米）区域就会感到微弱的纵波（P波），然后过几秒到十几秒，那些真正有破坏力的地震波——横波（如S波、勒夫波等）才会到达。据此，日本政府会在仪器自动测到先行到达的（不强）纵波后，立即向当地的所有手机（和固定电话）发出信号，而各手机就会响起地震警报的特殊铃声，同时电视节目也会自动改播警报。

听到地震报警铃声后的居民

这样，居民就有约10秒的时间去躲入最近的安全场所（床下或室外）。顺便说一下，日本的住房大多是木结构房，因为这种木质房子的抗震性能最好。

有位地震学家曾大胆提出如下减轻地震灾害的方法——将一个会产生极大破坏力的大地震分散成几个较小的地震。分散大地震的具体方法是用地下核爆炸去诱发那个还未成熟的大地震，即令它提前释放掉之前积蓄的能量。理论上说，提前释放的能量应该小于酝酿成熟后的地震能量，而且越早释放越有利。这个设想虽然在原理上是正确的，却没人敢去实施。估计哪国首脑也不敢下令用地下核爆炸去诱发地震，因为即使那个提前释放的小地震只震倒了几万座房屋，而不是未来大地震时的几十万座，但那几万座房屋的居民也不会善罢甘休的。

夏威夷群岛是由一串火山岛组成的。

在太平洋中部，坐落着美国的第50个州——夏威夷州，它是一个绵延近千千米的群岛，群岛中的大岛有8个，在东西方向基本呈一字排列。

加那利群岛

夏威夷群岛

目前，学术界对夏威夷群岛以及与之相似的大西洋中的加那利群岛的地质成因有如下解释。

在大洋地壳下的地幔熔岩因有板块运动，所以地壳和地幔间会产生长期水平向的相对滑动。如果地幔某处有一座大火山，它每隔几十万年会喷发一次，于是火山熔岩就会冲破5千米厚的地壳，造出一个小岛。

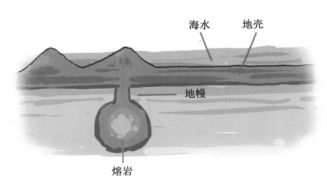

海水　地壳

地幔

熔岩

火山定期喷发

由于新生成的小岛会随地壳一起相对于大火山有水平运动，因此火山下一次爆发时，新老两个小岛就会相隔很远（约100千米）。这样经过上百万至上千万年，多次火山喷发后，就形成了一串岛屿。

这些火山岛基本上都是头尾相连的，但它们中的大部分（下图中的浅色部分）火山体都被深海（2 000～4 000米深）淹没了，而8个露出海面的山峰却相隔甚远（几十到上百千米）。

夏威夷群岛（深色代表露出海面的部分）

1.8　月球引力对海洋的作用以及对地壳的作用

1.8.1　月球引力对地球海洋的作用

几千年来，世界各地住在海边的居民每天都会看到海水涨、落各两次。海水涨、退潮的高度差在大洋中部平均为0.8米左右，但在海岸附近，高度差会大些，一般为 3~5 米。如果当地的海滩是很平缓的，那么涨潮时海水将入侵陆地数百米，而退潮时海水又会后退数百米。退潮时，海滩上会留下许多富含蛋白质的食物；涨潮时，港湾内的水深会增加，便于吃水深的船舶进出港口。

涨、退潮现象曾长期困惑着古人，起先他们怎么也弄不明白涨、退潮的原因是什么。后来某些细心的人发现潮汐现象（夜间海水的涨落称为汐）与天空中的月亮位置有关：月亮当空时，潮汐就来了。可是，由于月亮在天空中会不断地向东移动，因此每天月亮过中天（仰角最大时）的时刻都会比前一日晚约 52 分钟，这样，潮汐现象每天也会推迟 52 分钟。人们还发现，前后几天中，潮的涨、落幅度是很不相同的。看来，潮汐现象还不仅受月亮这个单一因素的影响。

直到 17 世纪牛顿发现了万有引力定律，潮汐现象的起因才被彻底查明。原来，潮汐现象是由月亮的引力和太阳的引力联合产生的。

牛顿的万有引力定律指出，宇宙间任何两个有质量的物体都存在着相互间的引力，而这个引力的大小与甲物体的质量 m_1 和乙物体的质量 m_2 的乘积成正比。引力还与甲、乙两物体之间的距离 r 的平方成反比。如在乘积 $\frac{m_1 m_2}{r^2}$ 前乘以引力常数 g，就可以算出这个引力的大小值。至于常数 g，可分析月亮的绕地球运动求得（或用实验求得）。有报道说，两个相距 1 米的人，如果没有任何摩擦等阻碍，那两人在互相的万有引力的作用下，经过几个小时的加速，就能相互碰上。

由于海水离地心只有 6 378 千米，而地球的质量又很大，所以地心对海水起绝对主导作用。相比之下，月亮的质量只有地球的八十一分之一，月亮离海水又远达约 38 万千米。所以计算下来，月亮对海水的引力约只有地心对海水引力（g）的三十万分之一。很难解释为什么太平洋中那平均深为4 000米的海水竟会被这么小的引力升高约0.4米，从而造成涨潮现象。作者对此给出如下解释，即太平洋上远离月亮下方近万千米的海水，由于该处看到的月亮在地平线附近，所以月亮对那里的海水的引力方向是与海面大致平行的。这使得该地海水的地心引力铅垂线发生了少许倾斜，尽管这种倾斜小得只有约0.017秒，但它会导致该地的海平面也倾斜0.017秒。这个海水倾斜延伸近万千米而到达海岸时，海面就累计升高了约0.4米，于是涨潮现象就产生了。

更难解释的是，不但月下点的海洋会涨潮，而且远离月下点2万千米的地球另一面的那块海域也会同时涨潮。对此现象常见的一种解释是，月下点的海洋离月亮最近，所以它的朝月加速度也最大。相比之下，地球本身因距月亮远了一些，故朝月的加速度也会小一些，从而跟不上月下点的海水，所以海水离地壳的距离增加了0.4米。而地球另一面的海水离月亮最远，所以它的朝月加速度就跟不上地球本身的，这里的海水就会落后于地球本身，其结果就是该地的海水也升起了。

太阳对地球海水的引力虽然只有月亮的一半，但月亮在天空走到太阳附近（或两者相差180度）时，月亮和太阳对海水的两种涨潮力就会相加，这就是中秋节时海潮最大的原因。反之，太阳引力和月亮引力两者如相消时，海潮就会小得多。

地球的两面潮

以下引用研究月球演化的专家高布锡对海潮比较专业的说法：

"如果没有月球，地球表面的海水将会形成一个重力平衡面，在这个面上，重力位是一个常数。重力位的导数等于重力的加速度，因此，虽然地球两极地区比赤道地区的重力加速度大一些，但是重力位的值都是一样的。月球距离地心只有60个地球半径，当月球在头顶时，月球对当地地面的引力就比较大，而对远离月球的另一个端，引力就比较小，因此月球引力使得地球的液态平衡面在向月球的方向变长。可以计算出，月球引起的变化量约为0.268米高，太阳引起的约为0.123米高。考虑到月潮和日潮的同时作用，大潮涨落的平均幅度为 $2 \times (0.268 + 0.123) = 0.782$ m，而小潮时，月潮和日潮的高度相抵，只有 $2 \times (0.268 - 0.123) = 0.29$ m。所以月球是引起潮汐变化的主要原因。"[1]

我国古诗中就有："嫁得瞿塘贾，朝朝误妾期，早知潮有信，嫁与弄潮儿。"由此可见，我国古人很早就知道潮汐的规律性。

由于月亮每天在天空相对太阳不断东行，所以月亮和太阳的夹角天天不同，这就引起潮汐的幅度也天天不同。再加上海岸形状和深浅都会影响当地的潮汐特征，这就使得世界各港口都有独自的潮汐幅度。海洋学家只有经过长期的实地测量，并且将地形和气象等条件的影响研究清楚，才能编制出各港口的潮汐预报表，看来潮汐表要无限期地消耗海洋学家的劳动了。幸而天文学家发现，月亮在天上运动的规律是有周期性的，即有重复性的。月亮的运动周期是18.6年，所以海洋学家只需编出18.6年（一个周期内）的潮汐表，即他们不需无限期地实测潮汐。

---

[1]　以上文字是高布锡专为本书而写。

按推理，一次涨潮、退潮的周期大约为12个小时半，这意味着涨潮的过程进行得相当缓慢，甚至人在短期内不会看出海水变化了多少。世上多数地方的涨潮的确是缓慢而平稳的，可是我国著名的钱塘江大潮却是气势磅礴的，排山倒海般奔腾而来。钱塘江大潮的成因被解释为钱塘江口呈喇叭形且内窄外宽，这样涨潮时，海水进入江口遇到瓶颈，自然就抬高了。以上解释只说明了钱塘江潮水为什么会高，却未能解释钱塘江大潮的突发性。作者托人请教了相关大学海洋学教研室的老师们，他们也不能解答，这个问题只好先搁置了。要想深究钱塘江大潮的突发性，或许可以从地球的自转效应着手。钱塘江口的地球自转速度高达每秒约400米，假设潮高不是逐渐增高而是陡起的1米潮水墙，那么这堵潮水墙将会以每秒400米的高速（跟着月下点）西退。这堵潮水墙到岸时，其动能足以掀倒任何临水建筑物。但是这1米高的潮水墙是在上千千米的距离之内逐渐形成的，每隔几千米潮水才会升高几毫米，所以海面以每秒400米的高速西行时，潮水并不会那样狂暴，而只是引起钱塘江大潮那样的规模。

　　此外，月亮和太阳的引力不但吸引着海洋，而且也吸引着地球上的大陆，只是大陆固体潮的幅度只有二十几厘米。由于固体潮较弱且分布范围大到几千千米，所以离月下点越远的地方，固体潮就越小，实际上，这么小的固体潮是无法测量的。但是科学家能够计算出月球引力和太阳引力对当地重力方向（铅垂线）的垂线偏差量。

　　为了能测量铅垂线那极其微小的摆动，比利时的梅尔基奥（Melchior）在20世纪创新研制出了极其灵敏的水平摆。为了避免浅层地面的各种干扰，他的水平摆被放在深达几百米的自然恒温的矿井底部。通过实际的测量，科学家发现，月亮对当地铅垂线方向的作用最大时为 0.017 秒，而太阳的作用最大时为 0.008 秒。这两个数据意味着日月影响相加时，铅垂线的最大偏离为 0.025 秒；而日月影响相消时，铅垂线的最小偏离为 0.009 秒。作为比较，建筑用经纬仪的水准器的测铅垂线精度只有 1 秒钟左右。

作者有幸在上海天文台听了一次梅尔基奥的报告，会后还盛赞了他的灵敏水平摆。记得他还讲了一个笑话，说他曾收到一封群众的来信，信中说，每年冬天都会有很多北欧人去南方度假，因此地表因人的移动而发生了质量位移，于是地球的角动量就有了变化，以致地球的自转速度产生了改变，而这是不利的。因此，联合国应动员南方人冬天时到北欧去旅行，这样才能保持地球自转速度不变。显然，以上建议在定性上虽讲得通，可定量上却实在差得太远了，因为大气环流的质量比人群的大了不知多少倍。

1.8.2 地球自转速度在变慢

月亮和地球之间引力的互相影响会使双方都产生潮汐摩擦（对月亮来说，只有固体潮），而使自转减慢。两者中，因月亮的质量较小，所以它的自转减速较快。经过了若干亿年，现在的月亮已停止相对于地球的自转了，所以我们只能看到月亮的一个固定半面。而对地球来说，它的自转也由若干亿年前的 12 个小时一转逐渐减慢到当前的 24 个小时一转，而且现在每过一世纪，便会多慢 2.27 毫秒。读者不禁要问：科学家是怎么知道从前的地球曾 12 个小时一转？那时既没有钟表，又没有人去测量。原来，是古生物学家早于天文学家发现了地球曾转得比现在快。这又是怎么回事呢？说来相当有趣，原来浅海中的珊瑚也像树木一样，有年轮效应。白天，光照下的珊瑚骨骼生长会较迅速，而在黑夜，珊瑚的生长几近停止。于是，珊瑚的骨骼上就留下了疏密相间的"日"轮。另外，珊瑚夏天的日轮会宽于冬天的日轮。当今的生物学家在显微镜下数出了现代珊瑚的年轮中有约365个日轮，而从古代珊瑚的年轮中却能数出更多的日轮，而且越是古老的珊瑚，它的年轮中就能数出越多的日轮。

显微镜下的珊瑚切片

这样，我们从最古老的珊瑚中就可以看出那时的一年有500多天，从而推知地球在未出现珊瑚前应该转得更快。国外有一个推论说，地球转得最快时，每天才6个小时。说到这里，有些细心的读者可能会想：如果远古时一年的长短与当今的不一样呢？即远古时地球绕太阳公转一圈如果比当今慢了一半，那么即使日长不变，那时的一年也会长达700多天。对此，天文学家以可靠的天体力学知识证明了地球的绕日轨道是稳定的，即地球公转的周期（年）不会显著变化（只是轨道的椭圆程度会周期性地变化）。这样一来，古珊瑚上出现一年有500多个日轮的现象就只有一个原因，即那时的地球确实转得较快。

20世纪前半叶，高精度的原子钟尚未问世前，我们用的计时单位是"日"，即地球自转一周的时间长度。再把一日分为24个小时，1个小时又分为60分钟，1分钟又分为60秒（之所以计时用12进制，是因为当时制定规则的人习惯用12进制）。这样，秒就成为物理学上标记时间的基本单位。实际上，那时要由天文学家观测太阳或恒星经过当地的子午线来推算地球自转的情况，以确定当地的太阳时或恒星时，然后再转化为英国格林尼治标准时间。地球自转在几年内还不至于发生可察觉的由潮汐效应引起的变慢状况，可是地球自转速度却会由于大气环流变化和地壳运动等原因发生轻微不规则的时快时慢现象。直到20世纪五六十年代原子钟开始应用后，以稳定得多的原子振荡频率为基准的原子时终于取代了不够稳定但已用了上千年的（基于地球自转）传统计时系统。

　　诚然，时间是一个极难理解的抽象概念。据说，曾有几位物理学家在一家咖啡店边喝咖啡边讨论"时间"这个无比深奥的难题，这时有位放学回家的小孩偶然听到了，便惊讶地问："你们连这个都不懂啊！时间不是只要看钟就行了吗？"

　　一般人都能理解"时间是无穷无尽的"这个概念，不过都不会相信"时间是可以倒回的"这个说法。可是，德国有些人却能使希特勒相信时间是可以倒回的，他们说希特勒只要派一个探险队去西藏找到"地球之关键"，那么他就有神力掌控一切，包括时间倒回。以上说法正合希特勒的心思，他想，时间如能退回到1941年，那他就可以吸取上次失败的教训，用另一种打法去攻莫斯科，就可以拿下该城了。对这种说法，立即有西方学者驳斥，说希特勒如果能让时间退回到他祖母的童年时代，脾气暴躁的希特勒说不定某日会一怒之下杀了童年的祖母，那么祖母就不可能长大而生下希特勒的父亲，这样一来，根本就不会生出希特勒，没有了希特勒，他怎么能杀祖母呢？所以，用这个"祖母悖论"也能说明时间是不可能倒回的。

另外，根据动量守恒定律，地月系统的角动量应是守恒的。地球自转速度减慢引起的角动量减少将导致月球运动的角动量增加（如略去海潮和海底的摩擦损耗），这样，整个日月系统的角动量才能保持不变。目前计算和观测到的月球绕地球的轨道正在缓慢地扩大，这样月球运动的角动量也在缓慢地增大，故每年地月距离会增加约3厘米。所以可以推知，若干亿年前，月球离地球的距离并不是当前的38.4万千米，而是只有二十几万千米。

由于恐龙的繁盛时代距今已有1亿多年，因此我们推测，恐龙看到的月亮会更大、更皎洁、更美丽。于是有些诗人就联想到，恐龙在月夜也可能会诗兴大发。

恐龙赏月

人人都有这样的经验，在满月的照射下，人眼在适应后尚可在月光下看书。当然，在日光下，人眼将瞳孔缩小后也能看书。所以，作者想出一个选择题来考考读者的判断力。请在下列倍数中选出你认为的最可能值，即太阳光比满月光强：A.50倍；B.500倍；C.5 000倍；D.5万倍；E.50万倍（答案见书末解答之No.1.8.2）。

1.9 重力对地球大气的作用

众所周知，地球上一切大气现象如风、雨和雷电等的起因或源泉，归根结底都是太阳光的热量。但是如果没有重力这个关键运输动力，大气的对流就不能产生，大多数的气象活动也都得消失。若天上不下雨，则极度干旱的大地上就不会有任何生物。正是因为有了重力，海水被晒热而蒸发出的水汽才能升上高空形成云朵。这些云朵继而飘到大陆上空，在条件合适时变成雨滴，雨滴在重力的作用下降落汇集到河里，然后河水再在重力的作用下流回大海。如此，水就完成了一次先上天又下地回海的旅行大循环。由于海水蒸发时，盐并不会蒸发，而河水在大陆上流动时，常能溶解一些矿物盐并把它们带到海里。就这样，海里的盐经过只进不出地若干亿年的积累，海水就咸到了如今这个程度。在中亚的死海，由于气候非常炎热和干燥，因此水的蒸发量极大，死海内积聚盐的速度也最快，以至死海的含盐度是全球最高的。很高的含盐度使得死海海水的比重也很高，以至人可以躺在海面上看书而不下沉。

奇怪的是，重力不是会拉着万物下坠吗？怎么反而说重力能使水汽上天而变成云呢？现将这个奇妙的过程叙述如下：

地球表面有多层大气，各层大气在地心引力——重力的作用下都试图从高处流向低处。这样，越在低处的大气，它所受到的压力就越大，因此越低的大气，它的密度也就越大。大气的密度会随高度的升高而逐渐变小。离地面30千米高的大气，其密度已降至地面大气密度的1%左右，如果整个大气的密度都和近地面的大气一样大，那么整个大气的厚度就只有8千米左右。设想如果没有阳光照射的加热效应，那么地球大气在重力的作用下，将保持下密而向上逐渐变稀的稳定状态。但是当海水表层被阳光照射而加热后，它不但会慢慢蒸发，而且会加热紧贴海面的那层空气。那层空气受热后，体积会膨胀，密度会减小，重量也就减轻了。只要一有扰动，其上层较冷、较重的气团就会压下来，而下层较热、较轻的气团就会填充到那些下降气团所留下的空间，这样，气团上下颠倒的对流运动就产生了。这些被加热的空气的热量会传递给那些高于它的气团，这些气团再上升，又给更上层的气团加热。这个过程不断重复下去，以至使气团的规模可大到几百米，而对流活动竟可达到约11千米的高空。11千米以上就不再是对流层，而变成了平流层（同温层）。当含水量较丰富的气团在高空冷却后，空气变成了过饱和状态，其中的水汽在遇到微尘后，就会从空气中析出，并以微尘为核心而凝成微小的水珠，从而再聚成云朵。正因为对流层的高度一般低于1万米，所以高于万米飞行的民航机就不会遇到对流引起的颠簸。此外，人们常见天上的老鹰不用拍动翅膀就能长期在空中滑翔，这是因为它借助了上升的气流。对盘旋在上升气流中的老鹰而言，只要气流的上升速度能补偿它滑翔时的高度损失速度，它就能长期不降高度地滑翔。

我们可以想到，既然有上升气流，那么也一定有下降气流，否则高空的大气会越来越多。

高空中，雾状云里的小水珠会互相频繁碰撞，当小水珠的体积和重量增大到上升气流托不住它们时，它们就开始下落，那些已变大的水珠又会在下落过程中再次相互碰撞，从而变得更大，最后变成雨滴下落。如果高空很冷，温度在0度以下，那么水汽就会变为雪花或冰雹。

地球大气中除局部对流外，还存在着极大规模（数千千米范围）的对流，即赤道上空的热气流会在高空朝高纬度方向流动。这些热气流一般在到达北（或南）纬30度左右后会因冷却变重，从而下沉到低空，之后会再回流到赤道区域。

在地球赤道区，地球自转的线速度最高，达到每秒约460米，因此气团动量也最大。但当气团流到北（南）纬30度时，地球自转在该地的线速度已从每秒约460米降到每秒400米左右，由之可推知，从赤道来的速度较高的高空气团由于惯性，将流到30度处上空的前方（即偏右、偏东）。这些气团下降流回赤道时，其高纬度处的惯性又使其逐渐偏右、偏西，因此在地面就常刮偏东北风。

但是亚洲东临大海，夏天大陆上的气温会高于海面（因海水的热容量极大，所以它升温慢，降温也慢）。这样，夏天时就易吹海风，而冬天时就易吹陆风。几百年来，人们都在利用已掌握的当地季风（信风、贸易风）规律来驾驶帆船。帆船只有在无风时才动弹不得，只要有风，不管是顺风还是逆风，帆船都能向目的地方向航行。

地球表面的气象变化过程是无比复杂的，它会受到太多重要因素诸如日照、昼夜、重力、地球自转、地形、水面以及环境气象情况的影响。在某些特殊的气象条件下，大气中还会产生台风、龙卷风和雷电等剧烈的气象现象。

为什么气象学家基本都不提重力对气象的影响呢？这是因为，重力的影响是有规律且一成不变的。可是，太阳光照的随时随地的变化却是显著的。气象学家要预报天气，一般会从查找该地和附近地区的日照情况开始。

值得一提的是，重力经过雨水的超长期作用，已经使地球表面发生了天翻地覆的变化。一些高山峻岭被慢慢削平，先变成丘陵，继而变成缓坡。此外，河流入海口水中的泥沙在重力的作用下沉积出越来越大的三角洲。我国江苏省的南部就是长江的杰作，而山东省大部则是黄河的杰作。水量大的河流还能切割地面，如中国的长江切割出了三峡，美国的科罗拉多河切割出了著名的科罗拉多大峡谷。世界上只有少数河流才能切出深谷，这是因为这些地区在上千万年中不断升高，从而有条件使河流去施展它那切割的本领。如果河底不随地壳运动而增高，那么河水就不能流出去了，只能形成湖泊。几年前，中国的探险队发现，中国西藏的雅鲁藏布江大峡谷的规模已超过了本来号称世界第一的科罗拉多大峡谷，但前者的险峻程度可能不如后者。地球表面之所以不能保留亿万年前的陨石坑，是因为经过亿万年的雨水冲刷，那些陨石坑大多已消失得无影无踪。如今全世界排名前十位的大陨石坑分布得很散，最著名的大陨石坑一个在美国亚利桑那州的干旱无雨区，一个在墨西哥尤卡坦半岛附近的海底，这两个陨石坑因不受雨水的影响，都能保存得完好如初。其中，尤卡坦半岛附近海底的陨石坑是20世纪50年代，某家石油公司在勘探海底石油时发现该陨石坑的直径长达180千米。此外，人们通过卫星照片在南非也找到了一个大陨石坑，该陨石坑的中央还是目前世界上储金量最丰富的金矿。本来人们以为那些黄金是火山作用留下来的，后来才知道是陨石带来的。

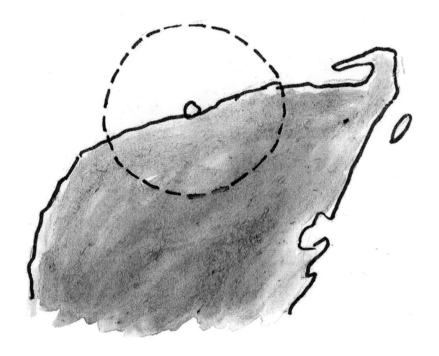

墨西哥尤卡坦半岛和陨石坑的位置

除了雨水能改变地貌以外，由各地大气密度不一致导致的重力差引起的风也会带来地貌改变，如中国特有的黄土高原本来并无黄土，可现在那广达140万余平方公里、厚达50～80米的黄土是怎么来的呢？这个问题至今尚无定论。一种说法是，黄土高原西北的广袤地区因缺少植被保护，裸露的岩石经长期的风化作用，岩石表层碎裂而形成细粒，那些细粒被西北风吹起后直向东南奔去。之后随着风速的逐渐减小，较大、较重的黄土颗粒就先掉了下来，这样就使得黄土高原西北部的黄土颗粒较粗，这正符合人们实测得到的结果。

黄土高原的窑洞民居

正因为提供黄土的区域每生成一层黄土，马上就会被刮走，所以现在还找不到明显的黄土来源地。黄土高原的土层现今已平均达65米，可其形成年代却并不太久。设想一下，如每年黄土新增量只有0.03毫米（还不到人头发的一半粗），那么黄土高原要增厚1米，就需3万多年，要积65米的黄土，则需约2000万年。是什么影响着黄土层的增厚速度？原来，黄土层的增厚速度不取决于黄土的沉积速度，而取决于黄土起源地的地表风化速度。

地球表面的河流是重力作用的另一表现：重力会使河水向低处流。人们会奇怪：为什么大部分河流不管地形、地势怎样，最终都会汇入大海？如果某条河在途中遇到了凹地，河水总会灌入那个凹地而成为湖泊，而那湖泊又总有被灌满的一天（除非来水量不足）。于是，溢出的湖水在重力的作用下总能找到一个出口，这样一条新河道就产生了。我国的长江就是这样的，其在河道的中段形成了几个大湖，如洞庭湖和鄱阳湖。河流到了海边，即使那里有山阻挡，河流也会绕到别处找到低地，从而流入海洋。但是也有少数例外，如我国新疆的罗布泊低地，它虽有四条河流入，但因水量少，以至蒸发殆尽而终至干涸。即使在几十年前它未干涸时，也是一个不通海的孤立湖泊。

长达 6 700 千米的世界第二大河尼罗河在途经了 10 个国家后，终于在埃及找到了入海口。极度少雨的埃及如果没有那上游流经热带雨林因而水量充沛的尼罗河，就不可能产生古埃及的灿烂文明。实际上，埃及的绝大部分国土都是沙漠，只有尼罗河两岸能灌溉到的几千米的狭长地带才有农业和居民区。

尼罗河入海口

尼罗河支流

在约 300 年前，世人还不知道尼罗河的源头在哪里，当然也就不知道尼罗河到底有多长了。人们会想：要找一条河的源头还不容易嘛！只要逆水而行，那个源头不就找到了吗？但实际情况是，300 年前，各国先后派了近百个探险队，在不断的损兵折将后，才终于到达尼罗河的源头塔纳湖。可是，为什么前后要派近百个探险队去呢（答案见书末解答之 No.1.9-1）？

实际上，并不是只要有重力，大气就会对流。如果某地的空气是下冷而上热的，那么较冷且较重的空气就不会上升，这样，对流就不可能产生。如果空气中没有对流，会带来极其严重的后果。最著名的例子是，在南美洲的西海岸外（南太平洋），存在一大股由南极来的寒冷洋流——洪堡（Humboldt，19世纪的德国地理学家）洋流，这股寒流使得贴近海面的空气层的温度降低到不能产生对流。结果是，即使在智利紧靠海岸的一个地区（东西宽100多千米，南北长1 000千米），也不能从海洋得到降雨，从而形成了阿塔卡马沙漠。这个沙漠的东边恰好是很高的安第斯山，此山挡住了从东边大西洋吹来的湿气。那些湿气团在遇山爬高而降温时，会把全部雨水都降落在安第斯山的迎风东坡。那些湿气团在越过安第斯山而下落到沙漠时，又因温度升高而变为十分干燥的"焚风"。此外，阿塔卡马沙漠又没有南风或北风，因此沙漠也不能从南、北方向获得水汽。以上各个不利因素结合在一起后，就使得阿塔卡马沙漠成为地球上除北极、南极以外的第三极——干极。

洪堡（寒）洋流和干极

照理说，住在干极北边缘、阿里卡地区以南已进入沙漠的居民，其生活条件必然十分恶劣且难以谋生。可令人惊奇的是，当地居民却利用"干极"这一特点，把住地打造成类似于主题公园那样的旅游景点。当地的旅行社还打出了两个有趣的广告。一是在地球上别的任何地方，人们如随意掘一铲土，都能从土中找到细菌（如厌氮菌）。但在干极的土中，连细菌都没有。二是当地居民已有好几代人未见过下雨了，居民的用水都是通过长管道从远处运输来的。有一个小学生告诉她妈妈："老师今天说，天上会下什么来着？因我之前从未听过这个词，所以忘了。但我记得大意，是天上会下汤，而且还是没盐的。"妈妈答："别听你们老师瞎说，天上怎么会下汤呢？而且还忘了加盐！她怎么不说天上会掉馅饼呢？"老师知道这件事后，对孩子说："回去告诉你妈妈，天上真的会下馅饼。"那么请读者想一下，天上怎样才会真的下馅饼呢（答案见书末解答之 No.1.9–2）？

天上掉馅饼

但是世上毕竟难找"免费的午餐"。英国广播公司有一个BBC电视节目颇为有趣，一次说到植物中有一种能吃昆虫的猪笼草，它的花有两片打开的花瓣，内有香味扑鼻的花蜜。每当有昆虫来吃花蜜时，花瓣会立即合拢，将昆虫包起来，然后分泌出消化液，把昆虫给吃掉。但是，田鼠就能免费吃到猪笼草的花蜜，而且猪笼草还奈何田鼠不得。可是多年后，猪笼草终于进化出要田鼠留下餐费的巧妙方法，它究竟用了什么方法呢（答案见书末解答之No.1.9-3）？

阿塔卡马沙漠区终年都是大晴天（一年只有约20天有浮云），加上水汽极少（但因全球气温在逐渐升高，据说，沙漠地区的水汽含量已开始明显增多），因而特别适合进行天文观测，所以欧洲南方天文台就在该沙漠的两处高地上设立了很大的天文观测站。

美国宇航局NASA认为阿塔卡马沙漠是地球上最接近火星荒凉地貌的地区，所以NASA就在那里试验他们的火星登陆车。最近，NASA还在那里试种"火星土豆"，为将来的火星移民提供食物。

科学家说，阿塔卡马沙漠在2 300万年前曾发过一次洪水，所以那时应还没有沙漠。由近年的地理研究得知，阿塔卡马（甚至整个智利）在远古时是沉在海底的，后来因为较重的太平洋板块俯冲到美洲板块之下，才把美洲板块给抬起，使智利露出海面，而且还造出高高的安第斯山脉。在几千万年前，南美洲和南极洲还没有分离，那时也没有洪堡寒流。那时的安第斯山脉也不是很高，曾有一次暴雨造成了山洪，将一些巨石冲至阿塔卡马丘陵上，那些巨石就一面朝天地在那里默默地站立了2 300万年。科学家怎么知道是2 300万年呢？原来他们发现，那些孤石的朝天部分在2 300万年期间，长期受到天上射来的宇宙线的轰击，岩石表层内的辉石已有一部分转化成氦-3。科学家正是测得了那些氦-3的丰度后才得知，那块岩石自从被洪水冲成那一面朝天的状态至今，已过了2 300万年。

阿塔卡马沙漠今后要建水力发电厂吗？

2015年12月10日，一家英国报纸刊出，智利的一家能源公司计划在阿塔卡马沙漠内兴建一个水力发电站。读者看到这则新闻的标题时，几乎不敢相信自己的眼睛，心想莫非是那家报纸的主编疯了，才会登载一家发了疯的公司的疯狂计划。沙漠中如真建一个水电站，那它的水从哪里来呢？在好奇心的驱使下，读者读完了那篇报道。原来，那家公司想利用塔卡马沙漠晴天多的特点，计划先在那里建一个太阳能发电站。但是太阳能发电站只能在白天供电，到晚上就不能给居民供电了。为了将白天的太阳电能储存到晚上使用，最成熟的措施是，太阳能发电站用白天所发的电的一半带动几个巨型水泵，把沙漠边的海水抽到海边那600米高的高地蓄水库中去。到了晚上，可把白天抽上去的海水放下来，经过一个水力发电站内的涡轮机来带动发电机发电。这个措施的实质是把白天太阳能的一部分转换成海水的位能，晚上再把那些海水的位能转化成电能，以满足居民晚上用电的需求。

看来，那家报纸在标题中只提水电站而不提"先要有太阳能发电站"是想吸引读者的眼球。

下面我们来说一种特殊的天气现象——台风。夏秋季节，亚洲东南的太平洋（在纬度5度以北）的海水温度起码有26度（摄氏），且广大海域又被烈日暴晒多日，所以海面的湿热水汽会大量上升，从而形成局部低气压区，并且四周的气团会向低压区聚来。这些流动的气团在地球自转的科里奥利力（见下文的解释）的作用下，会转成一个旋涡。那旋涡中心的外围部分在很大的离心力的作用下，能抵住那四面汇集而来的气团，因此那些气团只能在气旋中心周围转向上升。上升后的气团仍向四周呈旋涡状扩散，这样，一个热带气旋就生成了。生成后的气旋因有湿气的不断补充，一般会越来越强，当气旋中的风速达到12～13级（每秒32.7～41.4米）时，我们就称这种热带气旋为台风。台风依其风速的大小，可分成3级。香港历史上记录的最大台风的风速达到了每秒71米，这数字高于日本全国各地记录的最高风速。

太平洋上生成的台风通常向北移动，它们经常会到达中国东南沿海、朝鲜半岛或日本列岛。登陆后的台风往往会吹倒庄稼和房屋，并且会带来大暴雨，甚至引起重大洪涝灾害。但台风一旦登陆，就会受到地物摩擦以及没有水汽补充，所以很快就消亡了。

卫星照片上的台风

气象学家除了会给台风编号外，还会给台风取名。据说，澳大利亚的一位气象预报员曾玩笑地用当时人们不喜欢的政客的名字给台风取名，那些政客知道后，十分不高兴。后来从1945年起，改用妇女的名字为台风取名。不料此举当即招来女权组织的反对，她们说："为什么把台风这一祸水单向我们泼？要挨泼大家一起挨泼，这样我们心理才平衡。"于是，台风一半的名字就是男性化的了。

此后，世界气象组织决定：从2000年起，台风命名改用一个新的名字表，该表中的140个名字由14个相关的国家和地区提供（大部已不再用人名），按顺序循环使用。人们一般会忘掉台风的功劳，如果不是台风带来强降雨（一次可降30亿吨），那么中国的干旱地区会多很多。另外，如果台风不给太平洋的广大地区降温，那么这些地区的庄稼和人就更要忍受热浪的折磨了。

台风的气流之所以会成为一个旋涡，是因为气流受到了科里奥利力的作用。那么，什么是科里奥利力呢？

1835年，法国科学家科里奥利（Coriolis）提出：在一个旋转物体上做直线运动的物体，它的运动将受到旋转效应的影响。例如，地球赤道上空的气团，它与地面一起向东的（线）速度最大（达到每秒400多米），而在远离赤道的地方，其向东的线速度会（比赤道处的）逐渐减小。所以从赤道往北流的气团，因其动量较大，在惯性的作用下，气团会比地面移动得更快，因此气流的路径就会发生右偏。相反，气团在高纬度处（随地球东移的线速度较小）向南流时，它的速度会跟不上南方较高的线速度，于是气流就会落后（产生右偏）。至于向正东（或正西）流动的气团，它将不受地球自转的影响。

至此，我们已可推出：北半球某地如有一个高气压团，那么从这个气团中心向外流出的气流，其方向会逐渐偏右，即这个气旋是顺时针方向的，如下图。

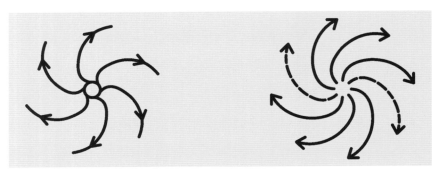

从高气压区流出的气流　　　　　　　　东、西气流被迫右偏

上图中，东、西向的气流为什么也会发生右偏呢？这是因为它们受到了南、北右偏气流的强迫推动。相反，一个低气压区周围的气团聚合流动时，气流在南、北右偏的作用下，就会形成一个沿逆时方向旋转的气旋，如下图。

流向低气压中心的气流

从此图可见，本都向右偏的气流在聚合到气旋中心区附近后，其方向自动变成向左偏了。

当然，低气压中心如果并不强烈，那么，它就不会发展成热带气旋。但如果条件合适，低气压在洋面就可能发展成热带气旋，甚至台风。

地理学家发现，沿南北向流动的河流，由于水流受到地球自转的科里奥利力的影响，从统计上看，其右岸受水冲刷的程度会大于左岸。

不可思议的是，科里奥利力不仅会影响江河和大气，还可能影响我们的生活。据说，100多年前，一位在欧洲的学者注意到，给浴缸放水时产生的旋涡大多是逆时针旋转的。他想，那种现象如果确是由科里奥利力产生的，那么给南半球的浴缸放水，旋涡就应顺时针旋转。后来，那位学者在南半球的朋友回信给他，证实了他的推测。

如细究下去，台风旋涡的力学现象也相当有趣。当台风旋涡的气流流向中心区时，气流的速度会逐渐增大。

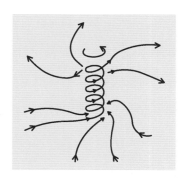

台风眼及旁边的螺旋气墙

这是因为，气团在旋涡外围旋转时，具有一定的角动量。而气团在接近旋涡的中心时，由于该处的半径已显著变小，依照动量守恒定律，在小半径处的气团的切向速度需要增大，才能保持动量守恒。因此可以想到，已有一定角动量的气团，当它流到旋涡中心区（该处的半径 r 已接近于0）时，其风速应会接近无穷大。但实际上，台风中心区（台风眼）的风速已几乎为0，这又是怎么回事呢？原来是旋涡近中心处的离心力在起作用。由力学可知，一个旋转物体会产生离心力，离心力的大小为 $\frac{mv^2}{r}$。式中的 m 为该质点的质量，r 为旋转半径，v 为该质点的线速度。由此式可见，当 r 足够小后，离心力可以非常大。这样，当气团足够接近气旋中心后，其离心力将大于当地的气压差（气旋中心处的气压较低，而气旋外的气压较高），已近中心的气团就不能再向中心缩小，从而台风中心区会生成一个气团几乎不会流动的台风眼。而在这个台风眼的周围，却有一圈风速很高的区域，此区域被称为台风眼墙。气团在到达台风眼墙后，因离心力的作用，气团不能继续流向中心，那些堆积起来的气团只好以螺旋形式上升到几千米的高空。实际上，台风眼墙的上空已形成了一个相对高压。按照之前已讲过的，高压气团会扩展且向四周散去，而且其局部的每支气流都会顺时针右偏。从气象卫星拍到的云图上可看出，台风旋涡的每支旋臂都是顺时针的，可教科书上却说，台风旋涡是逆时针"旋转"的。这句话如讲得更明确和全面一些，就应该是，台风云图的结构形状看起来是顺时针的（应考虑到气流是从中心往外流的，而不应将气流误认为是从旋涡外面向中心流的），可（这个）各臂都呈顺时针的旋涡整体却在逆时针转动，这也是台风低层风向的延续。在台风云图的动画上，我们很难看出气团（云朵）是由中心向旋涡外面流的。很多人甚至还会看反，觉得台风云朵都在从外往中心流。作者对产生这种错觉的原因解释如下：从台风旋涡中心开始向外流动的气团的速度特点是，一开始时很快，但随着气团的外流，气团的范围就会变大，气流的旋臂会越来越粗，其结果是气团向外的流速越来越慢。而从气旋中心新冒上来的湿热气团又会迅速形成一连串新的云朵，以至我们看到的旋臂中的云朵在不断向中心移动。这种情况类似于我们看远处一个排队的队伍，队伍中的每个人都在朝前慢慢移动，但因末尾有不断赶来排队的人，这个队伍反而在往后不断延长，以至在远处的人看来，那个队伍在向后移动（变长）。以上现象和台风云图中的一个旋臂十分相似。旋臂中的云朵虽都在往外移动，但由于旋臂末端不断有新云朵加入，以至人们在看云图动画时会产生错觉，以为旋臂内的云朵似乎在往中心后退。

此外，因台风眼中气压较低，故高空中的气团反而会向下流入台风眼。下沉气团因升温而形不成云朵，所以台风眼内往往是无云的晴空且几乎无风。

1.10 重力通过大气对天文观测的影响

如前所述，大气的近地面层在受热发生重力对流后，诸多气团间的热量交换和相互混合，再加上风的作用，导致几千米以下的众多气团（尺寸只有几厘米级）都处于极度紊乱的状态。老师教过我们，光是沿直线前进的。殊不知光只有在均匀的介质中，才会严格沿直线前进。当太阳和恒星等天体的光在穿过温度不均匀，因而密度和折射率也都不均匀的各个小气团后，光线将发生少许偏折。气团的温度越不均匀，通过它的光线就会偏折得越厉害，以至人们在海面看落日时，太阳的下边缘会不断变形，甚至长出太阳脚来。

夏天，柏油路面吸收了大量的热量，使得靠近路面的空气温度升高且对流得很不均匀，这样光通过近路面的空气后，将发生很大的偏折。因此在晴天，你若低头贴近路面去看远景，远方的物体会不停地晃动而变得模糊不清。

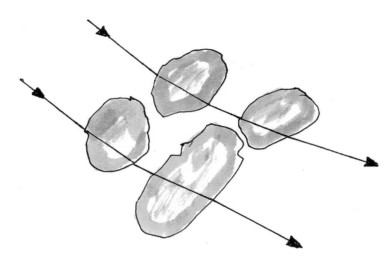

气团对光线的随机折射

以上讲的大气对光线的偏折现象于人类的生活似乎没有什么影响，可是这种偏折（即大气扰动）却会严重影响天文学家的科学研究。众所周知，天文学家是靠大型天文望远镜来观测遥远天体的细节的。

大气扰动不仅使星象变得模糊，还妨碍了大望远镜发挥它观测细节的分辨本领，使得用口径大达几米的天文望远镜看到的天体细节并不比用小口径（如20厘米）望远镜看到的更清晰。实际上，大望远镜有效的放大率只能达到200倍左右，如用更大的放大率看，目标反而会模糊。同理，用军用望远镜看地面目标时，有效放大倍率最大也只能达到40倍左右。

气团扰动限制了天文望远镜的性能发挥，加大口径的优点主要是接收到的光线增加了，从而缩短了长曝光CCD摄影时的露光时间，即只是提高了观测效率。

为了获得最好的天文观测效果，必须仔细地挑选安装顶级巨型天文望远镜的台址。一个著名的台址在太平洋中央的夏威夷岛的4 200米的死火山之巅。那里的星光经过的大气路径较短，因而受到的大气干扰也就较少。但是在4 200米的山上，天文学家的思维会因缺氧而变得迟钝。所以当夜间观测一结束，天文学家就得赶紧撤离高山台址，回到半山的住地，这才能恢复正常的思维能力。

另一个著名的台址在大西洋加那利群岛中的拉帕尔马岛的2 300米的山顶上，那里也有一个规模较大的天文台。在卫星照片上，常可看到该天文台被低于它的浓密云层所包围。

出人意料的是，地球上最适于大望远镜发挥其分辨本领的地方竟是南极。这不仅因为南极高原的海拔高达4 000米，还因为南极空气中的水汽含量极低，以至当地大气对红外光和微波的吸收就小，因此很适合进行红外光和毫米波射电天文观测。此外，南极的黑夜长达半年之久，当地大气经过半年的日晒加热后，在漫长的黑夜中已日趋均匀，因此南极大气对星光的偏折最小，以至大望远镜的分辨率得以提高。我国的南极长城站已进行选址观测，并安装了几台天文望远镜，不久的将来，有望在南极高原建立自己的天文台。

显然，要彻底摆脱地球大气对天文望远镜观测的不利影响，人们应该把天文望远镜送出地球大气，在天文卫星或宇宙飞船上进行观测。著名的例子，是美国发射并工作了多年的口径达2.4米的哈勃天文望远镜以及欧洲太空署发射的太空太阳望远镜。

天文学家即使用地面天文望远镜，也有两个方法去对付大气扰动所致的像质破坏。一种方法是，对由大气抖动产生、连续变形的目标只作极短时间（如1毫秒）的曝光。这样照片上拍到的就是尚未被重复变形、模糊掉的精细目标像，可这个像却是瞬间细节有歪曲的变形图像。就这样不断用瞬间曝光拍摄，会得到很多有不同程度变形的图像，然后用电脑分析这些图像，以找出并扣除大气扰动的成分，从而获得真实的目标图像。一位美国的业余天文爱好者用自己普通的天文望远镜并利用自己首创的多次曝光技术，居然拍到了 500 千米外高空的美国航天飞机的外形，照片上甚至可看出那架航天飞机的舱门是打开的。

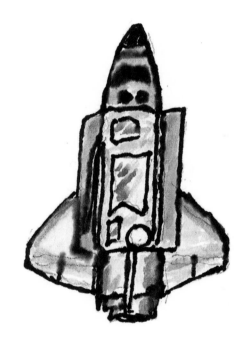

一位天文爱好者拍摄到的美国航天飞机

另一种更有效的方法是自适应光学技术。其原理是，用激光在望远镜前的高空造出一个假星，并用大望远镜快速测出进入望远镜的光线的实时偏折（由大气中各小气团产生的），然后通过望远镜光路中很多小倾斜镜或变形镜的作用，来抵消掉各处光线的不同偏折，最终还原出未经大气偏折效应的原始真实图像。实践表明，在一些地面的8米级大望远镜上，利用自适应光学可以获得与太空望远镜效果相媲美的天体照片，只是前者的照片视场很小罢了。

有人会问：你说的这台大望远镜究竟能看多远？其实，人眼不用望远镜就能看到想象不到的远方天体。如月亮距地球有38万千米，天空上的恒星都至少有几十光年之遥。须知光每秒就能前进30万千米（相当于绕地球7圈半的直线距离），而一光年就是光前进了一年的距离。人眼可见的最远天体是仙女星座中的M31河外星系，它在天上呈现为一个暗淡的光斑，其距离地球竟有约254万光年之遥。如前所述，大望远镜本应有极高的角分辨本领，但大气扰动使得安装在优良台址的、重达百吨的大望远镜也只能达到约0.3秒的分辨率，比人眼观察细节的能力（60秒的分辨率）只强200倍而已。

但是大型天文望远镜用CCD长曝光可以拍摄到的天体最远在约100亿光年之外，即大望远镜可看到的宇宙空间比人眼看到的远了1万倍，从而可以看到的空间体积就大得多了。

在全球定位系统GPS出现之前，要绘制精确的地图主要靠天文大地测量的数据。如能在甲地和乙地测得同一颗恒星经过当地南北（子午）线的时间差，再计入地球自转的角速度，就可以得到甲、乙两地的经度差。然而恒星光经过大气后，不但会不停晃动，而且会偏向某一侧，所以在测量恒星的位置时，其精度就受到了限制，因此用天文大地测量测得的地理坐标，其误差常不小于1米。

人看鱼和鱼看人同样清晰吗？

站在岸上的人如低头去看小溪中的鱼，当水深很浅且水面波动又较大时，人可看到水里的鱼在不断地摇晃和变形，但是鱼的变形幅度不是太大，所以人还能看出那是一条鱼。可这时，鱼所看到的人却是极度摇晃的，鱼甚至看不清站在岸上的是人还是马。这样生成的双向图像受到的扰动程度不相同的原因是：水体较薄，如果波动的水面到鱼只有10厘米，那么即使光在水中偏折了10%，那么光线经过10厘米后，才会偏出1厘米，所以人看到的鱼轮廓的变形只有1厘米。但是由人体反射的光要经过约300厘米才能到达水面，再到鱼的眼睛（其中还包括鱼离水面的距离），所以在鱼看来，人的轮廓就会晃动变形300厘米的10%，即30厘米，故而鱼就看不清人了。

人鱼对看，大眼瞪小眼

　　读者一定会问：你又不是鱼，怎么知道鱼认不出人。这一问题使作者想起《庄子》中记载的一件趣事，说是庄子和惠施站在桥上，看到水中的鱼在悠然地游来游去，于是庄子就说水中的鱼很快活。惠施反驳道：你又不是鱼，怎么知道鱼很快活？不料庄子反问惠施："你又不是我，怎么知道我就不知道鱼很快活？"确实，我们不大可能知道鱼的感觉，但鱼看人是可以用光学特性来推演的，还可用水下摄影机所拍摄的岸上人的图像来证实，因为鱼眼和摄影机看到的图像应该是相同的。

以上现象说明了，为什么地面上的人用望远镜也看不清高空中的卫星轮廓（它会晃动2米以上），而卫星照相机却可以看清地面的景物。理由是，能引起光线偏折的大气层的厚度不到3千米（相当于浅水），而卫星距地面高达300千米，所以说，如果卫星和人对视，卫星会看得更清楚。

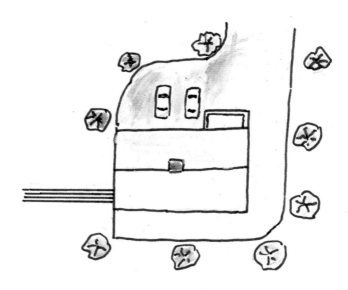

卫星地图上的民宅、汽车和市电电线

如在电脑上看Google Earth的卫星地图，在有些地区（如澳大利亚的堪培拉市）甚至可清晰地看到民宅外的四条市电输电线（上图的左部，线的外径应不到2厘米），也可看到马路上的摩托车和骑车的人。实际上，卫星拍到的地面图像的清晰度主要是由卫星照相机的口径和焦距决定的。卫星因为太高，所以它拍到的地面图像的细节都十分细小难辨。Google Earth 只对卫星地图上的少量地区作了提高清晰度的电脑繁杂图像处理，而未经处理的大量地区，清晰度就明显低了不少。

不久前，意大利的地理学家利用 Google Earth，在撒哈拉沙漠的荒原上发现了一个直径约为20米的陨石坑，之后他们亲临了这个小陨石坑。他们估计，这个小陨石坑是不久前由一颗直径只有1米的陨石撞出的。

对"鱼人对看"的研究还出乎意料地与防止人类核大战这一大事有关。现简述如下：既然各国的军方都不肯销毁自己的全部核武器，那么，要想防止核大战，就必须想出一种能防止来袭核导弹的有效方法。来袭核导弹的飞行速度极高，想要击中它是十分困难的。目前，最可能的方法是用激光炮去截击导弹。如照射到导弹上的强激光的光斑很小（如仅有数百平方厘米），那么，虽然激光照射的时间极短（只有若干微秒），可其极高的能量密度却能熔化导弹外壳并烧坏导弹内的核弹。但是"鱼人对看"这一研究结果告诉我们，大气扰动将使地基激光炮的光斑扩大到几千平方厘米，从而使被照面内的能量密度显著降低，这就使得地基激光炮难以熔化来袭导弹的外壳，更谈不上能使核弹失效了。但从"鱼人对看"这一研究结果又可想到，如果我们能把激光炮减重，使它能被装入大型飞机内，那么这种空基激光炮在高空发射后，因为高空的空气很稀薄，激光在高空传播时受到的空气扰动就小，所以激光斑不会过分扩大，它就能有效地熔化来袭导弹的外壳。由此也可推知，用空基激光炮可以较有效地熔化地面目标。反过来，用地基激光炮却难以熔化来袭的飞机。

第二章

动物的行进

自从人类的祖先下树后，人的双手就从行走中解放了出来。手开始使用棍棒或石块来有效地捕获猎物，而且手的使用还加速了大脑的进化。下面我们就来讨论一下人的行走。

人在行走时，起到最大作用的关节是髋关节，其次是膝关节，再次是踝关节和几组脚趾关节。所以说，人只用髋关节就能行走，只是那样走会很别扭。人的髋关节允许股骨（大腿骨）前后转动150度，此外，股骨还能侧向摆动近90度。髋关节的这种特点曾困惑了结构工程师，因为身为工程师的他们也难以设计出性能如此优越的关节。

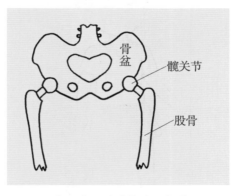

图2.1　人髋关节的示意图

之后，通过解剖学的知识，结构工程师才明白，原来髋关节进化成了能立体转动的球关节。其特点是，在股骨的上部顶端长成一个球头，而此球头能在骨盆的相应凹坑内各向转动（见图2.1）。为了不让球头滑出凹坑，球关节的外围包有一组坚韧但又柔软的韧带。还有一条条肌腱，其两端的肌肉与骨头紧连（包住骨头），从而拉动关节的两端。当小脑通过神经指挥各肌腹轮流收缩时，肌腱就牵动股骨转动，这样，人就能用腿直立行走了（人耳内另有平衡器官，能使人不倒）。另外，人的肌肉只能起"拉"的作用，而不能起"推"的作用，这种作用类似于绳子。

可是，两条腿行走比四条腿行走更容易受重力的作用，从而时起时伏。因为人一旦抬起一条腿后，这条腿原来负担的一半体重就会使人倾斜着下落，只有那条抬起的腿着地后，下落才会停止。我们不妨体会一下，如果先把体重均匀分布在两条腿上（而不是偏重在一条腿上），当你一旦抬起一条腿后（即使只有几厘米高），人体就会立即下落而触地。

抬起一条腿的女孩

值得特别指出的是，用腿行走只需消耗极少的能量，换句话说，行进的效率是极高的。有些人曾认为，人在行走中不需克服摩擦而做功，因为人脚与地面虽存在很大的摩擦，可脚与地面却没相对滑动（因为脚在抬起前移的过程中是不触地的）。我们知道，摩擦所消耗的功应是摩擦力乘以摩擦移动的距离。在行走时，既然摩擦力是0，那么摩擦功也应是0。如按照这种推论，则人的行走就不需做功，而成了永动机，这显然是不对的。原来人行走时，另存在着两种摩擦效应，一是各关节的活动摩擦功耗，二是各条肌肉相互间的内摩擦功耗。关节中的功耗为活动骨面间的摩擦力乘以摩擦滑动的距离。因为各个关节的尺寸都不大，所以其滑动距离就只有人步距的几十分之一。而骨面间又有润滑液，就像轮轴有润滑油一样，有润滑时，摩擦系数通常极小（约只有百分之一）。而人各肌肉间的摩擦功耗也不大，所以人每跨一步，只需做很少的功，这就使人行走的效率堪与车轮媲美。

物理教师不妨给学生出一下下列思考训练题，即估算出人和汽车各行进10千米所需消耗的能量，然后比较一下人和车（要把汽车的重量换算为人的重量）的效率相差多少。

提示：先设人的体重为60千克而汽车重1 000千克。再设人走10千米要消耗一小碗饭而汽车要烧掉0.8升汽油。然后在网上查出一小碗饭和0.8升汽油所含的热量（若干卡路里），也可以把卡路里转换成牛·米。对人最好要扣除行走10千米这段时间内，人体对空气的散热损失。如果人行走和车轮的机械效率大致相等，则可以得知人消化的效率和汽车发动机效率的相比值（为解决这个问题，读者可先看4.4.3）。

2.2　四条腿动物行进时的迈腿顺序

人眼分辨图像变化的最高频率约为每秒10幅，所以当电视以高得多的频率变换图像时，人并不会发现图像在不连续地变化。但是人眼对行进中的动物，即使动物行进的速度不快（如仅为每秒3步），人也看不清动物的迈步顺序。你可亲自试一下，如注视一条行进中的狗，恐怕你是看不清狗迈腿的顺序的。当然，利用摄像机及慢放技术，人可以弄清狗迈腿的顺序，如下图。

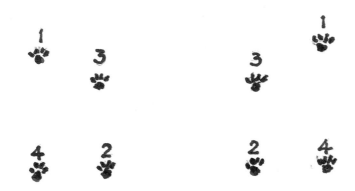

四条腿动物的迈腿顺序

先迈左前腿时（左图）：第一步是左前腿，第二步是右后腿，第三步是右前腿，第四步是左后腿。从第五步起，又按前列顺序重复。

先迈右前腿时（右图）：第一步是右前腿，第二步是左后腿，第三步是左前腿，第四步是右后腿。从第五步起，又按前列顺序重复。

至此，读者可分析下用上述迈腿顺序走有什么优点，以至几乎所有的四条腿动物（甚至婴儿）都采用这种走法（可分析下用其他顺序走时有什么缺点）。

2.3　动物行进的几种特殊方式

2.3.1　青虫（尺蠖）的行进

青虫的行进方式颇为奇特，如图2.3.1所示：

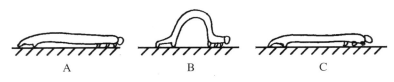

A　　　　　　　　B　　　　　　　　C

图 2.3.1　青虫的行进方式

农村的孩子大都见过青虫的行进运动。平躺在地上的青虫（见A），先是放松后部的着地腿，接着向上尽量弓起身躯前移，再用后部抓住地面（见B），然后松开前部的脚，把身体尽量向前伸直（见C）。这样，青虫将这种弓身动作不断地重复下去，它就能爬得很远。

2.3.2　沙漠甲虫的行进

沙漠甲虫在遇到危险时，会缩成一团并从沙丘坡面上快速滚下，以逃离险境。这种逃生方法虽然很管用，却不能多用。因为它一旦落到谷底，就不能继续滚动了，之后再往上爬也会很费力。

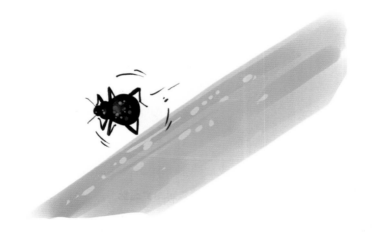

沙漠甲虫的逃生滚动

2.3.3　蛇的行进

尽管蛇的行进十分奇怪，但我们还是能归纳出它的三种行进方式。

第一种方式是快速地侧向行进。此时，蛇轮流用它的前半身和后半身横向行进，蛇会先用其后半身着地，接着抬起前半身，再依靠后半身的着地摩擦力，用力将已抬起的前半身向侧方大幅伸出。等伸出的前半身着地后，又抬起后半身朝侧向大幅伸出。蛇用这种轮流伸出前半身和后半身的方式，就能实现快速地侧向前进。蛇在沙漠中如以这种侧向方式前进，就会在松散的沙面上留下两行平行的推痕。

蛇在沙漠中留下的行进痕迹

　　第二种方式是中速向前行进。第一种行进方式最显著的特点是蛇身总在向侧方前进，但蛇身若改成向前方伸出，应该也是可以的。可蛇要想向前行进，就不能总是伸直身躯，因为伸直的身躯是不能再向前延伸的，于是蛇就想出了用弯曲身躯的方法前进。这样，已侧弯的蛇前身就能靠后半身与地面的摩擦力向前伸直，之后蛇会弯起后半身。蛇不必抬起半身达到离地的程度，只要它的半身不压地面就行，这就是为什么人们看不到蛇身离地的原因。蛇如此轮流利用前后两部分身体（甚至大部分），就能交替前进了，这就是为什么蛇喜欢蜿蜒前进的原因。

　　第三种方式是直身前进。作者常在电视上看到，蛇即使不弯身也能笔直前进。之后作者用了很长时间才搞清楚，蛇应怎样用腹下的鳞片划地，才能实现平滑的连续前行。有人猜测，蛇腹下的很多鳞片在肌肉的带动下能稍作竖起和放倒运动。假设蛇可以把身体分成若干段，蛇可以先用第一段的鳞片来划地，从而带动全身前进一小段距离，然后不等第一段的鳞片做完划地动作，第二段的鳞片就已开始划地了，随后就是第三段的鳞片划地，直到第 N 段的鳞片划地。蛇利用自己身体各段的鳞片既分时又部分重叠的划地方法，就可以实现平滑的连续前进。蛇有一根长长的脊椎贯穿全身，所以蛇用后段也能推动前段前进。我们知道，绳子只能拉而不能推，可蛇身却具有既能拉又能推的优良功能。中国传统的划龙舟运动，可用来比喻蛇的这种前进方式。龙舟好比蛇身，而桨则好比鳞片。如各桨的动作一致，则龙舟会一冲一冲地前进；如各桨的动作是杂乱无章的，则龙舟反而会平滑前进。

划龙舟运动

但是作者怀疑蛇腹下的鳞片是否真能竖起来，这点很值得有条件的读者去深入研究（如将蛇放在一大块透明的有机玻璃板上，然后在玻璃板下用摄像机记录蛇到底是怎样前进的）。其实，即使鳞片不能竖起来划地，蛇也可以用身体各段的腹部肌肉轮流去压迫身体各段不能竖起来的鳞片，从而以肌肉的变形来推地面，再用不压地的局部身段滑动着前进。

在上述的蛇的三种行进方式中，都用到了蛇身与地面的摩擦力或鳞片对地面的抓着力。因此有人会说，如果把一条蛇放在光滑的玻璃板上，那么蛇将无法逃离那块玻璃板。

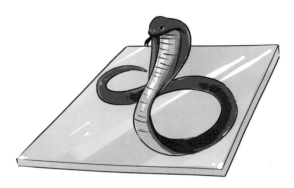

光滑玻璃板上的蛇

但是，人们都小看了玻璃的摩擦力。其实，玻璃与其他物体间的摩擦系数和两种金属间的摩擦系数几乎是一样大的，通常为0.1左右。因此，如果我们真把蛇放在玻璃板上，那么蛇应该可以利用那0.1的摩擦系数来移动自己，即使在玻璃板上浇上很滑的肥皂水，蛇仍能逃离那块玻璃板。那么蛇应该怎样逃离那块玻璃板呢（答案见书末解答之No.2.3.3）？

2.3.4 鱼的行进

鱼在水中如进化成用四足行走，将会遇到下面三个极为不利的因素：一是水的浮力使鱼几乎不能用四足蹬地前进；二是鱼的觅食、活动场所将被局限在水底；三是鱼在前进时，它的四肢会受到水的极大阻力。这是因为，物体在流体中运动所受的阻力除与速度有关外，还与流体的密度成正比。因为水的密度比空气的密度大约800倍，所以水的阻力就会比空气的大约800倍。

为了能在水中生活，鱼进化成摆尾前进的方式。我们可以看到，鱼在缓慢前进时，往往只用鳍向后划水，以利用划水的阻力来推自己向前进。显然，鱼向前的运动速度远小于鳍向后划的速度。

但鱼要快速行进时，只靠鳍就不够了，这时鱼会猛摆自己的尾巴和身体的后半段，以快速地前进。我们对鱼的摆尾行进方式可作简化的力学分析，如图2.3.4。

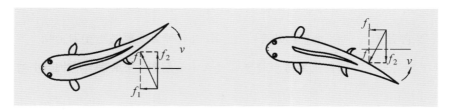

图 2.3.4 鱼的摆尾行进方式

我们先看图2.3.4的左半部，鱼在用力摆尾（其速度为v）时，水的阻力f的方向是与鱼尾垂直的，由于鱼尾是斜的，因此斜力f就可以分解为鱼前进方向的分力f_1和另一个沿垂直方向的分力f_2，力f_1将推动鱼身前进。

图2.3.4的右半部表示了鱼尾从左向右摆时的受力情况，可见，这时所产生的力f_1也能推动鱼前进。

可有些读者却会进一步考虑，如依图2.3.4左半部的鱼尾状态追究下去，鱼尾随即会从右边摆到左边，这时分力f_1的方向应该反向而变得朝后，这样鱼就会马上开始倒退，这显然与实际不符。原来，鱼只在初摆尾时猛用力一下，因此摆尾初始阶段的加速度和速度都较大，此时水的阻力（因为与v的平方成正比）的分力f_1也较大。但是鱼在猛摆尾后会立即放松肌肉休息而不再用力，于是鱼尾在水的阻力下开始减速。这样等到摆尾过程到达后半段时，鱼尾的平均速度就只有前半段的一部分，如仅为二分之一，那么按照前面讲过的平方关系，鱼在摆尾后半段时产生的向后分力f_1就只有前进时分力f_1的四分之一。这样，鱼就仍能以四分之三的力f_1前进。

2.3.5 乌贼的行进

乌贼虽然没有鳍和尾巴可摆，但它能用喷水的反作用力来前进。人们都知道喷气式飞机是靠喷气的反作用力前进的，其实喷水产生的推力可以更大，因为水的密度比空气大约800倍。乌贼体内并无发动机，它喷水是靠收缩肌肉来压迫水喷出肚皮外的。乌贼喷水的推力大得惊人，它实际是海洋中行进得最快的动物，最快瞬时速度竟达每小时150千米（比排名第二的旗鱼快了每小时50多千米）。乌贼靠喷水甚至能跃出水面达3层楼高，并能再在空中滑行几十米。

　　船舶设计师都知道，浅水船是不宜采用螺旋桨推进的，因为船下的螺旋桨会碰到河底而损坏。所以说，喷水前进法最适用于浅水船。

2.3.6　蚌的行进

　　很少人能看到蚌的快速行进，大多数人会以为蚌一生只能停留在一个地方而无法移动，即使它从壳中探出软体，也不可能快速运动。可水底摄像机却拍摄到了蚌的快速运动。原来，蚌能用它那两大片硬壳像蝴蝶拍翅一样猛地拍水，然后利用水给它的反作用力前进。蚌壳每被猛拍一下，蚌就能跳跃似的移动二三十厘米。蚌连拍几下蚌壳后，就能移动约1米。之后，蚌会累得休息好一阵子。

蚌的拍水跳进

2.3.7 鹦鹉螺的行进

鹦鹉螺的外形远看像一个竖起的月饼，而近看，就如下图所示。鹦鹉螺也没有鳍，那它是怎样前进的呢？原来，鹦鹉螺也是靠喷水前进的。鹦鹉螺的体内分成很多节，而每节都是相通的，这种结构很像海船中的多间水密隔舱。鹦鹉螺外壳的密度大于水的密度，而它体内软组织的密度则接近于水的密度。这样，比水略重的鹦鹉螺在水中应该是自然下沉的。但实际上，鹦鹉螺能在水中随意沉浮。要上浮时，它只需收缩肌肉，把体内各节中的海水挤出一些，再放松肌肉形成空腔（要先关闭一个水密阀门），这样它全身的比重就可以略小于水，于是它就能上浮了。

鹦鹉螺

鹦鹉螺在地球上已存在6亿年了，19世纪的法国科幻作家儒勒·凡尔纳（Jules Verne）就把他小说中的潜艇命名为"鹦鹉螺号"，世界上第一艘核潜艇也被命名为"鹦鹉螺号"。其实，人就是受了鹦鹉螺这种本领的启发，才在潜水艇上使用这种能使潜艇随意沉浮的技术。

2.3.8 海螃蟹遇到螳螂虾的下场

小明临睡前又缠着外婆讲安徒生童话，可外婆这次却说：安徒生童话已经讲完了，今天就换个别的讲吧。从前有一只强壮的海螃蟹，有一天，它看到一只螳螂虾正津津有味地大嚼着一条已断成两截的小鱼。于是，那只螃蟹不禁咽起口水来：我有一身重型盔甲，而对方只是轻甲。而且我的个子也比它大，何不把小鱼抢过来呢？于是，螃蟹便慢慢地靠过去并伸出它那巨大的蟹钳来。不想，出乎意料的一幕发生了：只听"砰砰"两声巨响，那只螃蟹竟然来了一个仰天大翻身，再一看，那只螃蟹的头已成了惨不忍睹的稀巴烂。那只螃蟹还来不及哭，就死掉了。

海螃蟹遇到螳螂虾

其实，外婆讲的是她在电视科教纪录片上看到的。现在作者想问读者，那只螃蟹到底是怎么死的？螳螂虾究竟用了什么力学方法击败了看似比它强硬的螃蟹（答案见书末解答之No.2.3.8）？

2.3.9 鸟的飞行

人类一直羡慕鸟的飞翔能力。在一首著名的秘鲁民歌《山鹰之歌》（*El Condor Pasa*）中，一句歌词就道出了人对自己不能飞的懊丧之情："人被束缚在地上后，全世界就听到了人那悲痛至极的呐喊。"中国17世纪的一位喇嘛也写过："鹤啊，请借我一对翅膀。我不会用太久，只到神灵的圣殿去一次，回来就还你翅膀。"在著名的敦煌壁画上，也画有仕女飞天图。古人曾做过很多飞行尝试，如我国的鲁班就扎过羽毛编成的翅膀；中世纪，意大利的达·芬奇也设计过用脚踩的扑翼飞机。前人在多次的失败后，终于认识到鸟的肌肉（与其体重相比）要比人的强很多倍，人臂根本就无力快速展拉大翅膀；人的体形也比鸟大得多，体形大对飞行非常不利（下文会讲原因）；鸟的身体构造已进化得很轻，如鸟的骨骼重量只占体重的6%，而人的却占到了18%。

达·芬奇设计的脚踩扑翼飞机

前人非但不能实现拍翅式飞行，就连省力的滑翔飞行也做不到。因为，那时的人还未掌握滑翔飞行的关键技术。

可不少昆虫却会飞。虽然昆虫的肌肉不算很发达，但是昆虫占了体积很小的便宜。不难理解，动物的体重与它们大小（如长、宽、高的平均尺寸）的立方成正比，而动物的表面积（注意：动物的肌肉力量正比于肌肉的截面积）与它们大小的平方成正比。以上关系十分重要，利用这个关系，人们可以正确解释自然界中的一些重要现象。

现举一例。如某小动物的大小（平均尺寸）是大动物的3%（即0.03），可小动物的体重却不是大动物的3%，而是0.03×0.03×0.03，即小到只有约三万分之一了。另一方面，小动物的表面积（或肌肉力量）应是大动物的0.03×0.03，即约千分之一。这个肌肉减小的幅度跟体重减小的幅度差了30倍。这意味着小昆虫的体力（与自身重量相比）比鸟的体力强30倍，这么强的体力足以使昆虫拍翅飞起来了。

前述的体形效应还决定了会飞的鸟是不能长得太大的，所以最大的鸟——漂泊信天翁的翼展只有4米，体重也只有十几千克。

体形大小对物体运动时所受的空气阻力有很大的影响，这是因为运动物体所受的空气阻力与该物体的迎风截面积成正比。而物体的截面积又正比于物体的表面积，所以空气阻力也就与物体的表面积成正比。可用以上事实试着解释为什么砂粒能被强风刮走，而比砂粒大很多的石块强风却吹不动，虽然大石块的表面积已成平方增大。空气阻力与物体尺寸的平方成正比，这个关系也可以解释我们常见的物体坠落现象。如中等大小的雨滴下落时，其速度因重力加速而达到每秒约十几米后，此时雨滴受到的空气阻力就相当于雨滴的自重了，故雨滴就只能匀速下降了。所以不难理解，毛毛雨会下降得很慢。

也幸亏有空气阻力，否则从高空落下的大雨滴会因重力不断加速而达到每秒几百米的高速。这个速度已与手枪子弹的飞行速度相当，几乎能击毙一切生物（包括植物），只有在水中及地下的生物才能幸免。一旦没了植物，所有的动物也都活不成了。

蚊子被雨击中后会怎样？

国外有人拍摄了飞行中的蚊子被雨击中瞬间的高速图像。有人不禁好奇：研究这个现象有什么实际意义？蚊子的死活值得我们去关心吗？答案是，近代无人飞机越做越小，据说最小的间谍无人机的重量只有12

克，已比昆虫大不了多少了。所以研究蚊子被雨击中后的情形，对今后微型无人机受雨击后会发生什么情况就有了借鉴意义。

被雨击中的蚊子

拍摄结果显示，蚊子被比它大的雨点击中后，非但不会死亡，而且连受伤都不会。蚊子在随雨点一起下落约12厘米后，就逃脱了雨点，而雨点也往往会发生破碎。蚊子未受伤的原因可能是雨点的速度不够大，仅仅为每秒20米左右。

作者曾在一个电视节目中看到这样一个场景：在一个宽度和高度都有几十米的大瀑布处，几只雨燕突然从高空俯冲而下，直扑水墙，随即没入水中，消失得无影无踪。这时，作者不禁疑惑起来：雨燕怎么会飞蛾扑火般的自取灭亡呢？动物界可几乎无自杀的先例，自杀似乎只是具有复杂思维能力的人类的专利。动物的思维能力是颇为简单且原始的，它们想不到以后会环环相扣地发生什么灾难。因此，它们不会对前途产生明确的恐惧，也就不会想到自杀。

可是，雨燕扑入瀑布的场景却被实实在在地拍摄到了。接着，电视镜头推到了瀑布水帘的后面，原来那些穿过水帘的燕子都停在岩壁凹处休息，甚至过夜，它们知道瀑布后面是最安全的地方。燕子专挑水量较少的地方钻入瀑布，因为水帘在该处已断成离散的不大的水珠，这样燕子就能迅速穿越这种不连续的水串。而人眼因视觉暂留现象，看到的却是连成一片的水帘。

瀑布水帘后的燕子

　　曾看过这样一个趣题：如果有个倒霉的摄影师在摄影时意外地从高空小飞机的舱门滑出，会发生什么后果？大多数人会回答：那个摄影师摔到地上后，势必会变成一堆肉酱。可实际情况却是，空气阻力会使该人在下落速度达到每秒约60米后，就停止加速。每秒约60米的速度只相当于每小时约216千米，这还达不到高铁列车的最高时速。因此，人们应该能看到一具完整的尸体，而不会是一堆肉酱。

　　据媒体报道，2014年某日，法国巴黎警方接到一位住在戴高乐机场附近的居民的报案，说是从天上掉下了一个外星人，还死在了他家的屋顶上。警方到达现场后，看到的是一具正常人的尸体，并不是什么外星人。警方分析后认为，那具并未摔成肉酱的尸体是从飞机上掉下来的，可那人为什么会摔下来呢（答案见书末解答之No.2.3.9-1）？

　　下面引述一件从飞机上无伞坠落的真事。第二次世界大战中，一架重型轰炸机在炸了德国城市后的返航途中，由于中弹而起火，飞机枪塔内的射击员在他的降落伞已被烧坏的情况下，只好硬着头皮从5 000米的高空跳下。在空中坠落的1分多钟内，那位射击员尽量保持身体横着下坠，因为这种姿势会使身体受到的空气阻力较大。接着，他感到猛烈一震而昏厥过去。等他睁开眼时，发现自己全身插满了树枝，活像一只大刺猬。可是他却活了下来，30年后，电视台记者还采访了他。

2015年，一个教科电视节目播放了一家外国材料公司新研制出一种减震用的海绵材料，为了使公众对新材料的卓越性产生深刻印象，那家公司把一个普通白炽灯泡用新型材料包装后，用一个高空气球把该包装盒带到2.5万米的高空，然后用无线电遥控丢下包装盒。这个没有降落伞的灯泡包装盒从超高空掉到地面后，里面的灯泡居然没有摔破，而且还能点亮。其实，从2.5万米高空落下的包装盒在受到空气阻力后，其着地速度只有每秒约50米，这和从100多米高摔下的物体的着地速度是一样的，这只是那个电视节目为了达到宣传效果而已。其实老鹰都知道，要摔碎一根大骨头（以便能吃到其中的骨髓），是不必飞到上千米的高空去的，只要飞到100多米高就够了。因为经验告诉它，飞得再高，结果也是一样的。

鹰摔骨头

下面话归正题——鸟的飞行。早在1712年，流体的伯努利（Bernoulli，意大利科学家）原理就被发现了。但这个原理当时主要是用来研究舰船风帆受到的风力的。又过了100多年，俄国的航空之父库塔—儒可夫斯基（Kutta-Joukowski）有一次看到窗口展翅的大鸟标本在疾风吹来时，鸟翅竟自动上扬起来。于是，儒可夫斯基才恍然大悟地意识到，正是由于伯努利原理，鸟翼才产生了升力。

风吹大鸟标本

下面我们用图2.3.9-1来说明伯努利原理。

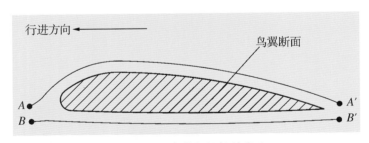

图2.3.9-1　鸟翼与伯努利原理

鸟翼断面的特征是下平上凸的，当鸟翼向前快速运动时，A点的空气会被上翼面略向上推，但鸟翼通过后，A点空气又会被其上部的大气压回到原点。再看B点的空气，由于下翼的平面对B点几乎不会有什么影响

（如忽略空气摩擦的作用），故由几何学可知，鸟翼上凸表面的长度会大于鸟翼下平表面的长度，这导致空气通过机翼上部的相对速度比通过机翼下部的相对速度要大些。而伯努利原理指出，流体在速度变大后，其受到的压力就会变小。据此，既然鸟翼上部空气的相对速度较大，其受到的压力就会变小，于是鸟翼下方受到的压力就会大于上方受到的压力，这样就产生了压力差。正是这个压力差，起到了承托鸟体重的作用。

可是，有一件事却不能用伯努利原理来解释。有人发现，薄机翼（只有一层纸）的模型飞机也能飞得很好（见图2.3.9-2）。

图2.3.9-2　极薄机翼的气流

显然，薄机翼上下两个面的形状几乎是一样的，这样薄机翼上下两个面的空气与翼面的相对流动速度就也是一样的。那么，伯努利效应就不会发生。可是，这个模型飞机是怎样飞起来的呢？原来，在制作飞机时，制作者有意抬高了薄机翼的前缘，使机翼与飞机行进的方向形成一个迎角（见图2.3.9-3）。实验表明，迎角能显著地增加机翼的升力，而且不论是对厚凸机翼还是对薄凸机翼，甚至是对平面机翼，都能起到作用。

究其原因，是因为有迎角的机翼在快速行进时会将翼下的空气下压，于是空气对机翼的反作用力f就产生了，这个力f与翼面基本垂直（读者不妨想一下原因）。力f可分解为升力f_1和阻力f_2。当迎角不太大时

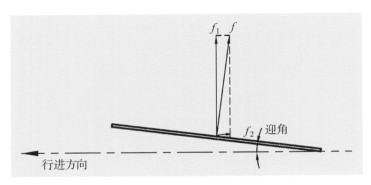

图 2.3.9-3　机翼的迎角效应

（一般仅为几度），升力 f_1 会比阻力 f_2 大得多，也就是说，飞机（发动机）的拉力（或鸟翼的拉力）只需克服较小的阻力 f_2，就可以获得很大的升力 f_1。

　　由上可见，迎角效应和伯努利效应对机翼（鸟翼）产生升力起到了重要的作用。有些好心人会替鸟着想：鸟在长途飞行中，要长期用力拍翅，它一定会累坏的。但这种担心完全是多余的，因为鸟在平飞时并不费力。其实，候鸟在迁徙中只是用不快的频率在拍着翅膀，这时的翅膀只需克服鸟前进时产生的较小的空气阻力，而鸟的体重已被空气对鸟翼的升力抵消。当然，这种升力我们是看不见的。记得多年前，作者在一次飞行原理课堂上听老师说，"飞机（或鸟）要作匀速平直飞行的条件，一是升力要等于重力，二是拉力要等于阻力。"当时在座的同学都特别困惑：如果拉力仅等于而不是大于阻力，那么飞机还会前进吗？老师随即又讲道："正因为拉力恰好抵消了阻力，所以飞机才能靠之前已动的惯性继续匀速前进。"

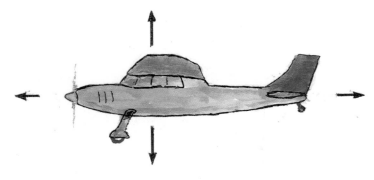

飞机的力平衡

　　上面讲到的鸟在平飞时并不是很费力的观点是符合客观事实的。鸟只需消耗很少的脂肪，而这些脂肪产生的能量能让鸟飞很远的距离。如一种候鸟在飞行4 000千米后，体重（脂肪）只会减少60克。所以说，飞行对鸟就如走路对人一样，并不是很费力的事。可是，鸟从地面起飞时却是非常吃力的，因为那时还没有速度，所以也就没有升力。起飞时，鸟不得不使出全身的劲儿来拍翅，幸而起飞的过程只需短短不到3秒钟的时间，一旦鸟有了速度，也就有了升力，之后鸟就不必太费劲了。

　　至此，有两个问题要问读者。问题一：拿小鸟和大鸟作比较，谁更难起飞？鸟用什么办法可减少起飞的难度？

　　问题二：鸟翅每拍一次，就得也上扬一次，那么上扬时的空气阻力能否抵消向下拍时的空气阻力（答案见书末解答之No.2.3.9-2）？

　　从力学原理上讲，鸟若要向前飞，就应该向后拍翅，将空气向后推，这样鸟才会受到空气的反作用推力。但是我们在电视上看到的飞行中的鸟，无一例外都是直上直下地拍翅，一点儿都看不出鸟翅有向后的运动。作者一直对这种现象困惑不解，直到最近才有所领悟，现叙述如下。

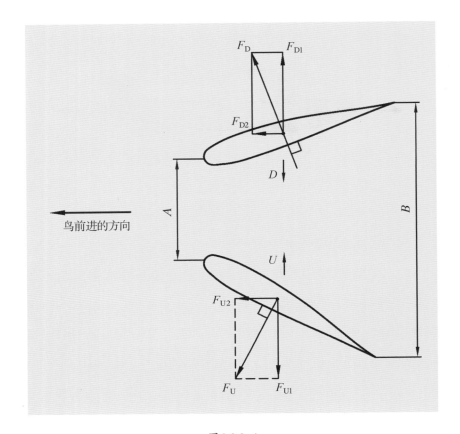

图 2.3.9-4

如仔细观察视频中鸟翅膀的挥动轨迹，可发现鸟翅上下挥动时，翼前缘的摆动幅度 A 会略小于翼后缘的摆动幅度 B（见图2.3.9-4）。这一现象说明，鸟在扬翅的过程中，鸟翼的迎角是正的，此时鸟翼受到的空气阻力 F_U 有向前的分力 F_{U2}。而鸟翼在压翅的过程中，迎角是负的，于是此时鸟翼受到的空气阻力 F_D 也有向前的分力 F_{D2}。力 F_{U2} 和力 F_{D2} 都能推动鸟前进，而力 F_{U1} 和力 F_{D1} 也能互相抵消而不起作用。可见，鸟的拍翅和鱼的摆尾都异曲同工地产生了向前的分力。此时，鸟翼的伯努利效应就能抵消鸟的重力，从而使鸟浮在空中。那么，在鸟翅上扬和下压这两个过程中，鸟翼的迎角为什么会发生正负变化呢？当然，鸟如有意识地主动扭转翅膀的肌肉，它也可以达到改变迎角的目的，但是鸟就会感到太麻烦了。事实上，鸟只管上下挥翅，它的鸟翼就能毫不费力地自动改变迎角。那么，这是怎样实现的呢？原来，这是由鸟翼的构造特点来实现的，因为鸟翼的中、后部分都是一排很长的羽毛。这排易弯的羽毛在鸟翼上扬时受到空气阻力，能自动地使鸟翼的迎角变正；反之，鸟翅在下压时，羽毛变上翘以使鸟翼的迎角变负。由上可见，是生物进化赋予了鸟翼如此巧妙的功能。

候鸟的"人"字队形

大雁在长途迁徙时，会排成"人"字队形，而飞在"人"字队形最前面的那只领头大雁，它受到的空气阻力是最大的。但是要用力学证明这个说法，还需动一番脑筋。如一只大雁在单独飞行时，它所激起的空气扰动会以"人"字形向外扩展，可这种空气扩展却是人眼看不到的。

人眼可见的是，投出的石块落在水面上，会激起一圈波浪，并以中速向外扩展。这就让人联想到，船头激起的波浪也应该是一个个逐渐扩大的圆圈。但是船如以中速前进，船头必然会激起一系列圆形波浪，它们的包络线就是一个"人"字形浪峰。所以，一只领头大雁激起的空气压缩波的包络线也会是"人"字形的，而且那只领头大雁飞得越快，相应的"人"字形夹角也会越尖。同理，"人"字队形中的前几只大雁也会激起"人"字波，这些波互相叠加后，排在"人"字队形越靠后的大雁，在"人"字波前沿的推动下，它们的飞行阻力会越小。此外也可推知，领头大雁的角色应该是由雁群成员轮流扮演的。

那么，鸟又是怎样进化成会飞的呢？早在1868年，英国大科学家阿道斯·伦纳德·赫胥黎（Aldous Leonard Huxley）就提出鸟类起源于恐龙的假说。到了1927年，丹麦古生物学家海尔曼又出版了《鸟类的起源》一书。但直到进入21世纪，在中国发现了带羽毛的恐龙化石——中华龙鸟后，这个鸟类起源于恐龙的学说才算有了极具说服力的证据。根据这个学说人们猜测，远古时，一种小体形的恐龙在经常追逐捕食飞虫的过程中，由于较小的前肢在奔跑时派不上用场，于是高举的前肢就会随着跑动而不断挥动，慢慢地，小恐龙逐渐习惯了这种跑步的姿势。而为了更好地利用空气的推力，小恐龙的前肢就慢慢地长出了羽毛。拍动长有大面积羽毛的前肢可以有效地从空气中获得推力和升力，且几乎不增加体重，身上的羽毛还可减少奔跑时受到的空气阻力。就这样，经过几百万年，甚至几千万年，小恐龙的前肢终于变成了翅膀。以前，人们普遍认为恐龙早就全部灭绝了。可现在的新观点是，恐龙并未全部灭绝，而是有一支进化成了鸟，存活了下来。

小恐龙追昆虫

　　依照前述的观点，翼龙的体形太大，应该飞不起来才对，但从翼龙化石的骨骼特征来看，翼龙以前好像真的会飞。可能是远古时期的空气密度比现在大很多，密度大的空气可以产生较大的升力，或者是翼龙特别强壮，所以它能高速飞行。古生物学家也发现，翼龙的身体是很轻的，它的中空骨骼壁只有硬纸片那样薄。

　　鸟是恐龙演变而来的另一个说法是，爬到低树干上的小恐龙会张开四肢、纵身一跃下树。为了能跳得更远，小恐龙的前肢日渐发达且长出了羽毛。此后，小恐龙越爬越高，它的滑翔能力也就与日俱增了。国外用动画片来表现这个过程时，已落地的小恐龙却不能再"飞"上树，而是要扑翅蹬爪、一下一下地沿粗树干爬高。但作者对这个画面有一个质疑，因为小恐龙靠拍翅、蹬爪虽有可能上升一段距离，但在扑翅停止的瞬间，翅膀并不能像爪子那样抓住树干。而小恐龙自重产生的力矩是不大可能单靠两个后爪来抵消的，于是小恐龙将仰面跌落。该动画未明确表明，小恐龙是否能靠刚强的尾巴与爪子一起来产生一个可以抵消自重的力矩（啄木鸟能扒在树干上不跌落，就是靠它那刚强的尾翅尖及双爪共同产生一个力矩来抵消本身体重的力矩）。

　　已会滑翔的小恐龙，它的前肢端部可能还保留有能抓握树干的脚趾。

小恐龙爬树

现在有一种鸟只会滑翔，它们自知不能沿树干往上爬，于是便采用另一种爬高方式。即先从地面"跳"上一条低枝，然后再跳上另一条稍高的树枝，就这样连跳几次之后，鸟就能达到登高的目的。

奇怪的是，已会飞的翼龙中有些又回到地上，从而变成不会飞的"恐鸟"。原来，有些翼龙为了能吞下体型更大的动物，它们的嘴和头就必须变大。而翼龙由于有翅膀，所以不宜飞入小树林去捕食，这时飞行就不如奔跑有用，于是它们的后肢就变得更强壮了。后来，这种头大且腿重的翼龙终于再也飞不起来而变成了"恐鸟"。另外，翼龙的嘴也演变成了攻击武器——大喙。

另有一种大鸟，它感到自己的体形已不适合飞行，于是便演化成了善于奔跑的鸵鸟。

写到此，本书开头提到的小翅膀的大黄蜂为什么会飞得起来的难题终于解决。学者原先算出大黄蜂在其小翅膀下拍的瞬间可以不下坠，但在随后翅膀上扬的时段，由于没有了升力，大黄蜂将开始下坠，这样在拍翅和扬翅的一个周期中，光靠拍翅就不能维持大黄蜂的身体不往下坠，这正是难点所在。但最近，国外学者通过慢放的高速影像知道了，原来大黄蜂在向上扬翅时竟意外地也会产生升力，因为大黄蜂在快速扬翅的运动中，会及时将翅膀的迎角转变到一种极为有利的较大角度（见图2.3.9-5）。于是，空气阻力 f 就可分解出上升力 f_2 来，使大黄蜂在扬翅时不会快速下落，甚至不下落。而另一个水平分力 f_1 则会增大前进阻力，因此大黄蜂的前进速度应该不会太快。

小翅膀的大黄蜂

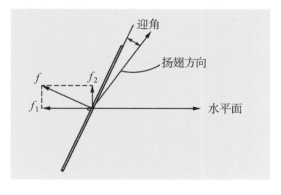

图2.3.9-5

生活在美洲的蜂鸟会悬停在花朵前采食花蜜。蜂鸟悬停时，根本不能用伯努利效应来产生升力，而只能向前、向后拼命拍动翅膀，靠特大迎角的翅膀受到的空气阻力（其向上的分力）将自己悬停住。蜂鸟拍翅的频率每秒高达数十次，而且它在向后拍翅时，还得先把迎角转过约90度（肌肉只需转较小角度，其余的转角可由羽毛变形而自动产生）。

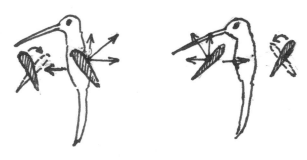

蜂鸟的悬停

　　大黄蜂很可能也采用了类似蜂鸟那样前后拍翅的飞行方式。大黄蜂只要更用力地前后拍翅，就能从悬停变为上升，而且，它如能在向后拍翅时多用点力，就也能前飞。

第三章

物体的平衡

人人小时候都见过玩具的倾倒现象，但很少人会对这个看似简单的现象深入考虑，有些人甚至还认为这个现象不值一提。但是，正因为人们（甚至包括某些工程师）未能掌握物体倾倒的正确规律，所以常常发生重物倾倒事故。例如20世纪后期，一批国外工程师浇铸了一块直径达8米、厚为20厘米、重达20多吨的天文望远镜用的大玻璃镜胚（此镜胚采用了昂贵的微晶玻璃，受热后不会膨胀，能保证大镜面的精确光学面形不会随环境温度的高低而发生丝毫变化）。在制造的过程中，工程师们将大玻璃镜胚从吊车上移到一具特制的支撑座上时，那块大玻璃镜胚竟突然碎裂而轰然倒下，就这样，大玻璃镜胚在顷刻间变成了一堆碎片。

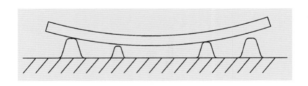

由多点支撑的大玻璃镜胚

事后，专门的事故调查报告认为：设计支撑座的工程师错误地认为用四点支撑大玻璃镜胚肯定比用三点支撑要好。原来，在设计支撑底座时，工程师先用电脑计算分析了那块大玻璃镜胚躺在不同数量的支撑座上时，大玻璃镜胚内部会产生（由自重所产生）的最大应力。计算结果表明，直径为8米的大玻璃镜胚，虽然厚达20厘米，但若仅用两点来支撑，则大玻璃镜胚中部的应力将超过那种玻璃材料的许用应力，这样大的应力将会使大玻璃镜胚破裂。但若用三点来支撑，那么相应的最大应力则会小于许用应力，这时大玻璃镜胚虽不致破裂，但安全系数还嫌太小。第三种方法是用四点来支撑，这样可以提高安全系数。因此，用四点支撑的设计方案就顺利通过了。看起来设计方案并没有问题，但大玻璃镜胚为什么会破碎呢？建议读者先看完下一小节，然后就会知道那块大玻璃镜胚会碎掉的原因了。

3.2　物体不致倾倒的条件

　　一个放置在地面上的物体，它与地面接触面的外围是一个某种形状的封闭图形。经验和力学知识都告诉我们：一个物体的重心在地面上的垂直投影点如果能落在着地面的封闭图形内，则该物体就能保持稳定而不倒。如果人用手轻推该物体的上部，那么只要物体的倾斜度不太大，且物体的重心投影点仍能落在封闭图形内，则当人松手后，该物体就能自行恢复到先前的稳定位置。

小底面立柱也能站住

　　但当物体因倾斜度过大而导致其重心投影点越出了上述封闭图形时，物体的重力将会以一个力矩的方式，使该物体绕上述封闭线的某边开始转动，之后物体就将倾倒而达到一个新的稳定状态，处在这个新状态的物体的重心，已低于物体之前的重心。

如将以上条件用于一个三条腿的桌子，那么该桌子三条腿的着地点会围出一个大三角形，该桌子的重心投影点会落在上述的三角形内，因此三条腿的桌子有很好的稳定性。可是，当一个四条腿的桌子（或凳子）被放在地上，人却能轻轻晃动它。其原因是，桌子（或凳子）的四条腿并不会精准地一样长，而且地面也不会绝对平整。因此，在往地上放桌子时，四条腿中较长（如在对角线上）的两条腿会先着地，这时桌子就仅仅支撑在两条腿上。但是桌子往往有一些偏重，这个偏重会使桌子（绕两条腿的着地点）略略转动，直到第三条腿也着地。这种支撑方式显然会使第四条腿凌空，但人们有时也能看到四条腿都着地的桌子。为什么会这样呢？答案是，桌子先着地的两条腿会使桌面向上略微弯曲，于是那两条长腿会后退一些，并使另外两条较短的腿也能着地。由以上情况可推知，该桌子的四条腿并不会承受同样大的力。在四条腿的桌子中，一般只有两条腿能起到主要的支撑作用。

四条腿的凳子总有一条腿离地

如果把前面讲到的直径为8米的大玻璃镜胚搁在刚性较好的四点支撑座上，这个支撑就相当于一个倒放的桌子（即四条腿朝天），那么这个支撑座就只能用两点来支撑大玻璃镜胚了，于是大玻璃镜胚破碎的事故就发生了。

其实，即使用十个刚性支点来支撑那块大玻璃镜胚，也只有两点或三点能起到真正的支撑作用。可采用的合理办法是，在所有支撑点都放上有适当压缩性的缓冲体，以保证各个支撑点都能受力。

3.3 巧用平衡的实例——国家级文物"马踏飞燕"

1969年，甘肃省武威市出土了一个东汉的青铜文物——"马踏飞燕"（重7.15千克）。这个出土文物是一匹飞奔的马，它的一个马蹄掠过了一只低飞的燕子，而那只差点被踩到的燕子，正惊恐地回头看究竟发生了什么。

文物"马踏飞燕"

这个青铜国宝巧妙地用这匹马的一条后腿使整匹马平衡地放稳。在造型时，工匠把这匹马的右后腿尽量前伸，使那条腿的马蹄正好落在这匹马重心的正下方，而这条承重的马腿又通过飞燕把重量再传到地上。

3.4 很难平衡的物体

人们大都认为，一个鸡蛋是极难用一头来站立住的。多数人以为，鸡蛋与桌面的接触处只是一个点，因此想要将鸡蛋的重心恰好调到一个没有大小的（几何）点上，理论上几乎是不可能的。可有些耐心的人却真能把鸡蛋立起来，你知道原因吗？答案是，鸡蛋与桌面的接触处并不是一个小到几何意义的点，而是一个有面积的小面，这样鸡蛋的重心就有可能到达这个接触小面的上方。

用一头立住的鸡蛋

鸡蛋与桌面的接触处不可能只是一个点的原因：当接触面积为0时，此接触面上由鸡蛋自重产生的压强将达到无穷大。鸡蛋和桌面在这个无穷大的压强下，接触处的上、下部分都应被压扁而生成一个很小的面积。当这个很小的面积被压而逐渐变大后，接触面上的压强将迅速减小，直到减小到某一值（平衡）时，接触面积就不会再变大。我们可以利用赫兹公式来推知这个接触小椭圆面的短轴长度。要利用赫兹公式，就要先测出鸡蛋和桌面各自的弹性模量 E、接触处鸡蛋的曲率半径和桌面的曲率半径（此值可取无穷大），以及鸡蛋的重量。我们可设想接触面是一个直径仅为0.3毫米的圆面，这样，我们只要把鸡蛋的重心调整到接触面上的0.3毫米之内，鸡蛋就能站住。

作者曾在电视上看过这样一个场景：一辆摩托车用后轮站立，而车的前轮却能直指天空。乍一看，会觉得直立起摩托车应该比直立起鸡蛋更难。但实际情况是，摩托车的直立反而更容易。你知道为什么吗（答案见书末解答之No.3.4）？

前轮朝天的摩托车

关于巧立鸡蛋，还有一个著名的故事。公元1493年，在一个庆功宴会上，大家正祝贺哥伦布实现了从大西洋朝西航行也能到达日本（哥伦布至死都不认为他到达的是新大陆）这一设想。这时，来宾之一却不服地说："任何人乘船西行都能到达日本，你的航行没什么了不起的。"哥伦布听闻后，在宴席上拿起一个带壳的熟鸡蛋，从容地说："各位来宾，谁能把鸡蛋立起来？"众人试后，都没能把鸡蛋立起来。此时，哥伦布拿起鸡蛋往桌面上一敲，那只破壳的鸡蛋就立住了。

3.5 张衡地动仪中立柱的巧妙应用

　　张衡地动仪可被誉为古今中外能将平衡技巧用到极致的巅峰之作。张衡对立柱的用法，其水平之高，甚至达到了令1 800年后当代中外学者都百思不解的程度。因此，以下将多花些笔墨来介绍张衡地动仪。

　　据正史《后汉书·张衡传》记载，张衡在公元132年造出了候风地动仪，并放在当时的京师洛阳。当远方发生地震后，尽管到达洛阳的地动已十分微弱，以至人都没有感觉到，可地动仪中一根称为都柱[1]的大柱却能因微小的震动而向地动传来的方向倾倒。那个倾倒的立柱还会推动一套装置，使一条龙张口吐出一个铜丸。紧接着，铜丸会落到其下方蟾蜍的口中。由于地动仪外均匀地分布着八条龙和八只蟾蜍，所以哪个龙口吐出了铜丸，就可得知该方向发生了地震。

张衡地动仪的推测外形

---

　　[1]　都柱：粗大的柱子。

史书还记载，某日，值班者发现西北方向的铜丸落到了其下方的蟾蜍口中，但那天洛阳居民并未感觉有过地动。数日后，有信使快马来报，说几天前西北方的陇西发生了大地震。从此，张衡地动仪就名声大噪了。

读者依据之前讲过的物体平衡知识可知，对一个立柱，如果它的着地面太小，那么它就很容易发生倾倒。但想要使这根立柱站立，理论上也是可行的。

回到约130年前，被誉为现代地震学之父的英国人约翰·米尔恩（John Milne）在日本工作时，曾对张衡地动仪中立柱的应用专门做了实验。通过实验，米尔恩发现了三个特点：第一，立柱验震的灵敏度不可靠，因为灵敏度除了随震动的强度有关外，也与震动持续时间的长短有关；第二，立柱并不总是倒向来震方向，而是会各向乱倒，因而立柱的倒向大多不会与震源方向相符；第三，即使立柱真能正确倒向震源的方向，但是这个震源的方向往往也不一定是实际的震中方向。

米尔恩提出的第三个特点是现代地震学中最重要的发现之一。这个发现是米尔恩用多台放在各处的水平摆地震仪多次测定日本地震的方向并进行分析后才得出的。在1800年前，张衡只能想到地震波是从震中辐射出去的，就像人人都看过的由落石激起的水波会辐射扩大一样。

张衡地动仪那次能测准震中方向，其原因可能是陇西地震波虽然在长途前进中不断转向，但到达洛阳后，最终碰巧又回到了初始方向。历史上，张衡在制成地动仪后很快就被调去了外地，而且他的地动仪因多种原因也未能长期工作。其中一个可能的原因颇值得一提，即那时的人认为地震是天对某些人做了错事的警示，所以每次大地震后，常会有朝庭官员成为替罪羊而被革职，有的地震还逼得皇帝下"罪己诏"。因此，皇帝和众官员都很痛恨地震，这种负面情绪也就可能波及地动仪了。

到了20世纪，日本的地震学家荻原尊礼和今村明恒也做了立柱验震实验。他们除了也遇到立柱会向各方向乱倒的问题外，还发现了一个新问题，就是对较灵敏的立柱，他们根本就不能使它站立起来。日本的关野雄在1972年还发表了一篇论文，文中用力学原理证明了：如立柱的灵敏度要超过人的感震灵敏度，那么该灵敏立柱的重心高度至少要达到立柱半径的1 250倍。对这样的立柱，其外形如取总高2 500毫米，其直径也才2毫米。显然，这种长铜丝状的立柱是不能立稳的。

此后，持张衡地动仪中不可能用立柱观点的人，时不时就会搬出关野雄的理论来作为依据。

既然今人都认为立柱不能验证，所以从米尔恩开始，不少人都提出张衡地动仪中不是立柱，而是悬柱，因为只有用悬摆（悬柱），才可能成功。一个悬摆总会停在重心的最低位置，不会像灵敏立柱那样发生无法站立的现象。但是硬要把都柱说成悬柱，即便能言善辩的大律师也不敢说什么。有人查阅了中国的历史文献，只在一处发现提到了都柱，说是在某处汉墓的中央有一根都柱。汉人在墓的中央总不会挂一根悬柱吧，显然这是无法解释的。而用一根大柱去撑住墓顶，以防止墓穴坍塌，这就足以令人信服。

前人在实验时，立柱会向各方向乱倒，这个原因并非深奥到无法理解。其原因在于前人所用的立柱都未进行调整重心以求平衡这一必要步骤，而且立柱的着地面也未经过精细加工。当不太精细的粗糙立柱被竖立后，立柱的重心投影点往往不会落在着地小接触面的中心，而是偏在

第三章　物体的平衡

一侧。可只要重心投影点仍在接触面之内，那么立柱还站得住。但当立柱受轻震而刚开始倾斜时，立柱的接触面就也会微倾而翘起一侧。于是，立柱就仅站在已倾斜的接触面的最低点上。这时，立柱的重心矢量与上述最低点形成的力矩就使立柱朝重心投影点偏离的方向加速，而立柱就会有侧倒倾向。之后，实验者在重新摆放已倒过的立柱时，又未注意到立柱的摆放必须保持每次方位一致（估计并未在立柱外表面先做记号）。这种随意放置的立柱，其重心偏离方向也就是随意的，以至于那个立柱在受震时就会各向乱倒了。我国地震局的张衡地动仪科学复原课题组在实验中也对他们在方向上随机摆放的立柱倒向作了统计，分析结果是，倒向八个方向的概率几乎相同。

只有当干扰外力很大时，立柱才不会各向乱倒。

对以上所说的立柱的倒向，读者可自己做一个试验，对一个倒立在一本硬壳书上的盛水饮料瓶子（或其他较高物体），在用手向前猛推一下书本后，瓶子肯定会朝你的方向倒，即它并不会各向乱倒。这是因为瓶子的偏重力矩不大，它对瓶子受到猛加速时的倒向就起不了什么显著作用。

要想立起一根灵敏度很高的立柱，会比立起一个鸡蛋更难。这是因为，鸡蛋的着地面是一个球面，我们在球形的着地面上总能找到一个合适的点，使这个点正好处于鸡蛋重心的正下方。因此可说，鸡蛋这次站在这个点上，而下一次却可能站在另一个点上，而且这样点的数目还非常多，这就大大增加了鸡蛋站立起来的可能性。可立柱下面的接触面却是一个很小的平面，立柱重心的投影点只有落在这个很小的平面内才能站稳，而且这个接触小面要与立柱本体轴线保持垂直，否则当一个歪的小平面被放在其下平的支撑面上后，歪斜的立柱重心的投影也将移出接

触小面。另外，这个接触小面还不宜采用平面，否则接触面下常有的微小灰尘，即使只有1～2微米大小，这个灰尘也能使立柱重心的投影点偏移半毫米左右，以至立柱不能站立。若掌握了仪器制造的技巧，就会将立柱的接触小面做成一个微凹的球面，这样立柱就只能用接触小面的外缘来着地，从而大大减少接触处有灰尘的机会。

分析表明，立柱在刚开始倾斜的瞬间，它的着地处会移到立柱下着地接触面外围的一个点上。于是，该点受到的立柱压强就会很大。如果张衡欠妥地用了不够硬的青铜来做立柱的小着地接触面，那么他在调试立柱的过程中，那个青铜接触面的外缘就会被压扁而旁边又会略微鼓起。那么，地动仪就不能取得成功。反之，由张衡能将地动仪应用成功这一事实来看，张衡必定正确选用了特硬材料，如玛瑙或蓝宝石（常见的红宝石内部一般会有极细小的裂缝，故不适用）来做立柱的着地件及其下有关的零件。

至此，我们已知道了立柱要灵敏验震所需要的各个条件及如何满足这些条件，而这些条件都是东汉时代能达到的。

作者利用专业上部分与张衡是同行这一有利条件，做出以下推测供读者评议。

张衡画像

张衡会先用一根木立柱做倾倒试验，并把这根木立柱的着地面进行精细的加工（而近代学者的立柱可能未经仔细的加工）。经过几次立柱倾倒实验后，张衡会意识到，只有减小立柱着地处的尺寸，才能达到较高的验震灵敏度。他还会发现，在扶正立柱的操作中，立柱只有处于一个方位才能站立住以及未平衡好的灵敏立柱根本站不住。有丰富实验经验又十分细心的张衡是不会随意摆放立柱的，他会在立柱的外围先做方位记号，这样每次站立在一块木板（或石板）上的立柱在方位上都是一致的，因而立柱的偏重也总在同一方位。除了必须将立柱下的支撑面精确置平外，张衡还会以一个固定的方向去轻推木板以使立柱倾倒。结果是，立柱几乎总是倒向同一方向。此后，他会把立柱方位转到另一方向，结果立柱又总会倒向那个新的方向。据此张衡悟出了，正是立柱偏重，才使得立柱常倒向那个方向。之后张衡会采用必要的技术措施来调整立柱，直到其偏重基本消失（张衡甚至可以想出好几种调整方法）。后人在重复做立柱验震实验的时候，都没想到要先在立柱外做记号，故他们也找不出立柱各向乱倒的原因。作为仪器制作大师的张衡，他甚至能想到立柱的小着地面应该采用凹面而不是平面。以张衡的经验，他应该知道，制造一个精密凹球面比制造一个精密平面更为容易，而这点与人们的常识不符，可却是近代磨镜技术所证明的。由上可知，张衡在制作灵敏立柱的过程中，并未用到古人无法企及的技术。

2013 年，作者将自己有关张衡地动仪的新观点扼要地写成电子邮件，发给了我国的地动仪复原课题组。可得到的答复却是：他们平均每年能收到十几份这样的报告，现代科研是不能光靠口讲笔写的。检验一个新观点，必须用实验来证实。从这个答复来看，他们对作者提出的观点并未认真考虑。于是，作者便用了几个月的时间去做一个立柱验震实验装置，然后用它做了严格的定量实验。结果证明，作者的所有观点都是正确的，因而也证明了立柱的确能够灵敏验震。

2013年11月16日，在中国科学院自然科学史研究所和中国科学院国家天文台南京天文光学技术研究所的联合主持下，于南京召开了张衡地动仪的复原学术讨论会。与会的各方专家一致认为，作者提出的立柱验震观点是正确的，在会上的演示实验也是成功的。之后，《扬子晚报》对此事作了整版报道，国内的60多家报刊和网站也对此进行了报道。

有兴趣进一步了解张衡地动仪的读者，可以读读作者的拙著《张衡地动仪的奥秘》（南京大学出版社，2014年8月）。

3.6　行进中的自行车不会倒的原因

自行车在全世界得到广泛应用已有100多年，且目前存世的自行车总量仍比汽车多1倍。自行车可被视作人类最杰出的发明之一，它甚至可与眼镜、火及核能的应用相比（被评为第一名的是眼镜，其理由是，眼镜能用最简单的方法将世人从老视和近视的困境中拯救出来）。

一种早期的自行车

骑自行车比步行优越得多，用与步行相同的体力骑自行车，却能多行3倍以上的距离。这还不算，自行车还大大节约了宝贵的行路时间。更妙的是，自行车还能用来运货。拥有上述优点的自行车价格还比较低廉，普通家庭都买得起。

邮差和早期的自行车

尽管自行车已广泛应用了100多年，可它能在行进中不倒的原因却一直不为人所知。人们对"行进中的自行车不会倒"的现象都已司空见惯，所以也就见怪不怪了。据记载，100多年前，法国科学院曾悬赏征求对"行进中的自行车为什么不会倒"的最佳解释。但当时的解释似未被公认，以至如今各国的学术刊物上还不时出现与"行进中的自行车为什么不会倒"有关的新论文。

3.6.1 说法一：车轮的陀螺定轴效应使行进中的自行车不倒

有科普书上说，儿童玩的陀螺在旋转时能产生保持陀螺不倒的定轴性，因此自行车的车轮在旋转时，它们的定轴性也就能使自行车不倒了。乍一听，这个说法似乎有些道理，但深究一下，问题就来了。须知陀螺是全身都在作高速旋转的，所以它的定轴性才会大到能维持它不倒。但自行车的车轮既轻又转得那么慢（如每秒为2转时，车的相应时速是每小时 16 千米），如此小的定轴性竟能使如此大质量的自行车（加人）不倒？即使对一个全身都在旋转的陀螺，当它转得只有每秒为 2 转时，恐怕它也站不住了。所以，自行车车轮的定轴性应该不足以维持车身的不倒。

在 1970 年和 2007 年，国外出现了两篇论文，说他们在一辆实验用的自行车上装了一套能抵消车轮陀螺效应的特殊装置。结果表明，那辆自行车不利用陀螺效应也不会倒。

作者曾将一辆自行车放在快速跑步机上做实验，这时，自行车并不前进，可车轮却是快速旋转的。实验表明，那辆自行车是很容易倒下的，即车轮旋转后并未产生可察觉的定轴性，也可联想到，车轮的快转并不足以产生能使前轮转向的陀螺进动效应。

至此，我们可以断定，车轮的陀螺效应并不是行进中的自行车不会倒的主要原因（可是至今，各国的科普书仍把行进中的自行车不会倒的原因说成是自行车有陀螺效应）。

3.6.2　说法二：骑车人摆动上身能使行进中的自行车不倒

有些人认为，骑车人如果有意识地移动上身，应能对行进中的自行车进行平衡。这种说法是否可行呢？现作如下分析：按照这种观点，如果一辆自行车发生了左倾，那么骑车人就应该向右移动上身，以阻止自行车继续左倾。注意，倾倒的自行车并不是整车在作"平动"，而是在作一种转动，这个转动的轴线就是两个车轮下的那两个着地处的连线。根据牛顿放之四海而皆准的力学定理，我们知道，如果将一辆自行车（加骑车人）看作一个孤立系统，即它并不与外界相连，那么这个孤立系统的运动状态不会由内部力的作用而改变，这是因为一个孤立系统的动量和角动量都是不变而守恒的。按照这一观点，骑车人的身体如向右移动，那么自行车本身就必然（因骑车人的反作用力）会左移，这样骑车人（加车）的角动量才能不变。至此，读者不禁疑惑起来：怎么有时我们会看到自行车自己发生倾倒呢？这个现象的解释是，因为自行车受到了重力这个"外力"的作用，所以它的运动状态改变了。照这么说，是不是骑车人摆动身体一点儿也起不到平衡作用呢？作者想了颇久后才发现，我们不该把自行车的着地点看作一个点。由于点是没有宽度的，所以想借助一个点来产生任何力矩都是不可能的。这是因为力矩是力乘一个距离，既然点的距离是0，那么力矩也就是0了。实际上，自行车充气轮胎下的着地处在重压下会被压扁为一个小面。显然，这个小面的尺寸与整车的重量及轮胎的充气程度有关。但为计算方便起见，我们可采用1.6厘米这个值来作为前述小面的平均宽度。

　　一旦有了着地面宽度，骑车人就可以用压在着地面的压力和这个接触面宽度所产生的外力矩来使自己的上身发生摆动。也就是说，骑车人可以靠地面产生的外力矩来使自己的上身运动。

　　如果自行车两个轮子的压地力为65千克力，那么骑车人可以从自行车车轮着地的接触面上借用的最大力矩为 $65\ \text{kgf} \times 0.16\ \text{cm} = 10.4\ \text{kgf} \cdot \text{cm}$。可见，这是一个并不太小的力矩。算得的这个值意味着骑车人可以用一个以地面为着力基础的力矩来使身体摆动，然而这个力矩不会大于 $10.4\ \text{kgf} \cdot \text{cm}$ 太多。

　　下面我们可计算一下，骑车人用最大（可能）力矩来摆动上身时，能达到什么样的效果。经过运算得到的结果是，如果骑车人用力的时间是1.5秒，那么骑车人的重心的侧移量可达到约2.9厘米。这里我们省略了计算过程，因为这会弄得普通读者一头雾水，而对专业力学工作者来说，他们自己也会计算。

考虑到骑车人在骑车的过程中不必随时都去平衡自行车，因而骑车人的轻微摆动应该只能产生约1厘米的重心移动。这样，就引出了一个新问题：即骑车人对自身倾斜的"感知"灵敏度能否达到1厘米以内？作者对此抱怀疑态度。经验表明，只有在自行车极慢速行进时，骑车人才会大幅摆动身体来平衡自行车。如果骑车人每大幅摆动一次，就能将重心移动2.9厘米，那么骑车人如多大幅摆动几次，就可以增大重心的移动量。因此，当车速极慢时，人通过大幅摆动身体倒也可以对自行车的平衡起到显著作用（此时，能使自行车不倒的另一措施是用大转车把来平衡，这点下文会讲到）。

骑车人如单靠左右摆动身体，的确也能在短期（如10秒钟）内保持自行车不倒，例如自行车在驶过独木桥时。但在大多数情况下，自行车之所以不倒并不是靠骑车人身体的平衡作用。

要想彻底弄清骑车人的身体摆动能否使自行车不倒，建议读者自己做一个简易的实验。可以先用铁丝把自行车车把的两个外端与坐垫下的那根直钢管紧紧地扎住，然后骑车人骑上这辆车把已丝毫不能转动的自行车，并在别人的帮助下蹬自行车前进，再在别人撒手后，左右摆动身体以保持自行车不倒。作者估计，十之八九的读者都办不到。在未知实验结果之前，我们暂且认为骑车人的身体摆动并不是自行车不倒的主要原因。

3.6.3 说法三：自行车车轮压地面的宽度能防止自行车初倾

作者发现，由于自行车车轮下的着地面有前述的约1.6厘米的宽度，所以自行车车轮的着地面就不是前后轮下的两个小点。也就是说，自行车车轮的着地范围已扩大为一个前后向很长而横向仅宽1.6厘米的矩形。按照前文讲过的观点，自行车在初倾很小时，只要它的重心投影点（在侧向）尚未越出车下的窄矩形，那么自行车就能保持稳定，而且连倾倒的趋势都没有。

由上可见，自行车车轮着地面的宽度在车倾很小时，能起到显著的稳定作用，而且也能使以后发生的倾斜力臂减小约0.8厘米，所以这个接触面的宽度也能起到延缓倾倒加速度的作用。

可是，自行车车轮与地面的接触宽度却不能解释已有较大倾斜的自行车为什么也能不倒。

2011年，在《科学》期刊上登载的那篇关于（行进中的）自行车为什么不倒的论文中，论文的5个作者提到他们用了一辆自制的特小轮子（直径不到20厘米）的自行车来做实验。他们说，那辆自制自行车不要陀螺效应和前轮转向轴倾斜也不会倒。至于它不倒的原因，至今还不清楚，似乎与自行车前后轮上负载分布的特性有关。但本书作者认为，由于那辆自制自行车小车轮的着地面很宽，且全车没有负荷而重心很低，所以即使那辆自制自行车停放在那儿，都会很稳而不倒。如他们用市售大自行车来做实验，并将自行车车前轮的转向轴改成与地面垂直，估计那辆自行车就不能再自稳而不倒了。

3.6.4　说法四：前轮着地点的侧向移动能防止自行车倾倒

有人发现，有些自行车的前轮轴是安装在前叉下端的前弯部分的。这样，当自行车的车把带动前叉转动时，前叉的那个前弯伸出部分就会产生一些左右的侧向移动。现用图3.6.4-1来说明这个效应。

图 3.6.4-1

图 3.6.4-1ⓐ表示了自行车（加骑车人）的重心点 W 因少量倾斜而偏到了自行车前后轮着地处 MN 连线的左侧。于是，骑车人就立即将自行车的车把向左转一些，以至前轮的着地处从 M 移到了 M'（见图 3.6.4-1ⓑ）。因此，重心投影点 W 反而到了 $M'N$ 连线的右边。结果，这个 W 力矩会将原来已略左倾的自行车扳回来。如果 M' 偏出 W 过大时，W 力矩还会使左倾的自行车变成反向（向右）倾斜的状态。

以上解释之所以不对，是因为有些人看到前叉既然是向前弯的，那么当骑车人向左转动车把后，就会想当然地以为前轮会向左移而发生如图 3.6.4-1ⓑ显示的情况。可实际的情况却是（见图 3.6.4-2），前轮的着地点是处在车把轴 OO' 的后面的，这样，一旦车把向左转动，由于着地点 J 是不会动的（这是因为车轮 J 点与地面有很大的摩擦力），故 OO' 轴反而略微左移，从而引起自行车（加骑车人）的重心左移。以上效应正好与图 3.6.4-1ⓑ所说的效应相反。由此我们得到一个推论，即靠改变自行车车把方向以改变着地点，从而对自行车起到平衡作用是不行的（但是在转动自行车车把后，自行车的运动方向会随之改变，从而自行车的离心力会起到有效的稳定作用，这点在后文会讲到）。

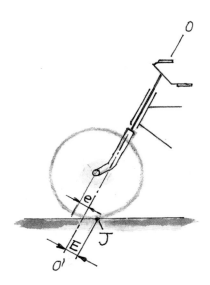

图3.6.4-2 J点反而在OO'轴之后

3.6.5 说法五：自行车的惯性（离心力）是行进中的自行车不倒的主要原因

离心力是惯性的一种表现形式。牛顿力学定律告诉我们，一个物体在没有外力影响时，其（运动）惯性能保持物体的运动状态不变，也即静者恒静和动者恒动。对静者恒静，人们易于理解。但对动者恒动，就要考虑一下了。如人们都知道滚动着的皮球并不会一直滚下去，而是会慢慢停下来，即不能动者恒动。实际上，如果地面是绝对水平的，并且没有摩擦力去阻止这个皮球，且空气也不对皮球产生阻力，那么，皮球就能永远滚下去。

将惯性定律用到自行车上就是，如果没有外力影响，已动的自行车将一直前进下去且方向也不会改变。但实际是，自行车转动的车轮会受到轮轴摩擦的阻力和车轮着地面变形的内摩擦阻力，而且空气也会对自行车和骑车人产生阻力，所以自行车将逐渐慢下来。为了不让自行车慢下来，骑车人就得不停地踩它前进。

但是，行进着的自行车（加骑车人）总是会受到重力的影响。自行车在前进时，还会受到不平的地面及不稳的人身等的影响，而发生些许倾斜。一旦这种倾斜大到使自行车（加骑车人）的重心投影点越出车轮着地面的侧边（如往左）时，重力就会以一个力矩的形式来拉自行车（加骑车人）向左作倾斜加速转动。于是，骑车人会感到自行车在左倾。这时，已学会骑车的人会立即采取一个措施，即向左转动车把，以改变自行车的行进方向。结果是，前轮在地面的强制作用下，会将自行车改为向左做曲线运动。这个曲线实际上是由许多短圆弧线段相连而成的，每段圆弧都有一个相应的圆心和一个曲率半径值。可是自行车（加骑车人）原来运动的惯性却不是沿着这个新圆弧的，惯性总是指向原来的（未转向前的）方向。图3.6.5.1说明了自行车在转向时的受力情况。

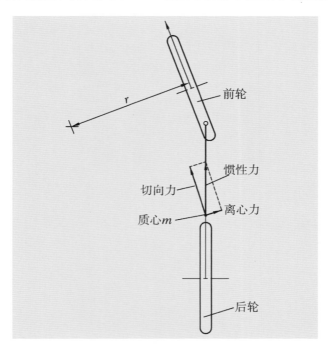

图3.6.5.1　自行车转向时的离心力

在图3.6.5.1中，自行车向左转了向，从而自行车将开始作一个圆弧运动。力学指出，凡在作圆弧运动的物体，必然会产生一个离心力，而且这个离心力的大小可以用公式来计算。物体的离心力（其数值等于向心力，但方向相反）$T = \dfrac{mv^2}{r}$，式中的 m 为物体的质量，v 为速度，r 为圆弧的曲率半径。以上公式表明，离心力的大小与速度的平方成正比，而和曲率半径成反比。

现在有一辆以中速（$v = 4.6$ m/s）前进的自行车，估算它在曲率半径为20米时所产生的离心力 T（设自行车、骑车人共重65千克）。

$T = \dfrac{mv^2}{r} = \dfrac{65}{g} \cdot \dfrac{4.6 \times 4.6}{20} = \dfrac{65}{9.8} \cdot \dfrac{21.2}{20} = 7$ kgf。此力作用在骑车人和自行车的重心上，如记重心离地的高度为 h，故 T 的力矩为 $7h$ · 千克力·米。

此时，自行车的左倾程度如为4度，自行车（加骑车人）重量所产生的向左力矩（作用在重心处）则为 $65 \cdot h \cdot \sin 4° = 65 \times h \times 0.07 = 4.6h$ · kgf·m。因此，离心力矩已大于倾斜力矩，从而使自行车能被扶正。其实，骑车人如将自行车车把多转一些，如使 r 减小到10米，那么离心力距会大到 $14h$ · 千克力·米。所以，人总可以用自行车车把来产生比左倾力矩更大的（右倾）离心力矩，从而使自行车不但纠正了之前的左倾，而且还可以反向（向右）倾倒。当自行车的手把（前轮）一左转，车身会自行右倾；反之自行车的手把（前轮）一右转，车身会自行左转。所以说，我们通常看到的自行车总是走不成一条直线，而是在时左时右地前进。

以上举的是自行车以中速行进的例子。下面再讨论一下自行车在低速前进时的离心力情况。

仍用离心力公式，可速度为每秒1米（每小时3.6千米已慢于人步行的速度），如曲率半径只有2米，则 $T = \dfrac{mv^2}{r} = \dfrac{65}{g} \cdot \dfrac{1 \times 1}{2} = 3.3\,\mathrm{kgf}$ 。

这个力也并不小。如果骑车人能多转一些车把，如使 r 只有1米，那么离心力可大达6.6千克力。所以，通过定量计算我们可知，前进中的自行车总能产生足以纠正倾倒的离心力。至此，我们似乎已成功地找到了行进中的自行车为什么会不倒的原因。

3.6.6　自行车有自驾不倒的神奇特性

在找到能使自行车不倒的离心力后，不等我们松一口气，却又冒出一个新问题，即骑车人不但随时随刻都要注意自行车的平衡状态，还要不断做出正确的反应以控制自行车的车把转向。可是，我们平时看到的骑车人却都是在悠然自得地踩车前行，根本不须耗费什么精力去注意自行车的稳定和运行状况。鉴此，作者一直猜测自行车具有自驾的本领，即它根本不需要骑车人的控制，也能自己察觉平衡状态且自动调整车把，并用改变行进方向而产生的离心力去纠正已有的倾斜。以上猜测已得到了实验证实。不久前，国外有人演示了自行车的自驾能力。他们拍摄了一个视频，将它放在互联网上：在一个平坦的草地上，一辆无人自行车被一人猛推了一把，于是无人自行车就独自平稳地前进了。在自行车行进的途中，另一人也从侧面猛推了自行车一把，出乎意料的是，那辆自行车并未被推倒。相反，自行车在被推歪后，又顽强地重新站稳，然后继续向前行进。

这段视频令人不得不相信自行车确有自驾自稳这一神奇功能，怪不得所有的骑车人都能骑得那么轻松。

从那段视频中推车人的惊愕表情可知，他们也被自行车的惊人本领给弄糊涂了。

行进中的无人自行车

当然，作者也被弄糊涂了，后经过不断的探究，终于于2015年找出了自行车之所以能自驾的原因及其运行机制。

这个谜底乍一看是难以置信的。用一句话来说，就是自行车向前倾斜的那根（前轮叉上的）转轴赋予了自行车这种自驾的神奇功能。看到此，读者可能会觉得这句话很荒唐，现在请看作者是怎样解释的。

话说很久以前，自行车发明人给他的自行车设计了一个前伸的前轮方向转轴。这根轴必然是上端靠后的，这样骑车人的手才可够得到车把。如果这根轴被设计成垂直向下，那么前轮就太靠后了。这样的自行车在下坡急刹车时，重心高的骑车人（加自行车）就会发生仅前轮着地而后轮翘起很高的情况，甚至会翻一个筋斗。

前轮不前倾的自行车易翻筋斗

所以说，为了提高自行车前后的稳定性，前轮必须尽量靠前，这就要求前轮方向转轴是上端向后而下端向前的倾斜设计。这种前倾设计在无意间却赋予了自行车神奇的自稳自驾本领。其力学解释可见图3.6.6.1。

图3.6.6.1 自行车前轮的受力分析

由图3.6.6.1可见，前伸的自行车前轮的转向轴OO'使得前轮外缘轴上的K点高出了地面，以至前轮的着地点后移了一段距离E而到达轮下的位置J点。图3.6.6.1也表示了前轮上J点的受力情况。力P是前轮对地面压力的反作用力，而力P可以分解为两个力，其中分力P_1平行于转向轴，它欲将前轮叉上缩，但前轮叉轴被一对轴承给挡住了，故它不能后退。当自行车车把位于居中状态时，分力P_2恰好指向OO'这一旋转轴，即分力P_2对该旋转轴并没有力臂，因此也就没有使前轮叉有任何转动的力矩。

但是当自行车车身发生倾斜后（如向左），情况就大不相同了。例如，车身向左倾斜5度（夸大此倾角是为了使读者易于理解其后果），轴

线上端 O' 点就也会向左偏离其下端 O 点5度。这时，J 点垂直向上的力 P 就不会再与 OO' 轴线平行，而是偏在 OO' 轴线的右方，以至分力 P_2 也指向 OO' 轴线的右方。因此，分力 P_2 与 OO' 轴线的力臂也就由此产生了。分力 P_2 乘以力臂所构成的力矩，将使前轮叉发生向左的转动。这一动作几乎与骑车人用手将车把左转的动作一模一样。正如之前讲过的，自行车一转向，随之而来的离心力就会扶正自行车。由此，自行车自动平衡和转向（自驾驶）的特性就被解释清楚了。

自行车向左（或向右）倾后，前轮会自动跟着向左（或向右）转向的特性，可以用上述很难看懂的力学受力图来解释。其实，车把能自动转向这个特性是人人都看过的，只怪我们自己没能理解自行车这一现象对我们的提示。凡用过带单侧支撑脚自行车的人都会遇到，在停车的瞬间，车要先左倾一点，这样它后轮外的单侧支撑脚才能着地。这时，前轮也会千篇一律地自动转向左边，而且转得还很多。不信，你可去看看停着的左倾自行车，是不是它们的前轮都转向左边。

停着的自行车的前轮会跟着左倾

建议读者可把停好的自行车和车轮都扶正，然后用手将自行车向右略微倾斜，这时自行车的前轮也会发生右转。如作仔细分析，可知分力P_2（前图）对前轮的转向力矩是不太大的（在停着的自行车大倾时，分力P_2的力矩作用才会很明显）。但是对行进中刚开始倾斜的自行车，要扶正它或要把它的微倾反个向，也只需在前轮转向轴上加一个极小的力矩，这是因为前轮的转向轴采用了滚珠轴承。上述转向轴不但没有晃动，而且转动的摩擦阻矩极小，因此很小的分力P_2的力矩就能使前轮转向。正因为前轮转轴十分灵敏，所以行进中的自行车的倾斜度刚达到约0.05度（相当3角分）时，很小的分力P_2就能使前轮开始转向，于是自行车就能及时被扶正。可见，自行车的自稳自驾能力竟远远地超过了骑车人控制自行车的能力，这就使得骑车人能放松自己，而不必时刻关注自行车稳定与否。

别具一格的自行车

　　西方人称自行车为"双轮"。自行车被引入中国后，曾被称为"脚踏车"或"单车"，后又改称为"自行车"。"自行车"这一称呼其实并不太合适，因为它是靠人踩才能行进的，只有电动车和摩托车才是名副其实的"自行车"。如果将"自行车"改称为"自稳车"，似乎更贴切些。

至此，作者想到，号称最智慧的动物——人类，竟被自行车自驾能力的原因难倒了100多年。

有些读者会问：那么，还不会骑车的人的自行车为什么会倒呢？答案是，不会骑车的人会乱动手把，而且车速又太慢，身体还僵硬，从而阻碍了自行车发挥它的自驾功能，所以自行车才会倒。

作者也注意到，一辆行进中的无人自行车，起初它能平稳地一直前进，然后它会很突然地发生前轮大歪而随即倒地的现象。发生此现象的原因大概是，由于无人扶的手把过于灵活，于是当前轮受到地面某物的干扰后，前轮的方向就会大变，接着随之而来的特大离心力就使自行车倾倒了。

后记：之后，作者注意到了1970年琼斯发表在《今日物理》上的一篇论文。文中早已提出，自行车有利用离心力的前轮自驾功能。但是他解释用到的微分方程数学和自行车前部的位能理论过于高深难懂，所以并未引起人们的重视。琼斯是一位研究光谱学的化学家，他找不到自行车前轮的转向力是可以理解的。本书作者则用简洁易懂的力学，证明了自行车是有自驾功能的，而且还找到了分力 P_2，并求得了由分力 P_2 引起的对自行车前轮的转向力矩 $T = wr\sin A \cdot \sin B$（三维空间中的力学现象虽然可以用三张投影图来说明，但很难看懂，所以不适于写在科普书中）。上式中，w 为前轮负荷之重量，r 为前轮半径，A 为前轮转轴的前倾角，B 为自行车当时的侧倾角。分析表明，力矩 T 的大小足以使前轴转动，而且当前轮转轴为垂直时，A 为0，因此 T 也为0，即那种自行车没有自驾功能。

第四章
生活中的力学现象

4.1 物体的强度和刚度

4.1.1 话说胡克定律

生活中常见的材料有金属、石材、木材、玻璃、水泥和塑料等，用以上材料做成的零件有一个共同的特性，即它们都不是压不变形的绝对刚体。相反，它们都是弹性体（橡胶等很软的非弹性体除外）。例如，一根棒状物体，如果夹住其两端并对之施加拉伸力，则这根棒状物体就会略微被拉长一点。当拉力不太大时，棒状物体的拉长量是十分微小的，一般会小到人眼看不出的程度，然而这个小伸长量还是可以用精密量仪测量出来的。

17世纪，英国的物理学家罗伯特·胡克（Robert Hookes）指出，一个物体受力后的变形量与外加力的大小（在一定范围内）成正比，这个现象被称为胡克定律。当然，一个物体在受力后发生的变形，也与本身的长度和形状有关，此外，还与材质的坚强程度有关。必须指明，胡克定律不但适用于弹性物体受到拉伸的情况，而且也适用于弹性物体受到压缩、弯曲、剪切和扭转等一切受力的情况。显然，发现胡克定律的难度要远小于发现牛顿力学三定律的难度。

胡克定律的显著例子是弹簧。你可以准备一个小压簧（或小拉簧），然后用两个手掌（指）去压它（或拉它），就可以验证胡克定律。

我们应注意，胡克定律只适用于物体变形还很小的情况（即在所谓的弹性变形范围内）。物体在变形很小的时候，其变形量是严格与外力成正比的，而且线性关系的精度极高，相对误差只有十万分之一左右（这个误差还是由环境温度改变引起的）。如果对一棒状物体不断加大拉力，则该棒状物体的变形一旦超出其弹性范围后，该变形将随外力的增加而迅速

变大。此后即使去除外力，这根棒状物体也已弹不回本来的长度。这根棒状物体已被永久地拉长了一段，也就是说，它已产生了一些塑性变形。在日常生活中，塑性变形的例子有：如果我们用手略微弯一根铁丝，那么在我们放手后，该铁丝就可以恢复原形。但如弯得太多，该铁丝就不能恢复原形了，则会产生永久的塑性变形。

物体一旦开始塑性变形后，如果再加大对它的拉力，那么该物体将明显地被拉变形而终至断裂。

显然，在实际应用时，一个物体在受力后的变形不应超出其弹性范围。与最大弹性变形相应的力称为弹性极限（力），各种材料的弹性极限都可以在有关表中查到。

在工程学中，用来计量力的单位通常为千克力，而在物理研究时，力的单位常用牛顿（N）。如要互相换算，可取1千克力等于9.8牛顿，或近似取10牛顿。

在一般的民用工程中，物体的受力可到其弹性极限的30%～50%。而对关系到人身安全的关键零件，只会用到不到弹性极限的10%。例如，连接降落伞绳与跳伞者的两个吊环，它们受到的最大拉力（在开伞瞬间）约为250千克力，而两个吊环的实际拉断力却高达6 000千克力。可见，正常使用时，降落伞的吊环绝对不会断。

对宇航火箭来说，因为要尽量轻，所以其壳体上的受力已到弹性极限的90%左右。显然，这种壳体在设计时，其各部的受力必须计算得十分精确，计算误差只允许在2%左右。而且在制造的过程中，壳体上也不允许有任何的制造缺陷。在一般的情况下，火箭的壳体终其一生也只使用一次而已。

现在我们可以探索一下，如何计算物体在受力后的变形值。其实，这个计算过程并不复杂。

设一根长为L的棒，它的截面积为A，而对此棒施加的拉力为P。记受力后，棒的拉长量为ΔL。那么在弹性变形范围内，按胡克定律就有如下关系，即ΔL正比于$\dfrac{P}{A} \cdot L$（关系式一）。

这里的$\dfrac{P}{A}$就是截面上每平方厘米所承受的拉力。引入A是必要的，它使我们的讨论对各种不同截面尺寸的棒都能适用。

显然，当棒材为钢时的拉长量ΔL会比棒材为木材时的拉长量ΔL小很多。我们如先取一根$L=20$ cm、横截面$A=1$ cm×1 cm的钢棒。当拉力$P=1\,000$ kgf时，实测得到的$\Delta L=0.010$ cm。则由关系式一之ΔL正比于$\dfrac{P}{A} \cdot L$，可得0.010正比于$1\,000 \times 20 = 20\,000$。此式子只说是$\Delta L$与$\dfrac{P}{A} \cdot L$成正比，但我们如果在$\dfrac{P}{A} \cdot L$上乘以一个因子，使这个乘积恰好能等于$\Delta L$，这样我们就可以得到一个求得这种钢$\Delta L$的普遍公式。即如对有其他值的$\dfrac{P}{A} \cdot L$，只要乘以前面求得的那个因子，我们就能得到$\Delta L$值。

为之，我们从关系式中可以求出这个因子值，即从$0.010 = \dfrac{1}{E} 20\,000$这个关系求得。

E=2 000 000 $\dfrac{\text{kgf}}{\text{cm}^2}$ =2×10^6 $\dfrac{\text{kgf}}{\text{cm}^2}$ 。有了 E 值，我们即可得到求 ΔL 的公

式：$\Delta L = \dfrac{1}{E} \cdot \dfrac{P}{A} \cdot L$ 。类似地，我们如试拉一根铝棒，就可以得出铝的 E

值：E（铝）=7×10^5 $\dfrac{\text{kgf}}{\text{cm}^2}$ 。

就这样，工程师对各种材料的试棒都做了实验后，就可求得各种材
料相应的 E 值。这个 E 值称为材料的弹性模量（或杨氏模量）。E 值越
大，就表示这种材料越不容易被拉长。

由于合金钢和合金铝的型号有很多，所以对每一种合金材料都要实
测出它们对应的 E 值。实际上，即使同一型号不同批次制造出来的材
料，它们的 E 值也不会完全相同，E 的误差可达百分之几。一般认为，铝
合金的 E 值只有合金钢的三分之一左右，而木材的 E 值又只有铝合金的三
分之一左右。

4.1.2　悬臂梁的受力情况

双向都是悬臂梁的扁担

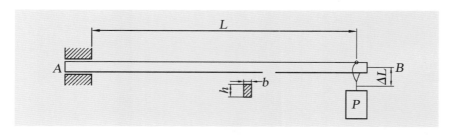

图 4.1.2　悬臂梁的受力情况

　　悬臂梁可以用一根细杆（如细树枝）来代表。在图 4.1.2 中，悬臂梁的左端 A 被固定（如用手指捏住）。如在悬臂梁的右端 B 点加一负荷 P（或用手指施力 P 压 B 点），则 B 点会弯曲一个量值 ΔL。由材料力学的分析和实验，可得到下沉量 ΔL 与 P、L 等参数的关系式为 $\Delta L = \dfrac{4PL^3}{Ebh^3}$（关系式二）。式中的 E 值为悬臂梁材料的弹性模量，b 和 h 分别为悬臂梁截面的宽度和高度。

　　由关系式二，我们可以很容易地看出，B 点的下沉量 ΔL 与力 P 成正比，且与臂长 L 的立方成正比。即如果臂长加倍（如 L 变为 $2L$），则相应的 ΔL 会增加 2 的立方倍，即 8 倍之多。所以在应用悬臂梁时，应尽量减小 L。关系式二中的 E 值与材料有关。宽度 b 则说明，宽度如增加 1 倍（如 b 变为 $2b$），则 ΔL 会小一半。而 h 的关系却说明，悬臂梁截面的高度如增加 1 倍（如 h 变为 $2h$），则 ΔL 会小到八分之一，即 ΔL 会大幅度减小。由 ΔL 与 b、h 的这种特殊关系我们可得知，如对一个矩形截面的悬臂梁，我们应该将悬臂梁的截面竖放以得到较大的 h，这样 ΔL 会小些。

　　但是我们对悬臂梁截面的高 h 要仔细对待。如果把两块厚为 $\dfrac{h}{2}$ 的木板简单地叠放在一起，则这两块木板的悬臂梁在受力后的下沉量 ΔL，是否会小到相当于一根厚为 h 的悬臂梁的下沉量呢（答案见书末解答之 No.4.1.2）？

正因为悬臂梁的变形较大，所以很容易被人观察到。读者不妨亲自做一个实验，应该会很有意思。如可找一盆植株，用手指去推它的顶部，然后观察一下此植株的变形情况，看看它的弹性变形范围有多大。

大自然中的悬臂梁

4.1.3 简支梁的受力情况

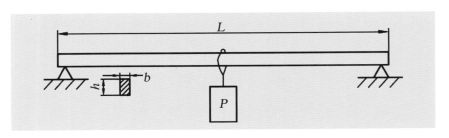

图4.1.3 由两端支撑的简支梁

在工程中，应用得最广泛的是由两端支撑的简支梁，如图4.1.3。

简支梁在中央受到力 P 后，在该处的下沉量 $\Delta L = \frac{1}{4} \cdot \frac{PL^3}{Ebh^3}$（关系式三）。比较关系式二和关系式三可见，各参数的形式相同，只有系数不同。

这两个系数相差甚大，竟达到了16倍之多。由此得出结论：简支梁的下沉量只有悬臂梁的十六分之一，这就是简支梁在工程上能得到广泛应用的原因。

4.1.4　物体的强度和刚度

人们对一个构件或机械零件会提出一系列要求，如强度、刚度（抗变形能力）、表面硬度、耐磨性、耐水性、耐晒性、重量和价格等。在以上这些要求中，多数是不讲自明的，只有强度和刚度需要着重讲一下。零件的强度是指用多少力才可以使这个零件破坏或发生永久变形，而刚度则是指一个零件抵抗变形的能力。如果一个零件在受力后变形很小，则我们说这个零件的刚度很大。精密机械的零件在受力时，一般不允许发生可看出的变形，否则各零件就会丧失精度，甚至各活动件会互相卡死。例如天文望远镜的大轴，我们要求它有极好的刚度，使望远镜在转到各种指向时，重力对轴的弯曲都小于10秒。而实际上，这根大轴要在承受大得多的负载力后才会超出弹性极限（如3 600秒），因此这根大轴的受力只到弹性极限的三百六十分之一，或只为断裂强度的六七百分之一。

作为对比，对汽车底梁主要就是强度要求了。如重载汽车在不平的道路上以高速行驶，底梁应不能发生永久性变形。至于对底梁的刚度，就没有很高的要求了。底梁在行驶中即使弯曲1~2厘米，也不会使机件或轮子卡死（设计时已采用对付变形的结构措施）。

4.1.5　只耐压而不耐拉的材料

常见的材料中，特别是一些建筑材料，如石材、混凝土、水泥、砖块和玻璃等，耐压强度都相当高，可它们的耐拉强度却很低。这些材料的耐拉强度和耐压强度竟相差约10倍，甚至更大。耐压材料的使用场合只能是受压情况，如路面、砖墙和石拱桥等。在建筑物上，用不耐拉的水泥来制作简支梁时，由于简支梁的下表面（梁截面高度的一半之下）受到的是拉力，所以人们需要在简支梁的下表面内加入多根钢筋，以承受简支梁的拉力。而在简支梁的上表面内，由于此处只受压力，所以一般只放少量钢筋，甚至没有钢筋。因此工人在安放水泥梁时，就不能将梁的上下两面放错，否则就会发生断梁事故。

混凝土中的钢筋（上稀下密）

　　人们大都认为玻璃的强度不会太大，但实际上是，玻璃的耐压强度并不低于石材。可玻璃却经不起敲击，这是因为玻璃能承受的变形极小，所以它不能局部被敲扁，来吸收敲击的动能。这样，在敲击点，玻璃受到的应力会变得十分巨大而导致碎裂。在玻璃不受敲击或撞击，并在玻璃瓶口及瓶底与加压物之间填有半硬充填物的情况下，一个玻璃瓶就可以承重几百千克力的压力而不碎。以前在马戏团中有这样一个节目：一头大象站在一块由4个啤酒瓶支撑的大木板构件上。此情况倒是可以用4个（而不是3个）啤酒瓶来承重。因为大木板被大象压得变形了，所以用4个啤酒瓶就能较均匀地分摊大木板的负荷了。

4个啤酒瓶能支撑住大象

2009年，作者在主持起吊一块大石英玻璃胚（直径1.5米，厚12厘米）时，曾发生大石英玻璃胚因受拉而局部崩裂的情况，见图4.1.5。

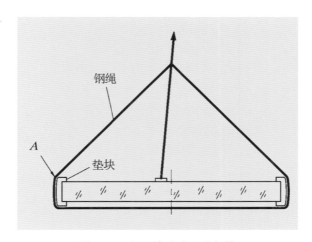

图4.1.5　大石英玻璃胚的起吊

　　尽管在大石英玻璃胚与钢绳间填有半硬垫块，但大石英玻璃胚的上边缘A处仍因受到钢丝摩擦力（拉力）而崩落如橘子般大小的玻璃碎块。

　　其实纸也有相当好的抗拉强度，这个说法似乎与人们的常识不符，纸不是一撕就碎吗？这是因为纸在被撕时，往往会在一边受到应力集中而破裂。如果我们把一张普通的A4纸折叠4次，使其成为长条状，然后再试拉这张长条状的纸，就可以知道这张纸有多么耐拉了（不少人会拉不断它）。

抗拉的纸

关于纸的抗拉性，在以前马戏团的一个节目里也有体现：一个牛皮纸叠成的长纸条，可以吊起一名表演者。

在工程材料中，除了固体材料外，还有气体和液体。气体材料中，得到广泛应用的是压缩后的空气。人们常用电磁铁带动的阀门将压缩后的空气导入气缸，有压力的气体会推动活塞的连杆去执行各种工作。人们还常用压缩后的空气去推动公共汽车的车门。压缩后的空气的最大用途是，可以充到各种车辆的轮胎中。轮胎充气后，不但能够承重，而且因其有弹性，还能减少路面不平引起的车辆颠簸。

液体的性质与空气的性质有很大的不同。空气很易被压缩，而且有弹性，可液体却像固体一样，几乎不能被压缩。但是，液体能改变形状以四处流动（橡胶也几乎不能被压缩，人们看到橡胶会变形，其实是它在向侧面延伸，可橡胶的体积并未改变）。人们利用液体不能被压缩的特点，发明了各种液压工具。应用压力油可以推动活塞杆，从而得到很大的推力，如收放飞机的起落架、挖泥和起重等。

木材的力学特性很特殊。木材在与纹理相垂直的方向上极易被分开，所以用斧头劈开木头是很容易的。而木材在顺纹理的方向却有很好的耐拉能力，且木材的受压能力也是相当不错的。

木头的各向异性

但木材有一个较大的缺点，就是它受潮后体积会膨胀很多。如一根木梁单边受潮，该木梁就会明显弯曲；如一件木制家具单边受潮，则家具就会变形。常用的防止木材受潮的方法是，在木材的表面涂几遍油漆。中国民间对木材的使用寿命有一种说法："干千年，湿千年，干干湿湿十几年。"

木材的热膨胀系数是很小的，甚至与普通钢材的热膨胀系数相当。温度每变化1摄氏度，木梁的长度才改变约十万分之一。

说到木材，作者曾听过一段趣话：1947年，有一名被解放军留用的日本飞行员在教中国学员时说："当你飞到三只没有死的木头时，就该向左转弯；当你飞到凉水大大的有时，就该再次向左转弯。"现问读者，他说的"没有死的木头"和"凉水大大的有"各指什么东西（答案见书末解答之No.4.1.5）？

砖块、石材和混凝土都是很经压却不经拉的。平时，我们常可在电视上看到大力士手劈砖块的表演，通常是半块砖块悬伸在外而成为悬臂梁状态，然后表演者快速向下击掌，将悬伸在外的砖块击断。在一根悬臂梁顶端施压时，悬臂梁根部的上表面会产生很大的拉力，而砖块悬臂梁的根部并不经拉，所以不必费太大的力气，就能劈断悬伸在外的砖块。如果把砖头的悬伸长度减到接近于0，那么大力士就会劈不断砖块。如把砖块换成木材并摆放成悬臂梁的状态，则大力士应劈不断悬伸在外的木材。

砖块被劈断

4.1.6　只耐拉而不耐压的情况

　　我们在日常生活中也会遇到不怕拉却怕压的物体。对一件截面积较小而长度很长的物体来说，它就像绳子那样耐拉而不耐压。经验告诉我们，对细长或扁长的物体，如果在它的长端施压，则该物体常常会突然向侧方大幅度弯曲而失稳，这种现象被称为物体的纵弯曲。纵弯曲的一个明显例子是，当我们对一长形硬纸条的两端施压时，其会因为失稳而大幅度地侧弯。

薄物体受压后会纵弯曲而失稳

如果我们要做一张四条腿承重的桌子，则那些腿不能太细太高，否则将发生纵弯曲。工程师在设计承重件时，都要用材料力学去校核该承重件的纵弯曲风险。

现在向读者提一个问题：处在自行车车轮下半部的各条钢丝，它们受到的力是压力还是拉力（答案见书末解答之No.4.1.6）？

自行车车轮钢丝的受力

4.1.7　压力和压强

（总）压力（或拉力）通常是指一个物体在它的受力面积上所承受的全部压力（或拉力），而压强是指物体受力面上每平方厘米（或每平方毫米）内所受到的力，即压强是压力除以受力面积。下面用例子来说明压力和压强的区别。例如，一个体重为60千克的人，当他以双脚站立时，双脚

对地面的压力就是60千克力。如该人鞋底的着地面积总共为60平方厘米，那么鞋底对地面的压强就是每平方厘米1千克力。又如，一名芭蕾舞演员如将60千克的体重只支撑在一个脚尖上，而脚尖的着地面积才3平方厘米，那么脚尖对地面的压强将达每平方厘米20千克力。

　　显然，我们在分析物体间的受力情况时，不但要考虑（总）压力，而且要顾及压强。例如，一辆行驶在泥地上、重为40吨（即4万千克）的坦克，其履带与泥地的接触面积为120厘米×500厘米，即6万平方厘米。由这6万平方厘米去分摊那辆坦克的4万千克重量，则每平方厘米上的平均压强仅为0.67千克力，这个压强还不到前述的人双脚对地面的压强。

人的足迹比坦克的痕迹深

　　但是当那辆坦克行驶在硬面公路上时，坦克履带下的各凸起部分就会显著减少履带与路面的有效接触面积。如果接触面积只有泥地上的十分之一，则坦克对硬面公路的平均压强会增大10倍，达到每平方厘米6.7千克力。实际上，由于路面不平，履带下的实际接触面会大幅度减小，因此少数几点上的压强会变得非常大，甚至会将硬面公路压坏。

被坦克压坏的硬面公路

　　另一个可说明压力和压强有区别的例子是，在设计反坦克地雷时，应如何选择这种地雷的触发压力？如按压强设计，则会很不合理。因为一个敌兵踩地的压强会提前触发反坦克地雷，使其爆炸，那样就炸不到坦克了。所以反坦克地雷的触发力应选择压力，而非压强。如压力可以选择250千克力以上（远大于人的体重），而触发器的受压板面积应大于300平方厘米。

　　连乌鸦也知道怎样恰到好处地运用压强，以钓出树洞深处的青虫。乌鸦如果用一根粗树枝去戳青虫的肥胖身躯，那么压强会太小，青虫则不会理睬它。只有用细树枝去戳青虫较硬的头部，青虫才会因疼痛而勃然大怒，从而不顾一切地咬住细树枝不松口，这样，乌鸦就可以拖出青虫大快朵颐了。乌鸦也知道，细树枝的压强不能太大，否则会戳死虫子。

　　其实，人的手指就可以产生很大的压强。如果你用手指的指甲去压一块木板，通常能在木板上压出永久的印痕。这是因为，如手指的压力为5千克力，而手指的指甲与木板的接触面积为2平方毫米，即0.02平方厘米，这样，木板上局部的压强会达到每平方厘米250千克力，难怪木板会被压出印痕。

木板上的指甲印痕

就连北极熊也知道压力和压强的关系。现在全球正在变暖，北极海上的浮冰也越来越薄，北极熊怕它的脚会压碎浮冰，于是便伸开四肢摊在冰上，以减轻自己对浮冰的压强。

摊在薄冰上的北极熊

4.2　物体的热膨胀

几乎所有的材料在受热后，其长度都会略微变长一点，虽然这种热膨胀量非常小，可是在一些大构件的接缝处却能被观察到。下面我们将定量研究物体的热膨胀量。如对一个长度为 L 的物体，当它的温度升高 ΔT（若干摄氏度）后，且它的热膨胀量为 ΔL，则会发现下列正比关系：$\Delta L = \alpha \cdot L \cdot (\Delta T)$（关系式四），式中的 α 为该材料的热膨胀系数。由实验得知，普通钢材的热膨胀系数 α 约为十万分之一。当然，如果温度降到原先值，已膨胀的物体是能恢复到其原先的长度的。

几十年前，我国铁道各根（长约十余米）钢轨的接头处都留有几毫米的间隙，这个间隙是工程师留给钢轨受热后膨胀所需的。一根钢轨在夏天太阳下的温度会比它在冬天夜里的温度高出不少，如这个温差达到60度，那么取一根长为16米（即16 000毫米）的钢轨，则由关系式四可算出钢轨最大的膨胀量$\Delta L=1\times10^{-5}\times1.6\times10^{4}\times60=0.96$ cm。

所以说，如果我们在冬天铺设钢轨，就必须在每两根钢轨间留有10毫米的间隙，这样才能保证各条钢轨在夏天时有膨胀的余地。

自火车被使用以来的100年时间里，工程师都认为，在两根钢轨间留间隙是天经地义的。但是每根钢轨接头处有了间隙后，火车轮子在滚过间隙时会瞬间下落，车轮会压扁钢轨的端口，这就会大大降低钢轨的使用寿命。而且车轮经过钢轨间隙时的震动会使整节车厢发生震动，从而产生持续且有节奏的噪声。

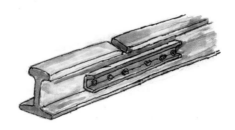

钢轨间的间隙缝

直到20世纪后期，国外才有人提出：何不将各根钢轨都焊接起来，以从根本上消除间隙？这样不仅可以消除间隙的震动，而且还可以提高火车的运行速度。但是按照传统的观点，夏天钢轨的膨胀量，每16米就有9.6毫米，那么到达1 000千米外的火车终点站，一根特长钢轨末端的累计膨胀量将达到600米。要在铁轨外留600米的间隙，这显然是不可取的。

实际上，人们早就在钢轨两旁用钢螺栓及压板（每隔几十厘米）将

钢轨与下面的枕木（现已改为钢筋混凝土）紧紧固定住了。这样，钢轨就不能侧向移动而发生纵弯曲了，而且连热膨胀都会被约束住。受热后膨胀一些的钢轨由于被很多螺栓固定，所以会压缩回原先的长度。因为压缩量不大，压缩后的钢轨仍在其弹性变形范围内，所以不会有什么危险。因此，限制钢轨膨胀的做法是合理可行的。于是，消除钢轨间隙的设想终于实现了。

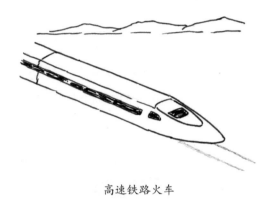

高速铁路火车

此外，一座高层建筑的向阳墙面会被太阳晒热一些，但晒热的不厚的部分（在30厘米以下）却会被建筑物的更多墙体拉住，以至不能膨胀，于是，这被加热了的表面墙体只好被压缩了。

同理，一座山的南坡被晒热后也无法膨胀（因为它被地下的岩层拉住了）。实验表明，接近地面的土才会被晒热；离地面50厘米以下，温度就不会再有昼夜变化；离地面10米以下，温度就终年不变了（变化小于1摄氏度）。井水在地下很深的地方，所以井水的温度是一年四季基本不变的。

有人说，他测得某山的南坡夏天会膨胀0.4（角）秒。实际上，这座山的南坡因被地下深处的恒温岩石拉住，是不会倾斜的。那人测得的角度倾斜很可能是他那装水准器的测量用基墩本身倾斜了。

物体热膨胀在日常生活中应用的一个例子是，如果拧不开玻璃瓶罐头的盖子时，可将盖子部分浸入开水5秒钟，盖子受热膨胀后，就很容易被拧开了。

在石英钟问世之前，天文台最准的摆钟的摆长应不受周日或周年的温度变化影响，所以那时的精确摆钟需采用热膨胀系数很小（约为普通钢的10%）的INVAR钢来制造钟的摆杆。此外，摆钟还得放在终年精确恒温的地下钟房内。

天文台的天文望远镜，其精确镜面不允许有丝毫的温度变形，所以镜面的材料就常采用一种热膨胀系数几乎为0的微晶玻璃或特殊石英玻璃，这些特种玻璃的热膨胀系数不到一般光学玻璃的1%。

4.3 物体间的摩擦

4.3.1 摩擦系数及其测定法

实验表明，两个物体（相同材质或不同材质）之间的摩擦力总是小于两个物体之间的正压力 N。因此，我们取摩擦力占正压力的多少为摩擦系数 μ，即有关系式 $f=\mu N$（关系式五），此式中的 f 为摩擦力。用关系式五可以简单算出，两个物体（应先查得它们的摩擦系数 μ）在正压力 N 的作用下要产生相对滑动所需的最小力 f。显然，利用关系式五，在实测了摩擦力 f 和正压力 N 后，也可以求得两个物体之间的摩擦系数 μ。

具体实测摩擦系数 μ 的方法是斜坡滑下法，如图4.3.1所示。

在图4.3.1中，斜板（如钢板）上放了一个物体（如铝块）。当斜板较平而 a 还很小时，铝块是不会下滑的。但当提高 a 而逐渐增加斜度到一定程度后，物体将开始下滑。这时，记下 a 与 b 的长度。此时，$\dfrac{f}{N}=\dfrac{a}{b}=\mu$，即 μ 值可以用 b 除 a 而得到。

上述方法十分简便，以至人人都可试验一下。试验的时候，还可以用木板（甚至硬面书）作为斜板。

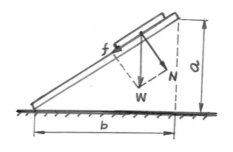

图 4.3.1　测定摩擦系数的斜坡滑下法

至于放在板上的物体，可以是各种材质的物体。记下物体刚开始下滑时的 a 值，然后就可以用 $\dfrac{a}{b}$ 来算得这两个物体间的摩擦系数了。

简易的摩擦系数测定法

人们用斜板滑下法做了很多实验后，总结出摩擦（及摩擦系数）的诸多特点，现列于下：

1. 由摩擦力公式 $f=\mu N$ 可以看出，此式中并未出现两个物体之间的接触面积 A，而且由实验得知，μ 与 A 几乎无关。因此，摩擦力与接触面积的大小无关。可是，接触面积却不能小到近于一个点，否则两个物体间的压强会变得非常大，从而造成甲物体会压入乙物体一些，这时两个物体间的摩擦力就会显著增大。

2. 摩擦系数与两个物体的材质有关，而与物体接触表面的光洁度关系不大。因为各种材料可以有非常多的组合方式，所以摩擦系数的种类也就非常多，如钢对钢的摩擦系数，钢对铜的摩擦系数，钢对铝的摩擦系数，等等。

3. 由于各次实测的摩擦系数的重复率不高，所以 μ 值是不太准的。由之推知，算得的摩擦力 f 也是不太准的。例如一个在斜板上的物体，有可能在小于临界斜度时就已经下滑了。

4. 摩擦系数与两个物体间相对滑动的速度有些关系。如两个物体从静止到刚开始移动时临界的摩擦系数，也即静摩擦系数会略微比物体动起来以后的动摩擦系数大一些。

5. 由实验得知，重物开始滑落时的斜板倾角一般小于45度，因此求得的各种 μ 值都小于1。由此读者可想想，一辆汽车能爬上最大坡度为多大的长坡？是40度还是50度？设车轮与坡面的摩擦系数 μ =0.9（答案见书末解答之 No.4.3.1-1）。可是，个别汽车却能爬上50度的斜坡，这意味着汽车轮胎和地面的摩擦系数已大于1。其原因是，个别汽车的轮胎充气足，以至轮胎与地面的面积很小而压强特大。这时，路面的小凸起已压入了轮胎的硬橡胶面，从而使摩擦系数能大于1。由 μ 值小于1这一事实也可推知，拔河比赛时，绳子所受的最大拉力只能达到一方（弱方）

队员的体重之和。那么，为什么不是双方队员的体重之和呢（答案见书末解答之No.4.3.1-2）？

汽车的最大爬坡度

有位中学物理老师曾出过一个思考题：将桌上的3本书叠在一起，然后只抽中间那本，会有什么后果？能否单靠抽中间那本来一起抽动3本？有什么办法可单把中间那本抽出（答案见书末解答之No.4.3.1-3）？

4.3.2　摩擦效应

摩擦对生物生存是极为重要的，因为绝大部分陆上生物的行动都依赖摩擦，即它们脚和地面之间的摩擦力，否则各种有足动物将寸步难行，它们有的甚至会滑落到低处而无法脱身。

如果日常生活中没有了摩擦，那么长绳索也就没用了，因为各根绳纤维会互相滑动而使绳索失效。另外，纺织品也都会散掉。

失去摩擦力的纺织品

但是摩擦也会带来很多不便，如要移动某个物体或某辆车，就必须克服摩擦力而消耗功。

我们前面已讲过，固体间的滑动摩擦系数最大也到不了1，而有着最小摩擦系数的固体材料应是一种塑料——聚四氟乙烯。这种塑料的商品名为特氟龙，我们常用的不粘锅上就有一层特氟龙薄层。特氟龙与一般物体的摩擦系数只有约0.05，而且相当稳定，这一特性使它的手感酷似蜡烛表面。

减小两个物体间的摩擦对机械转动轴特别重要。在工程中，轴的材料通常为合金钢，而轴承的材料一般是铜合金。但是这两种材料间的摩擦系数尚不够小（0.1左右），所以人们在轴和轴承间加入润滑油（大型发电机的轴与轴承间会有很考究的提供润滑油的装置），以便使轴在高速旋转时完全支撑在一层薄油膜上而不与轴承接触。显然，这样的轴在旋转时几乎无摩擦，而且不会发生任何表面磨损。

一辆高速行驶的汽车在经过有少量积水的路面时如不减速，会发生驾驶盘失灵的现象，即方向盘和前轮方向已偏过很大的角度，而车头仍不转向。读者可思考一下产生此现象的原因（答案见书末解答之No.4.3.2-1）。

为了尽量减小摩擦，工程师还有意在轴和轴承间注入高压油，以形成厚约0.1毫米的油膜。这种油膜比天然油膜要厚得多，因此厚油膜之间的各层油就极易滑动，这样在低转速时，这种静压油轴承的摩擦系数可小至百万分之一。然而这种压力油轴承过于复杂，并不宜用在简单机械上。最简单的减小轴摩擦的有效措施是在轴外装上滚珠轴承，如图4.3.2。

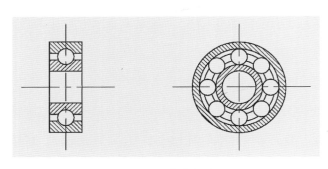

图 4.3.2　滚珠轴承

在图 4.3.2 中，未画上滚珠隔离圈。此圈的作用是，能使各个钢球均匀地分布，否则前后滚珠将互相碰撞，从而产生较大的滑动摩擦。

滚珠轴承的优点是，各滚珠（由轴承钢制成）在轴承的内外圈之间公转时，各滚珠与滚道面几乎是没有滑动的纯滚动，因此就没有滑动摩擦。

然而，滚珠轴承还是有一些摩擦的，这些摩擦来自三个方面：一是滚珠与滚道在接触处产生的弹性变形的内摩擦；二是各滚珠与隔离圈之间的滑动摩擦；三是滚珠和隔离圈与润滑油脂发生的搅动摩擦，以及各滚珠与滚道间极少的相对滑动摩擦。滚珠轴承还有一个有趣的特性，就是轴承内圈要转两圈，钢球才公转一圈。

正确使用滚珠轴承时，轴承的摩擦系数可小至 0.01。如果采用有效的设计，工程师（如作者）可以在天文望远镜主轴的滚柱轴承上获得小至 0.000 4 的摩擦系数，此值已达到理论最小值。

当人们拿到一个滚珠轴承时，因为内外圈的间隔小于钢球的直径，会很难想通这些钢珠是怎样放进轴承内外滚道所形成的凹坑中去的。读者不妨也开动一下脑筋，想想钢球应怎样放（答案见书末解答之 No.4.3.2-2）。

4.3.3 钻木取火

人类最早知道的火，大概是雷电击中灌木而发生的林火。之后，人类（中国是燧人氏）终于发现，摩擦树枝既然能冒烟，那么再拼命去钻动不就能起火了吗？实际上，木屑的燃点高达300多度，要靠摩擦来达到这个温度，还真有一点儿难度。

4.3.4 螺杆和螺母间的自锁

经验表明，如果转动一根螺杆，那么套在螺杆外的被限制了不能转的螺母就会沿螺杆的轴向移动。可是反过来，你如果用力推螺母，想要它沿螺杆轴向移动，却是推不动的。这是因为，螺杆和螺母之间的摩擦力使得螺杆被锁住而不能转动（其实还有螺旋角的复杂关系）。幸亏螺杆与螺母之间有摩擦力，才使得用螺杆和螺母能产生夹紧力。

4.3.5 运输（振动）后的螺母的自松现象

人们发现，一台设备在经过长途运输颠簸后，设备上的一些螺母会自行松动。螺母松动，往往会引起部件走动而损坏。人们一直在纳闷：螺母怎么会自己松脱呢（见图4.3.5-1）？这个现象可解释如下。

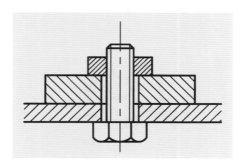

图 4.3.5-1　螺母的震松现象

从图4.3.5-1中可看出，当螺母刚拧入螺杆而尚未碰到被压件时，螺母是可以被轻易转动的。但当螺母压上被压件后，如再拧一下，螺母与

被压件间及螺母与螺杆间都会产生压力和摩擦，这样螺母就不会自松。但当图4.3.5-1的部件在运输过程中遭到剧烈的颠簸，被压件就会在侧向发生（在间隙范围内的）多次且少量的滑动位移。被压件的这种虽小却很频繁的位移，会慢慢带动螺母旋松，并最终使螺母松脱。

要防止受到振动后的螺母自松，最好的方法是在螺母与被压件之间加入弹簧垫圈，以保证在受到振动时，螺母与被压件之间仍有压紧力。

有时，人们为了使一堆泥土易于从斜木板上滑下，会敲击或抖动木板，从而使泥土在瞬间腾空离开斜板或减小一些对斜板的压力。结果泥土真的很容易就滑下来了。

我们在扫完地倒畚箕内的垃圾时，都用过这种利用振动减少摩擦的方法。

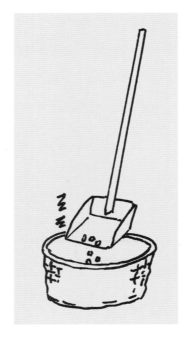

用振动倒畚箕内的垃圾

用震动来减少摩擦的方法还可以巧妙地解开中国古代四大发明之一的司南之谜。据记载，20世纪50年代，中国科学院时任院长郭沫若率代表团访问苏联时，曾请钱临照院士用天然磁石制作一台司南来作为礼物送给苏方。然而到代表团临行前，因天然磁石的磁力太小，故不能转动司南指南了。于是，只好临时换用人工磁铁来做司南，还要给那个人工磁铁通电充磁。

　　事后，国内也有人试过用天然磁石来做司南，但他们都没有成功。因为当司南的勺柄越接近南时，磁力矩就会越小，以致发生大达约20度的指向误差。于是人们不禁怀疑：是不是历史上的司南记录有误？

　　此事也引起了作者的关注，作者决定用震动能减小摩擦来解释古人是怎样让司南转起来的。古人会先把司南放在一块仅四周固定的薄铜板上，然后用小槌（或仅用手指）敲击铜板（正像敲锣那样），随着铜板发声震动，司南压在铜板上的重力在震动中（如在司南上跳的瞬间）会大大减小，于是摩擦力也几乎消失。这样，很小的天然磁力就可能带动司南的尾端指南了。

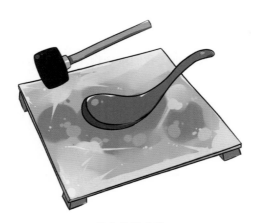

司南转得动了

这种用敲锣转动司南的方法还可吸引人的注意力，倒很值得为我国的博物馆所采用，人们也不用再去质疑中国古代发明司南的事实了。近年来，尽管有美国学者提出古南美洲人早于古中国人约1 000年就发现了天然磁石能指南，但本书作者认为，古南美洲人不见得能制作出司南来，因为假如不用震动法，就连近代人都不能让天然磁石的司南转起来。

人们通过实践又发现了一种能有效减小摩擦的方法，先暂且称为侧向运动减摩擦法，见图4.3.5-2。

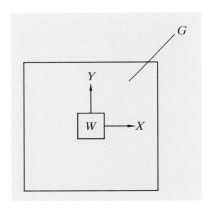

图4.3.5-2　减小X向摩擦力的侧向运动减摩擦法

图4.3.5-2是一张重物W放在一块水平板G上的俯视图。如要使物体W在X方向的摩擦能大大减小，我们可令物体W在Y方向先移动起来。因为物体W动起来以后，会在很多瞬间增大对水平板G的压力，但也有很多瞬间，会减小（甚至没有）对水平板G的压力。因为摩擦力是与压力成正比的，所以当压力很小时，摩擦力也就会很小，这时只需很小的外力，就能在X方向移动物体W。这种效应可使摩擦力减小到原有值的10%，甚至更小。

这个侧向运动减摩擦法也可用到司南上。我国的一位近代学者发现，如将司南的勺柄上下按动，则司南就很容易在水平方向上转动，这正是那位学者不自觉地用了前面刚讲过的侧向运动减摩擦法。

但是这种用手指按司南勺柄的减摩方法总不及敲板震动的减摩方法好。古中国人也会把天然磁石棒放在灯草等浮体上，利用浮体几乎没有阻力的优点来指南。另外，他们还会将磁石棒用细绳吊起来，使磁石棒易于旋转。

利用移动重物体的摩擦力总小于该物体的重量（通常摩擦力只有物体重量的20%左右）这一规律，如要在战场上移动一名已不能动的伤员，可采用拖人法，即先在伤员双臂下套上绳索，然后只需一个人就能把伤员拖至远处。

有这么一个视频：在一个鸟笼的深处放了一块肉，在旁边另一个鸟笼的半深处放了一根较长的树枝，处在这两个鸟笼中间的乌鸦既无法够到肉，也无法够到长树枝。另外，在乌鸦的栖木上，用绳子挂着一根短树枝。那只乌鸦竟会先用喙和脚拉绳子，以把短树枝给吊上来，接着用短树枝从旁边的鸟笼内拨出长树枝，然后再用长树枝去拨出另一个鸟笼深处的那块肉。由此可见，就连乌鸦也知道，一块肉虽然很重，但只要用一根树枝，就可以用轻得多的力去拨动它。

乌鸦用树枝取肉

4.4 物体的动能和动量

由牛顿的力学三定律（惯性定律、加速度定律和反作用定律），特别是力的加速度定律，几乎可以推导出所有的动力学公式。

牛顿

牛顿曾留下一句名言："我之所以能取得一些科学成就，是因为我站在了巨人的肩膀上。"研究科学史的学者普遍认为，这句话表现了牛顿的谦虚美德。但也有人把这句话解读为牛顿自认为比那些巨人更高。最近还有一种说法，说牛顿这句话是讽刺胡克才讲的。那么，这个讽刺是怎么一回事呢？原来胡克也研究过万有引力问题，但他的数学不够好，以至于研究不下去。于是，胡克便通过哈雷向牛顿求助。但牛顿对哈雷说："对万有引力，我早就研究过了。"牛顿在他的著作《自然哲学的数学原理》中，系统地讲述了万有引力定律。但是胡克认为，牛顿至少要在书的序言中提到他的研究。但牛顿矢口否认他的万有引力研究曾受过胡克的影响。以上就是牛顿那句名言的插曲。

早于牛顿一二百年，伽利略等人就研究过力学并取得了一定的进展，可他们却没弄清力学的全部规律。后来，只有牛顿才归纳出了力学的三定律。

4.4.1　动量和冲量

由牛顿力学的 $f = ma$ 定律，可以推出 $f \cdot t = m \cdot v$（关系式六），式中的 $f \cdot t$ 为冲量（其中 f 为力，t 为时间），而 $m \cdot v$ 为动量（其中 m 为质量，v 为速度）。利用关系式六，可以马上算出一辆静止的汽车用多长时间可以加速到多快的速度。在汽车广告中常见，某种型号的汽车只需多少秒，就能使静止的汽车加速到每小时 100 千米（即每秒 28 米）。一般来说，一辆汽车的发动机功率越大，则加速时间会越短。但我们由以前讲过的摩擦知识可知，汽车能从地面获取的推力，最大也不过是那辆汽车本身的重量。所以从关系式六中可看出，既然 f 有了极限，那么要达到 $v = 28$ m/s 的时间 t，也就会有极限。例如对一辆重 1 000 千克的汽车，它可从地面获得的最大推力大约是 950 千克力，如用这个推力去加速汽车，以达到每秒 28 米，其所需的时间 t 按关系式六式有 $950 \cdot t = \dfrac{1\,000}{g} \times 28$，由之解出

$$t = \frac{1\,000 \times 28}{9\,500} = 2.95 \text{ s}$$

因此，汽车无论有多大功率，其达到每小时 100 千米的加速时间都不会小于 3 秒太多。太大的功率只会使轮胎与地面打滑而冒烟。

冲量和动量的关系还可用来解释步枪在发射时的力学机制。当步枪被扣动扳机后，一个撞针在弹簧的推动下会撞击弹壳底部的火帽，于是火帽内的雷汞起爆，并引燃装在弹壳内的无烟发射药。接着，发射药在快速燃烧（还不是爆炸）后产生大量高温高压气体，从而去推弹丸前进。

火药力对枪和子弹的作用

另一方面，高压气体向后也能推步枪加速。由力的反作用定律可知，向前的推力和向后的推力是等大的；而且这两个力的作用时间也完全相等。如推弹丸的力平均为 f ，其作用时间为 t ，弹丸的质量和步枪的质量各为 m 及 M ，以及它们的末速度分别为 v 及 V ，因此利用公式 $f \cdot t = m \cdot v$ 及 $f \cdot t = M \cdot V$ ，就可得到 $m \cdot v = M \cdot V$ （关系式七）。

上式中的 m 和 M 可以称出，而弹丸的初速度可以测得，于是步枪的后退速度 V 就可以由此算得。

例：设一把枪的重量为3千克，而弹丸的重量为10克，即为枪重的三百分之一。测得的弹丸初速度为每秒800米，则由关系式七可求出：

$$V = \frac{m}{M} \cdot v, \quad 即 V = \frac{800}{300} = 2.7 \text{ m/s}$$

此计算结果表明，枪后退的速度为弹丸速度的三百分之一。

可再计算一下，射击后，弹丸和枪支各自的动能。弹丸的动能 $e = \frac{1}{2} m \cdot v^2 = \frac{1}{2} \times \frac{0.01}{g} \times 800^2 = 320 \text{ kg} \cdot \text{m}$ ，可见，这个动能相当大。如果弹丸穿透1个人体需作功100 kgf·m，则这颗弹丸可以穿透3个人体。

顺便提一下，人被子弹击中时，受到的震撼和伤害会远大于冷兵器如刀、箭所造成的伤害。这是因为，高速的弹丸射入人体后，人体内含有的大量液体会因所谓的水锤效应而发生冲击波，这将使人在一瞬间完全丧失行动能力。

反观枪支的动能 $E = \frac{M \cdot v^2}{2} = \frac{3}{2g} \times 2.7^2 = 1.1 \text{ kg} \cdot \text{m}$ 。

如果枪支向后推人肩膀的距离为10厘米，那么人肩所受的平均力为11千克力，这个后坐力是十分显著的。

此外，由于步枪的枪托均明显低于枪管，因此枪管的后坐力就会使步枪对人肩产生一个显著的上转力矩。此力矩将使步枪的枪口上跳，从而使射出的弹丸上偏。特别是对较轻的手枪而言，这种弹丸上跳的效应就更为严重。幸而枪支的这种上跳现象在每次射击时都是相同的，所以我们可以在制造枪支时，预先将瞄准线调得与枪管不平行。

解决枪支上跳力矩的另一办法是，将枪托抬高，以消除力臂。这样一来，在射击时，枪管就会降到肩膀的高度。

枪托提高了的自动步枪

为使眼睛仍能瞄准，就必须将瞄准器（或光学瞄准镜）抬高，因此这种枪支的外形就很特别。

4.4.2　功率

如用力 f 作用于一个物体且移动了距离 s，则那个力作的功就是 $w = f \cdot s$。

一台机器的输出功率 P 是指它在单位时间（如 1 秒）内能输出多少功 w，用公式来表示就是 $P = \dfrac{w}{t}$（关系式八）。

如果功 w 的单位采用牛·米，而时间单位用秒，那么对应的功率 P 的单位就是瓦（特）。在蒸汽机问世后，为将蒸汽机的功率与马的功率相比较，人们在测量马的功率后，认为一匹马的功率为 75 千克力·米/秒。由于 1 千克力约等于 10 牛顿，所以 75 千克力就约等于 750 牛顿。这样，1 马力就约等于 750 瓦了（更精确的值为 735 瓦）。

马力的测定

一个人一般可以用八分之一马力的功率长期劳动。但在一瞬间（如只持续 1 秒），人可以达到约 1 马力的功率。

我们有时会听到，这辆汽车有 200 匹马力，但作者的一位老师说过："在马力前不能加'匹'，因为'马力'已是一种单位，故不宜在前面再加上另一种单位。你听人讲过这袋米有 50 个克吗？"常见的轿车功率都在几十到几百马力的范围。如果已知某轿车的发动机的实际功率为 200 马力，相应达到的车速为每小时 200 千米（每秒 56 米），那么，我们可以算出该车当时受到的行进阻力。

解：应先算出 200 马力在 1 秒钟内所做的功为 200×75=15 000 kgf·m。而该轿车在 1 秒钟内驶过的距离为 56 米。如阻力为 f，则有关系式 $f \cdot 56 = 15\ 000$。因此可算出 $f = \dfrac{15\ 000}{56} = 267$ kgf。按照经验，由两人合力，就可以推动一辆摩擦力约为 70 千克力的轿车。摩擦阻力不太会随车速而变化，但由现在的计算结果可知，该车高速时的阻力竟达 267 千克力，即高出摩擦阻力 267−70=197 kgf，这个额外的 197 千克力就基本是空气阻力了。轿车的空气阻力一般由四部分组成：一是车头在行进时，要推开车前那堆空气而遇到的力；二是车身与空气的摩擦力；三是通过车前散热空间进入车前盖下面的空气阻力；四是轿车高速前进后，车头和车尾所产生的气压差。因为被车头推开的空气难以及时地充分流入车尾,所以那让出来的空间会让车尾后的气压降低一些,这样车头和车尾就产生了气压差,而这也是一种显著的阻力。轿车的车尾如果采用圆滑的流线型,就有助于空气流入车尾空间,从而减少负气压效应。由于长方形面包车的车前和车后的空气阻力都较大,所以面包车是不适于高速行驶的。

空气阻力对汽车的作用

方形面包车遇到的空气阻力

减少轿车空气阻力的另一个有效措施是,尽量减少轿车的迎风面积。通常的方法是,尽量降低轿车的高度。这就是为什么轿车都那么低的一个原因(另一个原因是重心低的车转弯时不易翻车)。

对功率很大的设备，如火力发电机，其功率常把千瓦（kW）或兆瓦（MW）作为单位。注意，电功率用的瓦和机械功率的W是等同且可互换的。一艘巨轮通常备有功率达几万千瓦的发动机。

应指出，炸药爆炸时的功率大得难以想象（虽然相应的功不太大），这是因为炸药爆炸的时间极短。由功率的公式 $P = \dfrac{w}{t}$ 可见，当时间 t 接近 0 时，功率 P 会接近无穷大。

4.4.3　能量守恒定律及功与热间的转换

能量守恒定律是物理学中一个基本且重要的定律。常见的能量守恒的例子是力学中杠杆的特性，如图4.4.3所示。

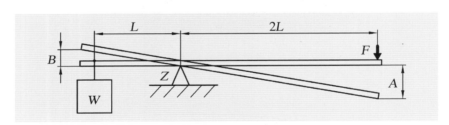

图4.4.3　杠杆作用

该图中有一根杠杆，它能绕支点 Z 转动。如在杠杆左端离支点 L 处挂一重物 W，而在杠杆右端离支点 $2L$ 处施加力 F。我们如令 F（如手压）将该处下移——量 A，那么这个力 F 推过 A 距离后所做的功就是 $F \cdot A$。这个杠杆右端被压下 A 后，杠杆的左端将上移——量 B。而重物 W 移动 B 后，所获得的功就是 $W \cdot B$，如对以上情况应用功能守恒定律，即主动做的功 $F \cdot A$ 应等于被动做的功 $W \cdot B$，再加上杠杆在支点处的摩擦功 C 和杠杆移动中与空气摩擦所消耗掉的功 D。但因 C 与 D 都极小，即使忽略它们，也不会产生可察觉的影响，因此人们通常就认为 $F \cdot A = W \cdot B$，故有 $W = \dfrac{A}{B} F$。在上例中，从几何学知有 $A=2B$，所以有 $W=2F$。此式说明，如施力 F 压杠杆，则杠杆能撬动的重物 B 可以是 F 的 2 倍。显然，如果我们取 A 比 B 大 10 倍，那么用此杠杆，可以翘起比施加力 F 大 10 倍的重物。

下面我们举两个稍稍复杂一点的能量守恒的例子：一是用一台手压液压起重小车去升起重物（然后才可方便地搬运重物）。某位工人如用 20 千克力去压一个手把，使之移动 40 厘米，那么该工人所做的功为 $F \cdot S=20$ 千克力×40 厘米。这个功通过液压而将一个活塞连同重物 W 提高了如 2 厘米，那么该重物需要的功就是 W×2 厘米。运用能量守恒定律，我们由 $F \cdot S=W \cdot 2$ 得到 $20 \times 40 = W \cdot 2$，因此有 $W = \dfrac{20}{2} \times 40 = 400$ 千克，也即工人用 20 千克力的压力就可以提起 400 千克的重物，但仅能提起一点点（此例中忽略了由液体摩擦等产生的功损耗）。

二是分析当人从高处坠落着地时，会受到多大的作用力。设一个 60 千克的人，从 10 米高的地方（如阳台）坠落。如按一种方法去分析，就是人在受地心引力加速度 g 作用多少时间 t 后，才能落完那 10 米的距离（可用 $S=\dfrac{1}{2}a \cdot t^2$ 来算 t），即需先求出人的下落时间 t，再由 $v=g \cdot t$ 公式，算出人在着地时的速度。在知道速度后，就可以算出该人在着地前的动能 $E=\dfrac{1}{2}M \cdot V^2$。再考虑下去，就是人在撞地后，如被压缩了距离 S，那么该人所受到的力 F 将也可以用能量守恒定律 $\dfrac{1}{2}M \cdot V^2 = F \cdot S$ 来求得。

在以上分析的过程中，我们实际上已先用了一次能量守恒定律，即人的体重乘高度的位能等于人落地时的动能。第二次是人的动能又会等于人着地后被压缩的功。其实，按照人们几千年前就已知道的规律，即如有 A 等于 B，而 B 又等于 C，且 C 又等于 D，那么应可直接推出 A 等于

D。如将此规律用到前述的人坠落的情况中，我们可以直接得到，那人的位能会等于那人在着地后受到（伤害）作用力所做的功，也即有关系式 $W \cdot H = F \cdot S$ 或 $F = \dfrac{H}{S} \cdot W$，如以 $H = 10 \text{ m}$ 和 $S = 0.2 \text{ m}$ 代入该式，我们可方便地得到 $F = 50W$。这意味着，那人坠落着地后的作用力竟会大到其自重的50倍，这后果应不难想象。

其实，通过正确运用能量守恒定律，我们就有可能方便地求出一些很复杂的力学（转换）过程的结果。只是要特别留心，不要漏考虑一些影响因素。例如，有的（机械）功会将一部分功转变成摩擦功，它又会转变成热量，这个热量又会加热周围的空气，加热了的空气最后又会把热量辐射到太空中而消失。

科学家花了几百年的时间才弄清，机械能（功）是可以转变成热能的。如英国物理学家焦耳就通过测定机械功会使水的温度升高而转变成热能的现象得到关系式 1卡 = 4.2焦耳（即 4.2牛·米 或 0.42千克力·米）。卡是热量的单位，粗略地说，1卡就是将1克（1毫升）水的温度升高1度所需要的热量。通常用1 000卡，即大卡（或千卡），来作为热量的计量单位。

1卡=4.2焦耳的关系被称为热功当量，用它也可以求得（机械）功会转变成多少热量。如一辆在前进的汽车有动能若干千克·米（或相应的焦耳值），那么该汽车在制动时，其动能会转变成轮胎与地面（及与刹车片）之间的摩擦功，而这个摩擦功又会全部变成热量。我们用上述的热功当量关系，就能很容易地求出汽车的动能相当于多少卡的热量。假设此热量的一半会消耗在轮胎与地面的摩擦上，那么用这一半的热量就可算出轮胎着地部分（要假定这部分的体积是多少以及查到轮胎材料的热学参数）会升温多少摄氏度。在很多情况下，（机械）功会全部转换成热量。但反过来，由热量转换为机械功的效率通常是很低的，可能只有20%左右。例如早期火车头的蒸汽机，它是用煤燃烧所放出的热量去烧锅炉内的水以变为蒸汽，再用蒸汽在气缸内推动活塞去转动车轮。由于锅炉效率不够高，且蒸汽机的效率也不够高，因此煤的热量就只有少部分能有效地转变为机械功。

其实蒸汽火车之所以能跑，归根结底是用了太阳能。正是远古时的阳光变成了树木，而树又变成了火车锅炉里的煤。如再深究下去，太阳能又是来自核聚变的能。

一个成人在静坐时，每天需要的热量大约是1 500大卡（每100克熟饭中约含有120大卡热量），而他如用八分之一马力（在一天中）去劳动8小时，那么就可以算出他所做的功。但是他需额外进食1 500大卡的食物，这样就可立即知道人用1 500大卡能转变成多少功了。在计算后可知，人的消化和肌肉运动机能的效率是相当高的（可能约50%）。但如把人静止时需消耗掉的生命维持功1 500大卡也算上，那么人劳动8小时的功总共就要消耗3 000大卡的热量，这样一来，人（这一机器）的效率就会低到仅约25%，这个效率就与蒸汽机及汽油机的效率大致相等了。

人平时每秒钟就会消耗掉20卡的热量，其中约2卡用来使心脏跳动以向全身输送血液，约1卡要使胸腔起伏以使肺呼吸，约4卡要供给头脑。余下来的热量还要供内脏所需及人体的发热以维持体温。人的体温在37摄氏度时是恰到好处的。如果体温低一些，则人体内消化过程中的一些化学反应就几乎会停顿；体温如高一些，散热就会太快，以至于人必须进食更多的食物，而这将不宜于人的生存。蜜蜂的体温可达40多摄氏度。有报道说，蜂群发现有敌人侵入蜂巢后，会一窝蜂地爬到入侵者的身上，并堆成一个球体。结果，球心温度升高到40多度，以致把入侵者给"热"死了。

此外，由热功当量关系也可得知，食物的热量可以转换成很多功。肉食的热量尤其高，可以认为人如吃了口肉，就等于吃了7口饭或等于吃了50口蔬菜。如想减去体内的1克脂肪，需消耗9大卡的热量或3 780千克力·米的能量，这个能量大约相当于人走了几千米所消耗的能量。所以想控制体重的人，就不该吃肉食。

以上观点仅是从理论上推知的，读者的饮食还得根据自身的具体情况而定。

哺乳动物都会用发抖来取暖，如人在受冷后会自动发抖，因为人想用肌肉抖动的内摩擦功转变成热能以提高体温。但遗憾的是，人靠抖动的内摩擦功是抖不出多少热量的，因此效能不高。但人还是不肯消耗脂肪来产生热量，原来，那些脂肪是要留给人没有食物而有生命危险时才能用的。

4.4.4　枪炮在几百年间的发展

我们从枪炮的发展过程可以看到很多有趣的力学妙用，现写在下面。

自从中国发明了火药并被全世界应用到枪炮上后，最早的步枪应该是前膛枪。这种枪的火药包和铅弹丸都是从枪口前面装入的，然后枪手要用一根很长的通条去推火药包和弹丸到达枪膛的底部。在射击时，枪手要用一块燧石打出火星，以点燃火绳及火药。火药燃烧后，产生的高压气体会推动球状铅弹丸前进。弹丸飞出枪口后，利用惯性奔向目标。等到弹丸命中目标后，弹丸的动能会转变成打击功。那种球状弹丸在飞行中会受到较大的空气阻力而不断减速，而且球状弹丸的质量和动能都较小，因而前膛枪的有效杀伤距离就较短，只有约100米。

　　前膛枪的主要缺点是每打完一枪，就要竖起枪管才能再次装弹。为防止敌人乘机冲过来，那名枪手没法还手，这就要求他身后的副手要立即递给他另一支已装弹的枪。

　　过了200年，才有人造出了后膛枪，即从枪膛后面去装火药包和弹丸，这已是很大的进步。但更有价值的是，有人发明了将火药包和弹丸事先就结合成一体的枪弹。这种枪弹的弹壳底部装有一个火帽，枪弹在封闭好的枪膛内被一个由弹簧推进的撞针击中火帽后，火帽中的雷汞会起爆而点燃发射药（以前是有烟火药，它的缺点是，放枪后烟会暴露枪手的位置，后来改为无烟火药）。当枪弹飞出枪口后，射手转动枪机后拉，把空弹壳退出并抛掉，然后枪手前推枪机以推上新枪弹，他必须锁死枪机，以免枪机被射击时的火药气体推开。一般来说，从射手扣下扳机到枪弹飞离枪口，这个短促过程的时间不会超过0.01秒。

　　之后，后膛枪弹的弹丸形状也由球形改进为带有流线型的尖头的圆柱体。后者不但空气阻力减小了，而且圆柱体所增加的重（质）量又能使弹丸的动能增大。但是尖头的圆柱体弹丸在飞行中极易翻滚（因受空气阻力不均匀所致），弹丸一旦翻滚，不仅会使空气阻力剧增，而且连前进方向也会乱变。

　　因此，不能让尖头的圆柱体弹丸在飞行中发生翻滚，于是就有人想到，可以利用陀螺的自稳效应来稳定弹丸的飞行姿态。为了使弹丸能快速转起来，枪管内被加工出一组稍凸的螺旋形膛线，再采用稍软的铜皮制造子弹的外层。这样，弹丸在枪膛内前进时，膛线就能压入弹体一些（约0.2毫米深），从而推动弹丸自转。设枪弹每前进1米自转一圈，那么

飞出枪口的弹丸初速如为每秒800米，这时该弹丸自转的速度就高达每秒800转（也即每分钟48 000转），比家用电扇的转速要快30多倍（据计算，一个直径25毫米的钢球，当它的自转速度快达每分钟25万转后，钢球的离心力将使它自己粉身碎骨）。就这样，膛线使得尖头的圆柱体弹丸终于能得到成功的应用。

步枪的下一个重大进步是由海勒姆·史蒂文斯·马克沁（Sir Hiram Stevens Maxim）来实现的，即用一小部分火药的能量（来代替枪手），来实行自动、快速、连续的退弹、装新弹和再次击发射击的任务。这样，机枪就问世了。机枪刚诞生时，并不被某些国家的军方采用。有些指挥官会说，要射杀一名士兵，只需一发子弹就够了，而机枪会浪费太多的子弹，因此完全没有必要。但后来，指挥官在一些实战中才认识到，机枪在对付蜂拥而来的敌军时，竟能发挥天大的威力。有人统计，在两次世界大战中，倒在重机枪前的人数竟超过了1 000万，还有人说甚至有3 000万。

历史说明，一项划时代的新发明刚出现时，往往并不能立即取得大家的认同。例如运行火车前要先铺钢轨，人们会觉得铺钢轨太费事，因而是不宜采用的。又如贝尔发明电话后，要先拉电线到每家每户，人们也感觉那是不可取的。所以重机枪一开始不被采用，就易于理解了。

枪炮发展到机枪出现后，似乎已经完善到几无改进之处了。可是，近代的坦克装甲却越做越厚，以至反坦克炮（如装在坦克炮塔上的）都打不穿它。所以要造出一种能更好地穿甲的火炮或炮弹，就成了军界的当务之急。有位设计师想到，单用炸药已不能穿透厚装甲，而要用常规的穿甲炮弹，就只有增加炮弹的动能。要增加穿甲弹动能的途径有两个：一是提高炮弹的速度，但这一方法目前已用到了极限，难以再提高；二是增加穿甲弹的质量，但这也有极限，因为如要用更重的炮弹，就意味着要用更大的炮去发射它，而太大的炮是不宜由坦克携带的。于是，那位设计师就想在改进穿甲弹上找出路。他想：要在厚钢板上打一个大洞，必然会比只打一个小洞要耗费多得多的炮弹动能。如果以同样大的炮弹动能，只在钢板上打一个小孔，就应可以穿透更厚的钢板，但是穿甲弹的直径一小，其质量就会减小，炮弹的动能也会大幅度减小。不过，如果把细穿甲弹的外形做得像箭那样长，那么细而长的穿甲弹将仍能拥有很大的质量。但是采用细长的穿甲炮弹，它在炮膛内受到火药气体推动的面积就会太小，这样炮弹就达不到预期的高速，除非将炮管增长好多倍，但那样长的炮管显然是不可取的。正当细穿甲弹方案已走投无路时，该设计师忽然灵机一动：如果将穿甲弹设计成它在炮膛内是粗的，一出炮口就立即脱掉很轻的外壳而只留细长的弹心前进，这样，细长弹心的空气阻力就会很小，而穿甲厚度却可大幅增加。就这样，这位设计师终于设计出了钨心脱壳穿甲弹。

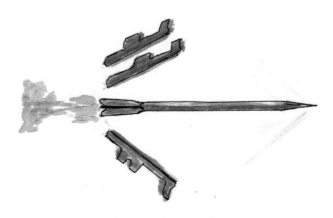

刚出炮口的钨心脱壳穿甲弹

为了增强穿甲效果，这种穿甲弹的箭形弹心应采用比重尽量大又尽量坚韧的材料。合适的弹心材料是钨，它的比重达18，是钢的2倍多。更好的就是贫铀了，所以现在也有贫铀脱壳穿甲弹。

现代的大型反坦克滑膛炮的口径在200毫米左右，穿甲弹的外壳用前后两个相连的铝环构成。由于滑膛炮弹不会自转，所以在箭状穿甲弹的尾部要装上安定用尾翼，以保证飞行中的穿甲弹能尖端朝前。这种炮弹的脱壳部分由三片合成，炮弹一出炮口后，这部分就会被空气阻力推散而飞离弹心。目前的钨心脱壳穿甲弹可以穿透约800毫米厚的钢板，细弹心（约炮膛口径的三分之一）在穿透钢板后，会连同被击落且熔化的许多钢板碎块，像霰弹一样杀伤坦克内的人员和设备。

中国有个关于矛和盾的成语故事，说是从前有一人，他既卖矛又卖盾，他的广告是：我的矛是无盾不穿的，而我的盾是无矛能穿的。此时有人问：如用你的矛去戳你的盾，那会怎样？卖家被问得哑口无言。

类似的情况是，现在有些坦克已装上了贫铀装甲，如果对方用贫铀心脱壳穿甲弹去打贫铀装甲，那会有什么结果呢？至于坦克炮为什么会从线膛炮又回到早被淘汰了的滑膛炮，这个问题似乎已不是常人能想出来的了，或许只有力学教师才能想到原因（答案见书末解答之No.4.4.4）。

自从钨心脱壳穿甲弹问世后，敌方的坦克倒还不见得就只剩下死路一条。正像有矛就会有盾那样，某国的坦克设计师就发明了一种坦克主动防护系统，它的原理是在坦克外装上几枚反穿甲弹的小导弹。当来袭的穿甲弹飞到该坦克的近旁（如100米内时），小导弹会自动飞离坦克，去拦截来袭的穿甲弹。当小导弹接近穿甲弹时，会主动爆炸，与穿甲弹同归于尽。当然，坦克的主动防护系统也能拦截智能地雷射来的导弹。

显然，这种防护用小导弹的动作必须十分敏捷，因为从它探测到敌弹至完成迎击，一共只有不到0.1秒的短暂时间。

4.4.5 从拳王一击180千克力说起

很久以前，媒体曾报道当时拳王的一击竟有180千克力，因此，几乎没有对手能承受住那么强的打击力。拳王的一击是怎样达到180千克力的，现作如下分析。

按照经典力学原理，一个人要挥拳出击时，他先要用上半身的所有相关肌肉使手臂向前达到尽可能快的速度，这样，手臂和拳头就会有很大的动能。当（在手臂支持下的）拳头撞上对手的躯体（如头部）后，拳头将使对手的头部加速。按照能量守恒定律，出拳者所有运动部分（拳、臂甚至上半身）的动能将转变成受击者接收到的功——力f乘以作用距离s，用关系式表示就是$f \cdot s = \frac{1}{2} m \cdot v^2$（关系式九）

上式中，m为出拳者所有运动部分的（等效）质量，v为该运动物体的（等效）速度。上式中的右半部分，就是运动体的动能。应指出关系式九不仅适用于拳击，也适用于其他运动物体，如汽车、火箭或陨石等一切有动能的运动物体，在被减速停止时会转换成功。从关系式九可知，如果受击者尽量加大距离s，那么就可以有效地减小作用力。例如受击者快速退避，使被击中的受力（平均）距离增长1倍，那么他所受到的（平均）打击力f会小一半。反之，如受击者是冲向打击者的，以至于他被击中后的距离减少一半，则他受到的打击力就会增加1倍。另外，受击者一运动，两人之间的相对速度v也会发生变化。

下面我们来对拳王180千克力的打击力作一个粗略的定量分析。

拳击的动能

设拳王前臂、拳头这两个高速运动部分的等效重量为 5 千克，即其质量为 $\frac{5}{g}$ =0.5 kg（本书以后都以工程力学中的惯例，认为一个物体的质量是其重量的十分之一）。被击中的沙袋的等效后退距离为 0.2 米。沙袋受打击后，其测力计测出的平均压力为 180 千克力，则利用关系式九可得 $180 \times 0.2 = \frac{0.5}{2} v^2$ ，于是 $v^2 = \frac{36 \times 2}{0.5}$ ，即 v=12 m/s。因此，我们得知拳王击拳的末速是 12 米/秒。

其实，拳王前臂的动能也是肌肉的出力乘以作用距离这个功转化来的。

依照经典力学原理，各种拳术的打击作用，都是出击者将动能加到对手身上以转变为打击功的。因此，如果请一位武林高手伸直手臂而拳头接触到对手的躯体，然后请那位武林高手发力击打对手，那么，即使武林高手扭腰发力使他的手臂加速，但已抵住对手的拳头会使对手的躯体一并加速，这就不会发生运动物体的动能转换成功的过程，所以那位武林高手就不能有效地伤害对手。由此可推论，那种不靠动能而只用"气功"就能打击的说法是说不通的。此外，拳击手套的作用是，当拳头打击到硬物（如对手的颅骨）时，拳头总会有些由手套厚度所产生的压缩距离。否则，拳头击中硬物时的作用力会大到令攻击者的指骨发生严重的骨折。著名美国小说家杰克·伦敦（Jack Landon）在他的小说《墨西哥人》中就写到一名拳击手，这名拳击手故意用自己最硬的头顶去迎挡对手戴有手套的拳头，目的就是令对方的手指骨折。

下面我们来估算一下汽车发生车祸时，驾驶者会受到多大的伤害。设一辆汽车以28米/秒（相当于101千米/小时）的速度撞上障碍物后，驾驶者（连同车）仅前移2米就完全停止。如驾驶者的体重为60千克（也即质量$m=6$千克）求驾驶者会受到多大的冲撞力f。利用关系式九可得

$$f \cdot 2 = \frac{1}{2} \times 6 \times 28^2 = 2\,352\ \text{kgf·m}\ ，因此\ f = 1\,176\ \text{kgf} 。$$

这意味着，那个驾驶者会受到相当于其体重20倍的作用力，即使有安全气囊弹出，使那个驾驶者的减速距离增加了0.5米，即由2米增至2.5米，可驾驶者遇到的作用力仍达940千克力，即相当于16倍体重的作用力。这样大的作用力，将使驾驶者受到严重的伤害（骨折甚至死亡）。据说喷气式战斗机在作某些特技飞行时，飞行员在几秒钟内会受到$7g$（7倍体重）的加速力，这已达到飞行员的忍受极限。

汽车驾驶者前的安全气囊弹出

如撞上障碍物的汽车速度不高，假设仅为8米/秒（相当于29千米/小时），且驾驶者的减速距离也小到只有0.5米，那么，这时弹出的安全气囊就能使减速距离增加1倍，而气囊也能起到相当有效的作用。

以上讲的是一个有动能的物体在它减速停下的过程中，其动能会转变成功（如不考虑这过程中由摩擦引起的损失）。相反，如果对一个物体适当做功，那么这个功就会转变成物体的动能。举一个简单例子，一重物在重力的作用下降落 h 后，重力对物体所做的功为 $w \cdot h$，于是物体就有了速度和动能 $\frac{1}{2}m \cdot v^2$，也即有关系式 $w \cdot h = \frac{1}{2}m \cdot v^2$，由之可解出 $v = \sqrt{2hg}\left(因 \frac{w}{m} = g\right)$。例如，将一物体从地面提升到1米高，然后放手，物体下落到地面时的速度为 $v = \sqrt{2g} \approx 4.5 \ \text{m/s}$。

如果不计空气阻力的影响，则此落体的末速与它的重量无关。

应该指出，用牛顿力学第二定律 $f = ma$，可以推导出关系式九。

4.4.6　深水炸弹的爆炸

分析炸弹在深水中的爆炸过程，有助于我们对物体在受到压缩时的力学特性作进一步的理解。

20世纪，潜艇被广泛应用后，在前两次世界大战中击沉了几千艘巨轮。因此，研究怎样用深水炸弹来对付潜艇，就很有必要。当时，一组受命研究水下爆炸机制的工程师运用他们的力学知识，将深水炸弹爆炸后会发生什么作了如下推测：

深水中的炸弹爆炸后，会在一瞬间产生大量超高压的炸药气体。这些气体会把四周的水体猛推向外，但是这些水体的外面有厚达上百米且质量有几千万吨的更多海水，注意到海水在受到瞬间压缩时根本来不及流动，因此水就会表现出像固体那样的特性。显然，那么大量的海水是不大可能在瞬间被加速到都发生大规模运动的，于是那些最接近爆炸点的海水将被超高压气体大幅度压缩（正像压缩固体那样）。由于这些受压缩的海水通常是很厚的，所以那些海水即使只被压缩1%，那个压缩量也会达到几米级。这样，有了几米高速位移的海水就拥有了极大的动能，这动能不但会使已运动的海水去压缩更远的海水，使之发生弹性位移，而且也会使爆炸所产生的气腔进一步扩大，从而使气腔内的压力会比原来显著减小。之后，当运动过的海水的动能都已转换成压缩位能后，被压缩后的海水就开始反弹，以恢复到压缩前的初始状态。这样，大量海水在弹力的反弹作用下又开始运动起来，可是这时的运动方向却是要退回爆炸点。之后，快速后退的海水的动能会将之前已扩大的气腔压缩变小。等到后退的海水的动能都转变成气腔被压缩的位能后，气腔内已被压缩的气体将开始再次膨胀。海水会像第一次膨胀、收缩那样，进行第二次、第三次膨胀、收缩。但是每一次膨胀、收缩过程的剧烈程度，会因海水的内摩擦损耗而一次比一次小。估计第四次以后就会基本消失。

炸药在水中爆炸

其实，我们在日常生活中也能见到物体作重复几次的振荡运动的现象。例如一个人用拳头去重敲一棵小树的树干，则树干就会开始这种动

能和位能互相转换的振荡过程。这时，人手可摸到树干的这种高频振荡，虽然树干振荡的幅度远不如海水振荡的幅度大，但两个振荡现象的力学机制是相似的。

那组研究水下爆炸机制的工程师觉得他们的推论很可能是正确的，但要使众人信服，就必须用实验来证实。显然这个实验会很困难，因为通常的实验装置都经不起爆炸。最后大家一致决定，做一个缩小规模的实验。那个实验在一个由厚钢板焊成的大水箱内进行，少量炸药爆炸后所形成的气腔可以用有防弹玻璃保护的高速摄影机记录。而爆炸实验的结果，和那组工程师的推论完全相符合。

可以想象，如果在一艘潜艇旁发生了深水炸弹爆炸，那么海水的瞬间高压将压裂潜艇的外壳。这样，大量海水涌入潜艇后，里面的人员将不会有一丝生机。

4.4.7 落地炸弹的爆炸

地上爆炸   水上爆炸

炸弹的爆炸

人们都在电视上见过炸弹（或炮弹）着地后爆炸的画面，通常有一股冲天土石流。如果仔细观察，可看出那个土石倒立锥的仰角经常大于

45度。在此仰角以下的空间内，一般并没有飞溅的土石。人们会想当然地认为炸弹已钻入地面之下，所以它爆炸后，自然会把上方的泥土抛上高空。可是，如深入推敲一下，就会发现炸弹是在地面上爆炸的。因为炸弹前部刚一碰地，震动就使引信起爆，而弹体内的所有炸药会瞬间爆炸，以至炸弹前部还来不及钻入地面之下。

既然炸弹是在地面之上爆炸的，那么爆炸气浪应该把地面往下压才对，怎么大量土石反而冲上了天呢？作者认为，炸弹下的地面表层会因压力过大（远超出土石的弹性极限和断裂极限）而破碎成无数小块，然后下层土石被压，继而向下运动，压缩更深层的土石。正像炸弹在水中爆炸那样，大地是会马上就反弹回来的。正是大地的反弹，才将之前已压碎的那层土石抛向天空。

各国军人都知道，在爆炸点周围的低仰角范围内，几乎没有被土石击中的危险，只有被相对较少的炸弹弹壳片击中的危险。所以各国军事教材中都有指示，士兵在炸弹爆炸前，应迅速卧倒以躲入相对安全区。

4.4.8 共振的危险

我们都知道，如想把秋千荡高，单靠人一两次用力是不够的，只有顺势对秋千不断用力才行。如将秋千荡高现象推论一下，就可知道，对一个会弹性摆动的物体，如果能恰到好处地不断施力，即使每次施的力都很小，可经多次累加后，那个物体的振幅却可能很大。这里的恰到好处是指，外作用力要与该物体自身的固有振荡频率相吻合（或只差整倍数或整分数以及相位须一致）。即以上物体所受外来力的频率与自身固有频率相等时，会发生共振（或称谐振）。但物体即使发生了共振，也不一定被震坏，这还取决于其他一些因素。一般而言，自震

生 活 中 的 力 学 现 象

频率较低的物体意味着它的刚性不大，可质量却很大，因此也较容易被震坏。

历史上一个著名的事例是，一队在木桥上正步操练的士兵，他们的脚步与桥的自震频率正巧重合了，于是该桥就发生共振而塌掉了；另一有名的事例是，上世纪初，美国西部的一座公路铁索吊桥竟在大风中像秋千那样从侧面飘荡起来，而且振幅越来越大，当振幅超过几米后，大桥终于断裂而坠入河中。

飞机的机翼也要防止共振。据说有一种歼击机，它的翼尖内藏有一块看似毫无作用的大铁块。飞机不是追求一切都要轻吗？那么，设计师还放那个重铁块干什么呢（答案见书末解答之No.4.4.8-1）？

共振现象也不是一无是处的，如能巧妙地利用它，也可以起到一些意想不到的作用。例如，将一根钢丝靠在一个高速转动的设备上，那么就可以方便地测出这台设备的转速，特别是测小物体——如小电机的转速。读者可先想一下，应该怎样利用钢丝的共振现象去测转速（答案见书末解答之No.4.4.8-2）。读者也可剪一条硬纸片，将它靠在电风扇的电机之外，并想想怎样操作才能看到共振？答案同前一答案。共振现象有时还表现在玻璃窗上，住在临街大楼内的不少人都听过由汽车噪声引起的沿街玻璃窗的共振声。玻璃窗会随着声压而持续振动，即使不共振时，它也在振，而且是跟随着声音的频率在振。由此，一位间谍设备工程师就想出了用（不可见）激光照射玻璃窗的窃听方法。他用接收到的受振玻璃窗的反射光，竟能还原出讲话人的声音，此法的巧妙程度真令人啧啧称奇。

利用振动原理最神奇的事情莫过于下面这个例子。据说二次大战时，某国的坦克部队在追击敌人的途中，遇到了一条刚结冰的大河，由于桥已被炸毁，坦克能否冒险驶上薄冰就成了大难题。于是，高级指挥官就用飞机从大后方接来了一位振动学院士。这位振动学院士先在现场测量了冰的厚度和河宽，再经过一番深思，然后又掏出计算尺那么一算，就胸有成竹地说："这冰太薄，它虽可承受1辆不动的坦克，但是坦克一旦发动起来，冰层就可能破裂。可是如果以5辆坦克为一组，互相拉开若干距离，再以我算出的不同发动机转速和不同速度前进，那么冰就不会共振而破裂，而且5辆坦克的作用力还可互相抵消一部分。"于是，现场指挥官只好硬着头皮下令如此法执行，结果数十辆坦克都安全地抵达了河的对岸。

4.4.9 赫鲁晓夫讲的力学寓言和由他引出的力学难题

苏联前领导人尼基塔·赫鲁晓夫在一次对企业领导人的讲话中说到，企业领导人必须同心合力地去领导企业，不能像一则克雷洛夫寓言中所说的那样。那则寓言说，从前有3个好朋友：天鹅、龙虾和梭子鱼。一日，它们在路上捡到一辆装满食物的小车，于是便找来三根绳子，兴高采烈地要把小车拖回去。只见天鹅拼命拍翅往天上拉绳子，梭子鱼死命把绳子往河里拽，而龙虾呢，则钳住绳子，使出吃奶的劲儿往后拉。于是，小车就一动不动了。

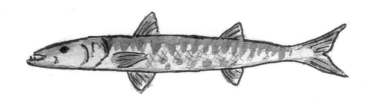

梭子鱼（Barracuda）

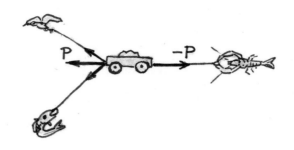

　　由力学的矢量相加原理可知，上图中3个好朋友的合力等于0。

　　1959年9月的一天，在美国洛杉矶为赫鲁晓夫召开的群众欢迎会上，时任20世纪福克斯公司总裁的斯库拉斯先致辞说："我出身于希腊一个小村庄的贫穷家庭，1910年到美国时，只是在餐馆做勤杂工。但幸亏美国崇尚人人平等和机会均等，现在我居然能当上大公司的总裁了（据析，这几句话还是他的智囊团的集体智慧）。"下面轮到赫鲁晓夫讲话，他说："我刚学会走路就开始干活了，到15岁时，我的工作经历已可写出一长串了。现在呢，我已是伟大苏联的领袖了。"他的话音刚落，群众便报以雷鸣般的掌声。之后，赫鲁晓夫回到宾馆后，一位随员盛赞他讲得精彩。赫鲁晓夫答道，"那位总裁讲完他的童工经历后，不过1分钟就轮到我讲话了，因此我还来不及思索，只敢说我'刚学会'走路就开始干活了。要是让我多想几分钟，我会说，我'还没有'学会走路就开始工作了。"那位随员不禁替他捏了一把冷汗，问道，"那么你就不怕美国记者追问，还不会走路的你能做什么工作吗？"赫鲁晓夫答，"这点我也料到了！记者虽刁钻，但还斗不过我吧。我可以把皮球踢回去，反问现场的听众，他们能想出还不会走路的婴儿能做什么工作吗？老实说，早在64年前，我的妈妈——一位俄罗斯的家庭妇女就已经知道了。"关于这个问题，作者问了几位朋友，但他们都想不出合适的工作来。后来作者想出了一个工作，就是在婴儿洗澡前，他妈妈先找一块砖，然后给砖块包上几块干净的湿尿布，再用绳子缚在婴儿的腰上，那么，还不会走路的婴儿就会拖着湿尿布在地上爬。婴儿爬了半个小时后，就会把半间房的地板拖干净，即他已当了半个小时的清洁工。现在请读者运用学过的力学知识去计算那婴儿在半个小时内所做的功是多少，并估算出那婴儿的平均输出功率是多少马力（提示：砖头的重量是2.5千克，婴儿爬过的总距离为30米，这个问题其实并不简单，答案见书末解答之No.4.4.9）。以上设想只是纯理论的，实际上哪个婴儿都不会去拖地板的。

4.5 车轮的力学特性

4.5.1 车轮的前进

车轮是人类最伟大的发明之一。古人从圆物体易滚动的现象中发现了滚动的特性。但是一个圆物体在滚动时并不能搬运他物，所以其用途很有限。后来人们发现，如在重物下垫入几根滚木，重物就易于被拉动了，这种用滚木搬运重物的方法曾被古人广泛应用。可是，由于滚木本身不太直以及各条滚木粗细不一等原因，滚木运重物的效率是远远达不到理想滚动的效果的。

人们在给车轮装上中心轴并将车体置于轴上后，轮子才能真正发挥它那几乎没有摩擦的运行特性。之后，又出现了人力车、马车、自行车、汽车和火车。

人们从实践中得知，车轮越大的车越容易被拉动，所以具有木辐条的大车轮就出现了。人们也发现，车轴越细的车也越容易被拉动，所以

在青铜时代，细车轴多用青铜制造，而到了铁器时代，铁的车轴可以做得比青铜的更细。至于车轮的内孔，就作滑动轴承用，它通常也用青铜制造。轴承一般做得较长，这样车轮才不会明显侧晃，而在古代车轮的轴承中段，古人已做了一个用来盛润滑油的凹腔。下面分析，有滑动轴承的车轮的力学特性。

马车的轴通常与车架相固定，不能转动。木制车轮经过其孔内的轴承，可以在轴外转动。通常在车轮的外围套上一圈金属板，以保护木车轮不被地面压坏。

由图4.5.1可以求知，当车轮上压有负载力w时，要拉动车前进所需的拉力f。这个拉力是由如下过程生成的：马通过车绳拉车架，而车架带动车轴，然后再由车轴推动车轮。力f大致通过车轴（严格地说，马的拉力还有一个压车轮的分力，而且马的实际拉力会略小于f）。

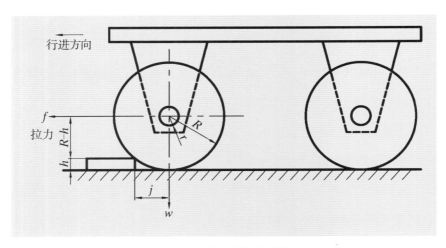

图4.5.1　车轮的摩擦力学特性

车轮在地上转一圈克服的摩擦功等于拉力乘以车行距离所付出的功，利用这个关系，可以求得拉车所需的力。

先求车轮转一圈所消耗的功（略去空气阻力的影响），这主要是车轮的轴承孔与车轴滑动摩擦一圈所消耗的功。这个功的大小是 $\mu \cdot w \cdot 2\pi \cdot r$（关系式十），式中的 μ 约为 0.05，w 为此轮的负载，r 为车轮轴孔的半径。

车轮每转动一圈所消耗功的第二个来源是，地面被车轮压出一条车辙所需的功。如果车轮下是硬地面，则它不会被压出车辙，所以消耗的功是很小的，可以忽略不计。但如果车轮下是软泥地，那么车轮会在软泥地上压出很深的车辙，这时所消耗的功就会很大。

车轮每转动一周所消耗功的第三个来源是，车轮外缘压地时，由车轮外缘和地面的局部变形而引起的内摩擦。通常这个摩擦损耗并不太大，因而亦可忽略不计。现代的充气轮胎载重后，每转动一圈，轮胎变形的内摩擦也会消耗功。

由以上讨论可知，车轮每前进一圈所做的功主要是关系式十中的摩擦功，而车轮前进一圈，马付出的拉力功为 $f \cdot 2\pi \cdot R$。因为马付出的功等于车前进一圈所消耗的摩擦功，所以有 $f \cdot 2\pi \cdot R = \mu \cdot w \cdot 2\pi \cdot r$，由之可得 $f = \dfrac{r}{R}\mu w$（关系式十一）。

关系式十一意味着，当马的拉力等于车的阻力，车会靠它的惯性继续匀速前进；当马的拉力大于车的阻力，车会开始加速；当马的拉力小于车的阻力，车会开始减速。

由关系式十一可看出，要想使 f 减小，应该减小摩擦系数 μ 和负载 w。但在实际应用上，μ 已经到了最小值，而 w 显然是不宜减小的。因此，可减小的只有 $\dfrac{r}{R}$。这就是通常的马车都有小 r 的轴和大 R 的车轮的缘故。以下作一个实例计算，如一辆普通马车的 r 为 3 厘米，车轮

的 R 为60厘米，则 $\dfrac{r}{R}=\dfrac{1}{20}$。如果取 $\mu=0.05$，且车轮的总负荷为1 000千克，那么，按照关系式十一可得 $f=\dfrac{r}{R}\mu w=\dfrac{3}{60}\times 0.05\times 1\ 000=2.5\ \text{kgf}$。这个计算结果表明，使一辆1 000千克重的马车在硬而平的地面上保持匀速前进，只要2.5千克力的拉力，所以这时的马根本不会累。

但以上只是最理想时的情况，实际上车轮在刚动起来时，车轮轴上的油膜还未从静止时被压破的状态恢复过来，以至车轴的干摩擦系数会大到约0.2，如车轮前再有小石子挡路，这时要将1 000千克重的马车启动，估计马将出力近200千克力。

另外，如遇上坡路面，即使路面的坡度只有十分之一，那么1 000千克重的车子，其自重引起的（传给马的）下滑力将达到100千克力。

4.5.2 车轮遇到障碍物时的力学特性

在图4.5.1中，车轮前如果出现了一块高度为 h 的挡石（或台阶），则车轮要越过这块挡石，就必须克服车轮重 w 与力臂 j 构成的力矩 $w \cdot j$。这个力矩可由马的拉力 f 乘以力臂 $(R-h)$ 来产生（实际上，力臂往往会大于 $R-h$）。即应有 $f \cdot (R-h) > w \cdot j$（关系式十二）。

由关系式十二可知，如果挡石不高，以至力臂 $(R-h)$ 远大于 j，那么车轮只需很小的拉力 f，就可使很重的车轮越过挡石。但如果挡石很大，那么马的拉力 f 可能要大到接近车轮的负荷 w，车轮才能越过大的挡石。又如果挡石 h 极大，则拉力 f 要大于负荷 w，才能拉车轮爬上此巨石，这情况相当于车轮陷入了一个很深的泥潭。真到那时，只好卸掉车子上的负荷，再加上众人推空车，才可能将车子从泥潭中解救出来（或者用铲子除去挡土）。

陷入深潭的车轮

实际上，如果在行进中的车轮前出现了一块挡石，并不需要增加拉力，因为马车的动能比爬过挡石所需的功大得多。所以说，行进中的马车可以轻易地越过不太高的障碍物。

上述对马车越障碍时所做的力学分析，当然也适用于自行车或汽车。

看完上面的内容后，读者应该能想出小轮子的自行车有哪两个缺点了（答案见书末解答之 No.4.5.2-1）。

现代的各种车轮都已采用滚珠轴承来代替老式的滑动轴承，而且自行车和汽车都采用了充气橡胶轮胎。充气轮胎的发明，大大提高了现代车辆的性能。充气轮胎外胎的表层下面有耐拉的织物衬垫层，有些还是高强度的钢丝织物层。当内胎充气后，将对外胎施压而使其膨胀，外胎的织物层能保证外胎不会涨得过大。内胎的气压如只有 3 大气压（即每平方厘米 3 千克力，或 0.3 兆帕），但由于汽车内胎的内表面积很大，假设为 3 000 平方厘米，那么外胎承受的总张力将达到 9 000 千克力。这时，如果这个轮胎的负载为 375 千克，则轮胎着地面只要被压下约 10 毫米，轮胎着地面的面积就将扩大约 125 平方厘米。于是，内胎对外胎被压平部分的推力将达到 125×3=375 kgf，这就使轮胎不能再被压扁下去。此时的内胎容积几乎没有减小，因而轮胎受压后，其内压不会显著增高，所以运行中爆胎的事比较少见。再看自行车轮胎，其外胎如被压扁

而有了15平方厘米的着地面积（仅相当于车胎被压下几毫米），且胎内的气压为3大气压，那么单个车胎的承重力可达45千克力。

至此，有些读者不禁会想：之前不是讲过桌子的四条腿不能很好地着地吗？古代的四轮马车（如车架的刚度特好时）可能真的有这个问题，但是现代汽车在每个车轮的上方都装了能压缩的减震弹簧（大多用板簧），依靠弹簧，汽车的四个车轮就都能碰到凹凸不平的路面了。

人们也会想：汽车轮胎为什么会有那么长的使用寿命？这是因为，汽车在正常行驶时，其轮胎与地面是没有相对滑动的，所以轮胎的滚动几乎不会产生磨损。汽车只有在急刹车时，被制动住的轮胎才会在地面上滑动，从而在地面上留下轮胎的橡胶印痕。因此，过于频繁地急刹车，将会严重减少轮胎的使用寿命。有些人曾见过，飞机跑道的两端都布满了黑色的飞机轮胎印痕。这是因为，当下降飞机的静止轮胎重重着地时，突然被地面加速，从而发生极大的摩擦，以致轮胎橡胶层磨损得很快。所以飞机维修手册规定，一个轮胎在降落若干次后，必须用新轮胎更换。

机场跑道降落区的飞机轮胎印

为延长三叉戟喷气客机轮胎的使用寿命，英国工程师采用了很巧妙的方法，就是在轮胎上装上电机，在飞机着陆前由电机驱动轮胎高速转动。这时，轮胎和跑道几乎没有相对速度，即没有了由相对滑动而产生的磨损。

有位喜欢动脑筋的出租车司机一日突发奇想：我如故意将出租车前轮的气放掉一半，那么轮胎就会扁一些，这就相当于轮胎的有效半径减小了。这样，出租车每跑1千米，其前轮就要多转若干圈，那么计程器记下的路程价就会增多，我开车的收入也可随之水涨船高。可是，他将出租车的前轮放气运行半年后，总的收入却并未增高，这是什么原因呢（答案见书末解答之No.4.5.2-2）？

4.6　船舶的力学特点

最初的船可能只是一棵倒下的树干，之后人们把一排树干（或竹竿）用绳子捆在一起，就形成了载重量更大的木筏。但是木筏在水中的阻力很大，因此行动就很迟缓。之后，在水中阻力较小的被挖空的独木舟就应运而生了。一般人会以为，古人单靠石斧来造独木舟，必定会耗费很多的时间。但近代有人用石斧实践以后，发现只需费时一周，一个人就能造出一艘独木舟来。

考古学家推测，世界上最早应用独木舟的区域可能在印度尼西亚的诸岛之间。

独木舟虽然易于制造，但它有一个很大的缺点，就是很容易倾覆。这是因为，近似圆形的独木舟截面在独木舟侧倾后，独木舟的浮力特性几无变化。因此，倾斜后的独木舟并不会产生显著的扶正恢复力矩，所以在独木舟上站立的人，如他进行了过大的侧向俯身，那么独木舟就极易倾覆。

很易倾覆的独木舟

不久后，古人摸索出了不易倾覆的独木舟的形状，即把独木舟的底边削平。如此一来，独木舟在倾斜后，它的浮力中心就会外移，从而产生一个较大的扶正力矩。

木船有一个独特的优点，就是即使翻转了或船舱内被水灌满了，也不会沉没，这是因为木材的比重小于水的缘故。作者曾在电视纪录片中看到，在美国科罗拉多河激流中挣扎的小木船，其船舱内已被河水灌满了，可几名身子已没入河水中的船员却能安坐在座位上而不沉（注意：人身一旦浸在河水中后，就不再压木船了）。一条船能载多少重物，取决于船身在水中的排水量与船的自重，即排水量会恰好等于船的自重再加上货物的重量。别看以上关系简单，但在很长一段时间里，古人都是不理解的。直到公元前200多年的一天，希腊的阿基米德在跨进放满水的浴缸时，水溢了出来，而他自己的体重也随即减轻了（一个物体浸入水中后，它所失去的重量恰好等于它所排开的水的重量），于是阿基米德才恍然大悟，他激动得忘了穿衣服就冲出门外，还手舞足蹈地大喊："尤里卡，尤里卡（意思是找到了）！"

其实，乌鸦也大体知道阿基米德原理。据说，有只乌鸦想喝一个瓶中不够满的水，但它的嘴够不到。乌鸦想：上次把瓶碰倒后，水都流到沙子里了，这次我得改用另一种方法。于是，它将好多小石子投入瓶中，使水位上升，这样它就能喝到水了。可见，乌鸦的智商并不亚于小孩。

众所周知，百慕大魔鬼三角海域曾多次发生不知原因的轮船失踪事故。对那种事故的一种解释是，海底破裂引起海床释放出大量气体，这样大量气泡到达船边时，有气泡海水的密度大减，以至于轮船排开的海水和气泡的重量就托不住船，船就突然沉没了，而船员还来不及呼救，就葬身大海了。

至于要使船前进，以前是靠人划，后来开始利用风帆。这样经过几千年，直到英国人詹姆斯·瓦特（James Watt）发明了蒸汽机，世上才出现了用船侧明轮划水的轮船，这也是为什么人们把大船叫轮船的缘由。

19世纪的明轮船

直到100多年前，在一次螺旋桨与明轮的比赛中，螺旋桨获胜，于是它取代了明轮。后来，船的动力家族中又增加了内燃机及利用核能加热的蒸汽轮机。目前，仅靠风力的帆船只剩下用于体育竞赛的三角小帆船了。

但是，近年来又出现了一种能用高空天帆（犹如大风筝）来前进的帆船。不同高度的风，其风向往往并不相同，甚至还会相反。所以利用高空天帆就比传统风帆更为优越，特别是高空的风速一般都比较大。

人们对船的要求除动力外，当然还希望它能满足我们的载重需求。另外，船在水中行进的阻力也应小一些，这样它才能更快。但是最重要的还是船的稳定性要好，即船要在遇到风浪时不被倾覆，或者船体在受到外力而侧倾时，船的浮力应能产生一种能阻止倾覆的扶正力矩（或称为恢复力矩）。而要增加扶正力矩的简单方法，就是要增加船本身的宽度，且同时要降低船重心的高度。所以明代郑和下西洋用的帆船都很宽，而在现代的船上，最重的发动机都装在船底，以降低整船重心的高度。

以上两个能增加船舶稳定性的因素可见图4.6.1。

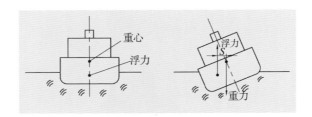

图4.6.1　船倾斜后的恢复力矩

在图4.6.1中，左边的船没有倾斜，此时船体也没有恢复力矩。但船体如向左倾斜，从右图可见船体的水下部分会明显侧移，从而使水对船体的浮力矢量就比重心多侧移一段距离 S。这个距离乘以浮力，就构成一个能扶正船体的恢复力矩。显然，船体的重心越高，S就会越小，重心如果在侧向越出浮力中心后，重力就会使船加速倾覆。

不怕风浪的双体船

这样看来，木筏和双体船都有极大的恢复力矩，这类船即使倾斜到70度，仍能自动扶正。但是船体也不能太宽，否则船的倾斜一大，水就会淹上甲板，还会流入船壳。

可以想到，一艘船如果不前后方向地倾斜，而仅向侧方倾覆，那么如果船底瞬间朝天，船壳内的空气因来不及逃出，就会被封在船底，于是船仍会有浮力，以至倒扣了的船并不会下沉。但是如果船的侧翻较慢，同时船纵向也倾斜了，那么甲板下的空气就很容易被进入的水赶出，这时船就会立即下沉。

我们看到的远洋邮轮或内河客轮都有很高的上层建筑，这是为了能尽量多地搭载乘客，但这样一来，船的整体重心就会升高。为了防止重心升高太多，轮船的上层结构一般都采用轻型的材料，有时，空载的货船还要借压仓水来降低整船的重心。如果是集装箱货船，一般会在甲板上叠放好几层集装箱，这时只好把最轻的集装箱放在上层了。一般来说，军舰必须把雷达装得越高越好，老式军舰甲板上的炮塔也很重，所以有些军舰的重心就相对较高。在设计很高船身的轮船时，必须计算强

风的影响，以防轮船被吹翻。2015年的夏天，在长江中夜航的"东方之星"客轮就被突袭的强风给吹翻了，以致酿成400多人死亡的重大事故。

"东方之星"客轮

对那次事故，我们不妨作一个大致的计算分析。已知风对物体的吹动力 f 可以用公式 $f=\frac{1}{2}C\rho sv^2$ 算出。公式中，ρ 为空气密度0.125千克/立方米，v 为风速（米/秒），s 为该物体的迎风面积（平方米），C 为阻力系数，对平面物体，它约为1（更精确的值，应查有关实验得到的数据），而对流线型物体，它只有约0.15。

为校验以上风阻公式是否大致准确可信，我们可用一具顶风时的大伞为例，计算该伞顶风时所受到的阻力。如取大伞的面积为0.8平方米，则当风速为每秒10米时（相当于每小时36千米），这时 $f=\frac{1}{2}\times1\times0.125\times0.8\times10\times10=5$ kgf。这个力和我们的经验大致相符，所以上面的风阻公式应该是可用的。

空气的阻力

再考虑"东方之星"客轮，其侧面的迎风面积约为540平方米，如果那次龙卷风的强度是12级，即每秒35米左右，则可以算出"东方之星"客轮那时受到的风力为42 000千克力。由于风力中心的高度约为6米，那么风对"东方之星"客轮就有倾覆力矩42 000×6=252 000 kgf·m，但是"东方之星"客轮的浮力有2 200 000千克力之多，在"东方之星"客轮倾斜40度后，其浮力中心即使只外移了半米，那么该船的恢复力矩仍有1 100 000千克力·米之多。可见，252 000千克力·米的风力矩是不足以倾覆"东方之星"客轮的，可它却真的倾覆了。这样，我们可以合理地推论，"东方之星"客轮的上层房间及家具太重（该船经过翻修后，上层结构变重了），以至于整船的重心过高。船被风吹斜后，导致重心移动量太大而超出了浮力中心。翻船的另一个原因可能是，当时的风力远不止12级。再一个可能是，吹船的阵风有几次之多。如第一阵风只吹斜船20度，之后船在自然频率的摇摆中，第二阵风又把它吹斜到35度，等船又回摆到近35度时，第三阵风就把它吹翻了。这三阵风的时间前后加起来也不到30秒，所以船上的乘客根本察觉不到。

"东方之星"客船倾覆后几个月，官方公布了专家组对这次事故的调查结果。专家组认为，"东方之星"客船倾覆时，遇到的不是龙卷风，而

是更厉害的"下击暴流"，以上结论是分析了事故周围几十千米内的气象记录资料而得出的。一般的船员都知道，正确应对大风的措施是用方向舵将船头对准来风的方向，以防风从侧面把船吹翻。但"东方之星"客船的船长报告说，事发时，风（同时伴有闪电雷鸣）已大到将船吹得连连倒退，以致舵机对船方向的把控完全失效。其实船一旦倒退，其方向舵控制船的方向性就会反转，那时舵手就会手忙脚乱了。最后"东方之星"客船横了过来，且被"下击暴流""击"翻了。

也有人说，如果船长发觉大风后能立即抛锚停航，那么大风就会把船吹成有利的船头迎风的状态。这个建议会有用吗（答案见书末解答之No.4.6-1）？据报道，中国新疆都曾发生过列车被大风吹翻的例子，那么，轮船被风吹翻就不难理解了。像"东方之星"客轮这样的倾覆事故在中国是十分罕见的，中国发生龙卷风的概率远小于美国龙卷风走廊（Tornado Alley）的概率。中国的长江流域虽会受到台风的影响，但台风一旦登陆，其风势很快就会衰减。当然，远洋邮轮在海洋上可能会遇上强台风，但当代的气象预报已能相当准确地报出台风的近期途径。这样，邮轮就可以预先驶离台风区。

如前所述，轮船在被风浪打翻后，只要船壳未破裂进水，那横卧在水上的船应不至于立即下沉，因为船壳内的空间部分还有浮力。为了进一步提高长江客轮的安全性，可考虑在甲板入口处设置由重力控制的、能自动关闭的水密门。读者是有可能想出这种水密门的结构的（答案见书末解答之No.4.6-2）。可船上的乘客仍需有救生衣，这样才能浮而不沉。

国外曾发生过一起奇特的沉船事故：一艘重载货轮有次在遇到滔天大浪时，一个浪峰竟把整只船从中间托了起来，以至于船头和船尾在瞬间都高出水面而腾空。船中间的那个顶浪又有很大的加速度，假设为$2g$，这样，那艘双向悬伸的悬臂梁船体中段的局部受力会达到$3g$，于是该船从中间折断成两截，当然它就立即沉没了。

折断的轮船

4.7　直升机的力学原理

中国的竹蜻蜓可能是最早利用直升原理的玩具。西方最著名的直升机设计方案是500年前由意大利多才多艺的达·芬奇提出的，他的设计构想如图4.7-1。

图4.7-1　达·芬奇设计的直升机　　　　达·芬奇

达·芬奇设想的直升机是由多人去推一个大螺旋桨转动的飞行器，该直升机依靠螺旋桨向下压空气的反作用力而上升，但是这个设计构想并未实施过。如果真实施，那么达·芬奇会遭遇什么结果呢？因为人力是推不快螺旋桨的，因此螺旋桨那微小的升力根本不够升起人和飞机。

　　达·芬奇极具想象力，他曾设计过多种独具匠心的战争利器。但可惜的是，他的大部分设计仅停留在定性设计阶段，并未作定量计算，因此他的某些设计（如直升机）存在力量缺陷。他无力做定量分析的原因之一是，那时牛顿力学还未出现；原因之二是，达·芬奇从小数学就不及格（他的拉丁文课也不及格）。可是，达·芬奇虽缺乏数学天赋，但这并不影响他的绘画造诣，他还创作了流芳百世的名作《蒙娜丽莎》。

　　著名的美国大发明家爱迪生早在1880年就研制过直升机，但他研制不久就放弃了。

　　乍一看，直升机的原理并不复杂，可是真正一实践，难题却接踵而来，以至直升机的问世比固定翼飞机晚了好几十年。经过多国研究者的不断努力，当前的直升机已发展到十分成熟的阶段。

　　在直升机的研制过程中，曾遇到过几个关键的问题。第一个关键问题是，直升机的旋翼很难精确平衡且各片旋翼的调整很难达到完全一致。这样，最初的直升试验机的旋翼就会剧烈地振动，从而带动整架直升机也发生剧烈震动，以至于试飞员都害怕直升机会被震散。事后对旋翼装置进行了改进，这才克服了震动问题。第二个关键问题是，发动机一旦带动大旋翼转动后，旋翼受到的空气阻力会使整个机身反向不断转动，显然这是不允许的。为防止机身反转，常用的措施是在机身的尾端装一个侧向小螺旋桨——尾桨，然后利用尾桨产生的拉力来抵挡机身的反转。尾桨产生的拉力要恰到好处，如过大或过小，则机身仍会缓慢旋转。早期的直升机飞行员需随时随刻精确调整尾桨的迎角，以保持机身不转。但在近代的直升机上，这种尾桨的拉力已能自动调整了。第三个关键问题是，直升机除了要升起外，还要前进，否则不能前进的直升机是没有实用价值的。要想使直升机向前似乎也不难，只要将旋翼的转轴做得向前倾斜一些就行，这样，倾斜的旋翼的升力就会向前产生一个分力，从而拉动直升机前进。但再一想问题就来了，旋转轴被固定在前倾位置的直升机就只能不断前进，而不能在空中悬停不动了。要想让直升机朝每个方向都能移动，应使旋翼的旋转面可随意向各面倾斜。具体的解决办法是，在朝上且方向固定的转轴上加装一个可向各面倾斜的转盘机制。这样，如直升机要向前飞（见图4.7-2），则旋翼每转到直升机后方时，就有一个小连杆将旋翼顶起一个小角*A*。但当旋翼转到直升机前部时，小连杆又会将旋翼拉下一个小角*A*。这样，旋翼的转动面就会前倾了。同理，飞行员利用操纵杆可以调节旋翼转动面向任意方向摆动，即直升机能向任何方向平动。

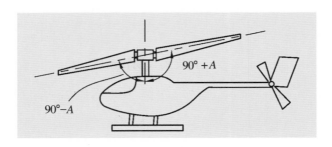

图4.7-2 直升机的前进原理

直升机还有一个关键问题是，在中速或高速前进的直升机上，旋翼每转动一圈，旋翼的行进方向有半圈会与直升机前进的方向一致。此时，直升机外向后退的空气速度就会与旋翼的速度叠加，这就使得旋翼此时的升力会明显增大。而旋翼在转动半圈后，因其运动方向反了，这时空气方向又会使旋翼和空气的相对速度变小，导致旋翼在这时的升力明显减小。显然，旋翼这种升力不平衡的效应将使直升机向侧方迅速倾覆。对此的应对措施是，适时调整旋翼相对空气的迎角。即在旋翼转到升力会增加的那半圈内，有一机构能及时将旋翼的迎角减少，以降低升力；反之，当旋翼转到升力会减小的那半圈内，该机构又会及时将旋翼的迎角增大，以补偿那减小的升力。由此看来，直升机旋翼的根部必然有一个很巧妙的机构，以随时调整旋翼的姿态。实际上，某些高级的直升机旋翼在旋转中竟能实现三至四种调节运动。所以，可以毫不夸张地把直升机旋翼的结构誉为人类能巧妙运用机构原理的登峰造极之作。

直升机除了采用尾桨来抵挡主旋翼的反力矩外，也可采用串联的两组旋翼来消除旋翼的反力矩，这时，一组旋翼正转，而另一组旋翼却反转。这样，两组旋翼的空气阻力距的方向就是相反的，刚好能相互抵消。使用两组旋翼时，并不一定非要用互相串联的方式。如美国支奴干中型运输直升机的一组旋翼处于机首，而另一组旋翼却装在机尾。又如美国的鱼鹰直升机，它的两组旋翼就采用了左右排列的方式。早期直升机旋翼的材料是硬铝合金，这种旋翼长期转动后，在离心力和振动变形的应力下，旋翼根部会产生细微的裂缝，所以铝合金的旋翼到一定使用寿命后就需用新的更换了。直到直升机旋翼改用玻璃纤维复合材料，人们这才彻底摆脱了旋翼会产生裂缝的困扰，现在的直升机已不需要定期更换旋翼了。

此外，我们在电视上看到的停在地面上的直升机的旋翼大都明显地夺拉着。这样，人们不禁生疑：那么软而无力的旋翼，转起来后怎么能拉起很重的直升机呢（答案见书末解答之No.4.7）？

直升机除在军事上得到广泛应用外，在民用上最有效的应用例子当数用重型直升机将山坡上砍伐下的巨木吊下山。因为在没有直升机之前，要从无路的山坡上运下巨木真是太难了。

另外，直升机能迅速到达别的交通工具难以到达的出事地点，以开展救援工作。作战飞行员都随身带有全球定位系统GPS，他能用无线电向救援直升机报告自己的精确位置（误差不到一个篮球场那么大），这样直升机就能飞到前线，将他救回了。

4.8　舰载飞机从航空母舰上滑跃起飞时的力学特性

4.8.1　概述

众所周知，俄罗斯的库兹涅佐夫号和中国的辽宁号航母上的舰载机都是从上翘的甲板上采用滑跃的方式来起飞的。这种滑跃的起飞方式是由英国的一位海军上校首先提出的，后经英国和俄罗斯的实践已基本成熟。

滑跃甲板起飞

最早使用蒸气弹射起飞的是二战时的德国 V-1 带弹无人飞机。

滑跃起飞的力学特点极易被误解，因此就很有趣，如想了解它，最好还是先分析飞机从水平航母甲板上起飞时的特性。

现以俄罗斯的苏-33重型舰载机为例，它满载武器和燃料时的重量约为33吨，在轻载时也有约28吨。

这种飞机在满载时，需在陆上滑行400米才能离地，但航母的全长只有约300米，而且甲板的后段还要留给飞机作为降落区，所以舰载机的滑跑距离最好不要大于105米。虽然必要时，舰载机滑行195米就能起飞，但此时的起飞区已占用了降落区，以至于飞机就不能同时降落。

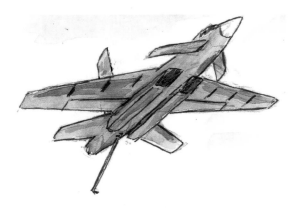

苏-33重型舰载歼击机

苏-33等近代歼击机都有强大的推力。为简化起见，我们假设苏-33在105米的起飞滑跑中的有效推力（已扣除空气阻力）平均为0.7倍的机重，也即有0.7g的加速度。在已知飞机的等加速度（0.7g）及滑跑距离（105米）这两个关键数值后，就可立即算出起飞加速滑跑的所需时间 t。由中学物理课本可知 $s = \frac{1}{2}at^2$，从而可得 $t^2 = \frac{2s}{a}$，现以 $a = 7$ m/s^2，$s = 105$ m 代入上式，即可算得 $t = 5.5$ s。

一旦知道了加速时间，就可以用公式 $v=at$ 算出苏-33在跑完105米时的末速 v。如以 $a=7.0$ m/s^2 和 $t=5.5$ s 代入上式，即可得出苏-33的末速为38.5米/秒或139千米/小时（在此，我们仍忽略了空气阻力的影响），这个速度还不能使苏-33产生足够的升力。这样，苏-33在越出航母的舰首后，将以约0.3g 的加速度向海面下坠，显然这是不允许的。因为飞机的高度一旦比航母甲板还低，就可能撞上大浪的浪尖，特别是当舰首又落在浪谷时。

为了使刚离舰的飞机不致下坠，常用的措施是使航母顶风且全速前进。如果航母的前进速度达到28节，即52千米/小时或14.4米/秒，那么航母的航速就可以加到（刚才算得的）飞机的末速上去，也即飞机相对于空气的速度会加大到52.9米/秒或190千米/小时，达到这个速度的轻载苏-33可能已不会下坠了。但对满载的苏-33来说，用这个速度离舰，仍可能下坠，不过只要不坠到浪尖，苏-33仍能成功起飞，这点以后还会细说（有人说，他从未见过挂满导弹的重载苏-33从航母上起飞的视频）。现在先讲一下轰炸机从轻型航母上成功起飞而被载入史册的有趣实例。

4.8.2　二次大战中首次轰炸东京的传奇往事

1941年12月7日，日本航母编队的零式轻型歼击轰炸机偷袭了美国的珍珠港，从而重创了美国的太平洋舰队。之后，美、英军队又在东南亚屡屡大败，以至于那时美、英军队的士气颓丧到了极点。鉴此，美国总统富兰克林·德拉诺·罗斯福（Franklin D. Roosevelt）遂要军方策划一次对日本的反击性轰炸，以恢复士气，这正迎合了美国海军将领急于报珍珠港被偷袭的一箭之仇的心态。可是，海军将领却又因航母上的歼击机不能带弹轰炸而一筹莫展（这是因为歼击机是和敌机作空中格斗时用

的），幸而一位年轻的参谋想到了一个办法：如果陆军的B-25中型轰炸机能从航母上起飞，那不就可以轰炸日本了吗？

美国的B-25轰炸机

拥有航空工程博士学位
的杰出特技飞行员杜立德

于是，海军立即派人咨询了时年已47岁的博士航空工程师、历史上第一个飞出筋斗的特技飞行员杜立德（Doolittle）中校。杜立德认为，B-25虽有可能从40年代还没有弹射器的轻型航母大黄蜂号上起飞，却会因B-25没有尾钩而无法在航母上降落。这样，执行轰炸任务后的B-25就只能降落到陆地机场。当时，最近的降落地是苏联远东的海参崴，但苏联碍于与日本新签的互不侵犯条约，故不许美机使用它的任何机场，即使美方将降落的美机白送给苏方都不行。这样，轰炸后的B-25就只能飞到中国浙江的衢州机场。如此一来，B-25的整个航程将达到约4 000千米，可B-25的设计航程只有2 173千米。于是杜立德提出，可将B-25上不是这次轰炸任务所必需的设备统统拆掉，这些设备包括一大部分机枪及其装架，110千克重的无线电通信设备和绝密的轰炸瞄准具等。这些省下来的重量可用来新增几个油箱，他们甚至在枪塔舱内塞进了10个汽车用的普通5加仑的小油桶。这样，改装后的B-25才勉强能达到4 000千米的航程。

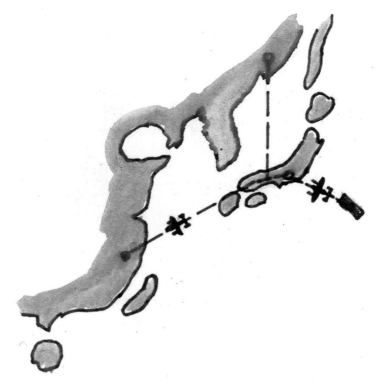

图 4.8.2　杜立德提出的轰炸东京的路径

　　杜立德的空袭计划报上去后，罗斯福大喜，他立即批准执行。

　　为了缩短航程，美国航母应尽量接近日本海岸。此计划于 1942 年 4 月 18 日实施，当航母编队离海岸还有 1 200 千米时，就被日本警戒渔船发现并立即用无线电报告给了日本军部。虽然该渔船随即被美国巡洋舰击沉，但航母编队已经暴露。杜立德怕日机会马上来袭，只好令 B-25 提前 400 千米起飞。

　　事后才知道，日本军部在接到发现航母的报告后并不在意，因为他们早就知道美国航母是不能起降轰炸机的。即使在不久后，他们又收到了日本巡逻机的报告，说发现了几架美国的轰炸机在朝日本飞来，但日本军部也判断为巡逻机看错了，他们认为那是不可能的。对16架B-25从大黄蜂号航母上起飞的情景，美军留下了珍贵的照片。

B-25从大黄蜂号航母起飞

那16架B-25以套裁衣服的方式互相穿插地排在航母甲板的后部，即使那样，能留给第一架重载B-25起飞的滑跑距离也只有142米。幸而天公帮忙，当时海风强到40千米/小时，加上大黄蜂号航母的航速极高，已超过40千米/小时。在如此有利的条件下，成功起飞后的B-25虽因油量有限，不能互相等待编队，但可以4分钟1架地飞往东京。其中1架还有幸与日本首相东条英机在日本上空相遇，这让东条英机大惊失色。那16架B-25在东京及附近城市的上空投完弹后，都往中国海岸飞去。只有1架B-25因燃油指示误报了少油，不得不飞往较近的海参崴。这架B-25下降后就被苏方给扣留了，5名机组人员也遭到了软禁。但后来，苏方把5名机组人员转移到苏联和伊朗的边境，于是那5名机组人员便乘机逃脱了。

还有15架B-25却交了好运，因为强劲的顺风使他们多飞了100多千米而到达海岸线，只有1架落入了近海。为保密起见，美方没有通知中方机场在夜里打开跑道灯照明，所以这15架B-25根本找不到机场，故全部损毁于坠机或迫降，而落地的大部分机组人员则获得了中国军民的救援，且被送至后方重庆。

杜立德本人在被送往重庆的途中，心想机队一下子全军覆没了，难免被追责。然而出乎他意料的是，事后罗斯福总统竟亲自给他颁发了最高荣誉勋章，而且还连升他两级，让他成为准将。3年后退役时，他已是中将了。

当时，美国还对杜立德的名字和B-25的起飞地进行了保密。所以，罗斯福在1942年4月21日答记者问时说，B-25是从香格里拉起飞的。

虽然这次轰炸东京的战果微不足道，可它却提振了美国军民在菲律宾战事失败后的低落士气，帮助他们重新建立起了信心。

当年，杜立德为什么敢在轻型航母上起飞满载的B-25呢？他应是掌握了飞行原理的精髓，从而能分析清楚一些特殊的飞行现象。常人会想：升力不够的飞机，一旦越出航母甲板，将会像落石一样一头栽进海里，这个情景真是太可怕了。但是用严谨的力学分析后，却会得出一个不合常理的推论：即那架下坠的飞机并不会坠海，而是能成功起飞。现说明如下：对一架速度和升力都不够的离舰飞机，它的升力如只达机重的80%，那么该飞机在离舰后的下坠加速度会只有自由落体加速度的20%，也即仅2米/秒²。如用物体等加速运动的公式 $h = \frac{1}{2}at^2$，就能算出那架飞机下坠了几秒后的下坠量 h。现 $a = 2$ m/s²，这样，对应下坠1秒、2秒和3秒的下坠量就分别是1米、4米和9米。可大黄蜂号航母的起飞甲板高出海面约15米，因此离舰飞机即使下坠了9米，它仍会高于海面6米。所以，只要当时的浪尖不到6米，那么下坠后的飞机就不会撞上

海浪。

此外，飞离甲板后要下坠的飞机会遇到两个能使它立即摆脱继续下坠的极有利因素。第一个有利因素是，飞机一旦下坠，它机翼的迎角会因航迹改变而立即加大（平均可加大约4度），这个增大了的迎角估计可使升力增大30%以上。第二个有利因素是，飞机在下坠的几秒内，因为发动机仍在工作，所以下坠飞机会继续加速，由此飞机下坠3秒后的速度会比下坠前又大了不少，这一速度增大量估计也能使升力增加百分之十几。据此，杜立德会想到，如果航母全速前进，在航母上起飞B-25就是可行的，B-25在离舰后即使下坠达3秒也无危险，并还能成功起飞。

常人会担心：从航母舰首下坠的飞机会不会立即发生姿态失控而一头栽入海中呢？凡是学过飞行原理的人都知道，飞机一旦失速，就会立即发生姿态失控。

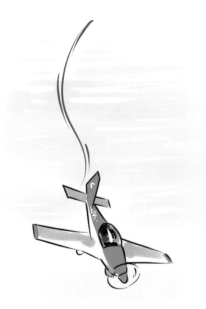

失速的飞机

螺旋桨飞机在失速后，因为没有多少气流会作用到机尾各舵面上，所以飞机通常会机头朝下地栽下去。而喷气机失速后，通常会机尾朝下或平着下坠。经典的说法是，1架在低空（如200米以下）失速的飞机，会立即坠地而机毁人亡。而1架在高空（如2 000米以上）失速的螺旋桨飞机，会以螺旋状的航迹下坠。这时，飞行员等飞机下坠到已有一些速度后，先用方向舵和副翼将飞机从螺旋状改为俯冲，然后再用升降舵把机头拉平。

二次大战中，日本使用的零式战斗机很轻，因而有很好的爬升性能，所以它一旦被美国的野猫式战斗机咬住尾巴后，就会用大角度向上爬升，这样跟在后面爬升的笨重的野猫式战斗机就会力不从心地先失速，然后开始螺旋下落。这时，日本的零式战斗机又变为俯冲，来到野猫式战斗机的后面，将失控的野猫式战斗机轻松击落。零式战斗机曾以这种战术屡试不爽地击落了很多野猫式战斗机，日本飞行员末田利行一人就有击落9架野猫式战斗机的记录。直到爬升性能比零式战斗机更好的美国地狱猫战机出现，形势才发生了戏剧性的变化。变为零式战斗机先失速，且成了地狱猫战机的靶子，最后连末田利行的零式战斗机也被击落了。看到这里，有的读者会想：如果追击的野猫式战斗机不跟着前面的零式战斗机爬升，那么它就不会失速了。但是，如野猫式战斗机不爬升而继续前飞，那么已爬高的零式战斗机会翻一个大筋斗，从而咬住野猫式战斗机的尾巴，使自己处在有利的攻击位置。

由于从舰首下坠的飞机已具有相当的速度，故其也具有良好的尾翼（舵）控制性能。与失速飞机不同，从舰首下坠的飞机即使在长达3秒的下坠过程中，其原有的飞机姿态也不会改变。在飞机下坠的过程中，只

要飞行员不乱操纵飞机，下坠中的飞机就能正常前飞。杜立德在分析了飞机下坠后的所有特性后，认为 B-25 即使从舰首发生较严重的下坠，也不会有什么危险，所以他才勇敢地接受了起飞任务。

速度慢点的飞机也不会坠海

杜立德曾先在陆上机场试验短距离起飞。有两架 B-25 在滑行了 100 多米后，飞行员忽然猛拉机头上升，结果两架飞机都因升力不足而坠在跑道上，且都折断了起落架。幸而飞机没有起火，因为它们事先都只加了极少的汽油。但杜立德马上就找到了对策，即令飞行员不再猛拉机头。

想提前拉起机头的 B-25 的下场（注意已弯曲的螺旋桨）

二次大战后，各国军方都要求：即使有大浪，重载的飞机也可以从航母上起飞。这样，水平甲板的航母上就必须装备弹射器，以借高压蒸气帮助飞机只用短距离就能加速到起飞速度。

4.8.3 滑跃起飞的特点

针对重载飞机在离舰后会下坠的难题，20世纪60年代出现了另一种起飞设想——滑跃起飞。当时的英国设计师应该会想到，如把航母的前甲板改成有上翘角（例如上翘角为14度，上翘高度为11米），那么从上翘甲板上飞离的飞机即可获得上翘甲板的11米高度，而且在离开甲板3秒后，从那飞过的（至少100米）斜上航迹上可再获得至少25米的高度。这样，离开舰首3秒后的飞机将高出航母36米，而离海面就有约40米以上的高度。这样，离舰的重载飞机即使升力欠缺了40%，应该也不会下坠到海面。况且飞机一旦下坠后，前面讲过的两个有利因素就会使飞机迅速摆脱下坠。

英国那位滑跃起飞的设计师必然也会想到，上翘甲板将飞机提升11米所需要的位能必然要消耗飞机的动能（以及发动机推力所做的一部分功）。简单分析可知，只要将飞机水平离舰时的动能减去将飞机抬高11米所需的位能，就应该是飞机飞离上翘甲板时的动能。而由这两个动能之差，就可算出从上翘甲板离舰的飞机，其速度会损失多少。现仍以重载的苏–33为例。前面已算过该机在水平起飞且跑完105米时的末速 v 为38.5米/秒，飞机的重量为33 000千克，那么飞机此时的动能为 $\frac{1}{2}mv^2$，即2 446 000千克·米。另外，苏–33升高11米的位能是33 000千克×11米=363 000 kg·m。这样，苏–33在滑跃起飞离舰时的动能就应是2 446–363=2 083 000 kg·m。而由动能表示式 $E=\frac{1}{2}mv^2$ 可以算出，苏–33滑跃起飞离舰时的末速为35.5米/秒，这个末速比水平起飞末速38.5米/秒小了3米/秒。速度降低8%，将导致升力降低约15%。由此可见，滑跃起飞时，离舰飞机的升力会比水平起飞时的低，这显然是个不利点。但滑跃起飞时，离舰后的飞机会离海面很高，所以根本不怕升力不足引起的严重下坠。以上例子中，采用了11米的甲板上翘值，即使上翘量为其他值（如14米），也会得到相似的结论。前面讲过的从水平甲板航母舰首下坠的飞机的各项特性，对从上翘甲板前下坠的飞机同样适用。另有一个区别是，从上翘甲板起飞的飞机和飞行员会受到一个由弧形甲板带来的向下离心力。这个离心力相应的加速度是v^2/r，式中的v为飞机的速度，而r为上翘甲板的曲率半径。如以v=35.5 m/s和r=190 m代入前式，就可求出人受到的离心加速度为6.6米/秒^2，即接近重力加速度g。由此可知，这样小的离心力并不会妨碍飞行员操纵飞机。其实，当今的民航客机在起飞后，往往立即就用很大的角度（如20度）来爬升。如读者仔细观察用大角度爬升的民航机会发现，其飞行的实际轨迹会明显低于飞机上仰后的机身纵轴延长线。这种现象意味着飞机正处在下坠中，即它没能爬上它应有的爬升航道。这种下坠和从上翘甲板上飞离舰首的重载飞机的下坠现象十分相似。我们平时之所以看不出飞机的下坠现象，是因为飞机向前进的距离远大于它下降的距离。因此，下坠只是使飞行轨迹稍微改变了一些。类似地，我们在电视上看飞机在作特技表演时，一般是看不出横滚倒飞姿态的飞机发生的下坠现象的。

互联网上对上翘甲板滑跃起飞优点的通行说法有两个：一是滑跃起飞能增大机翼的迎角，因此飞机的升力会增大；二是飞机上仰后，发动机的推力会偏上，从而有利于飞机的升高。其实只需稍加推敲，就能发现上面两种说法都是似是而非的初级错误。

错误之一是，这种论点的持有者把机翼与海平面的夹角误当成了迎角，这样就在迎角上误加了甲板那14度的上翘角。实际上，飞行原理讲的迎角应该是机翼和飞机航迹（即与空气流速方向）的夹角，也即机翼与甲板间的夹角。显然，这个夹角与甲板本身是否上翘无关。因此，上翘甲板能加大迎角的说法是不对的。

上翘甲板上飞机的迎角

至于第二个说法，则讲得相当含糊。要明确，就该如下讲：上翘甲板虽会使离舰飞机的末速及升力降低，但上翘的航迹能使飞机迅速变高而远离海面，这样由上翘甲板引起的下坠量加大将会被飞机航迹的大幅升高所抵消。事实上，在上翘甲板滑跃起飞的飞机的加速度会小于在水平甲板起飞的飞机的加速度。

写完以上内容，作者从网络视频上看到了美国E-2C预警机从弹射器弹出而飞越甲板时真的发生了明显的下坠约1米的现象，也看到了从上翘甲板旁的平降落甲板上也能顺利起飞歼击机的视频。

舰载机也能从平甲板上起飞

可以联想到，供滑跃起飞的航母可以采用很低的舰身，这就大大降低了航母的总重量，从而导致航母吃水深度的减少和所需动力的降低，这会是一个极大的优点。

看到此，相信读者已对滑跃起飞有一个比较完整的认识了。滑跃起飞的最大缺点是，不适用于那些推力比飞机自重小得太多的飞机，如推力不到飞机自重50%的电子预警机、反潜机和加油机等。可是，这些飞机却能在有蒸汽弹射器的航母上先开足马力，再用弹射器助力起飞。简而言之，滑跃起飞和蒸汽弹射起飞各有优缺点。滑跃起飞的最大缺点是，不能起飞固定翼预警机（但能起飞性能不如固定翼预警机的直升预警机）。蒸汽弹射器的主要缺点是，系统复杂笨重且技术难度大，它的高压蒸汽在开槽汽缸上，且目前还会漏出蒸汽。

俄国海军怕航母到了北冰洋后，那漏出的蒸汽会结冰，从而使甲板上的弹射装置卡死。据说，这也是俄罗斯航母不用蒸汽弹射器的一个原因。

4.8.4　飞机用弹射器起飞

蒸汽弹射器的力学原理并不复杂，但是弹射器的推动距离要求长达几十米。如采用常规的汽缸活塞杆方式，即使用动滑轮推钢绳的方法，可有效地缩短活塞杆的长度，可是，仍很长的活塞杆加上长汽缸将占去航母甲板下的太多空间，以至于以安排机库及升降机等。为了缩短弹射器的长度，美国采用的措施是省去长活塞杆。这样，就要在长汽缸的一侧开一个极长的槽，以让活塞连结件（滑刀）将活塞与飞机相连，但这个连结件就得随活塞一起全程滑动。由于汽缸内的蒸汽压力很高，所以，要密封高压蒸汽且使它不从滑槽旁泄漏出来就几乎不可能办到，但也不会难到只有美国才能解决的程度。据说，俄罗斯在某陆上训练基地内也有一套他们自己的蒸汽弹射器。

要彻底解决漏蒸汽的问题，最好的出路是放弃蒸汽弹射器，改用电磁弹射新技术。电磁弹射器用了一个瞬间功率特大的直线电机，以极大的推力去推飞机近3秒钟，这个瞬间电功率会达到3万千瓦左右。要提供那样大的电功率的一个可行办法是，先用一个不太大的电机去长期（如1~2分钟）加速一个巨大的飞轮和一台大发电机，这个飞轮在达到全速后就积蓄了极大的动能，在需要弹射的3秒钟内，飞轮将全部动能转给那台大功率发电机，此发电机再把瞬时的特大电功率传送给大功率直线电机。

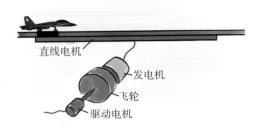

航母电磁弹射器的4个部件

以上电磁弹射器的主要部件有4个：一为飞轮，二为飞轮的驱动电机，三为发电机，四为直线电机。从设计角度来看，最好能省掉发电机和直线电机，而采用飞轮，并通过其他较简单的方法直接带动飞机，这种其他方法是有可能找到的。虽然已试过用离合器来传送大功率，可实践下来，却遇到了离合器易被损坏的难题，而且用飞轮也难以使飞机作匀加速运动。

4.8.5　舰载飞机在航母上降落的力学特性

一架飞机在陆上机场着陆后，一般需滑行几百米（甚至上千米）的距离，才能将飞机的动能完全消耗掉而停下来，但是航母上能提供舰载机降落后的滑跑距离很短，因此必须采用一种能使着舰后的飞机仅滑跑几十米就能快速停下来的专门措施——阻拦索系统，这种系统的原理见下图。

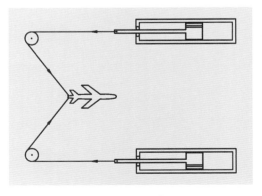

舰载机降落阻拦索系统

先需在舰载机的机尾下方伸出一根长拖杆，然后在杆的下端装上一个钩子，同时需在航母的舰尾甲板上拉上数根很低的钢绳阻拦索。这样，着舰后的飞机的尾钩一旦钩上任一根阻拦索后，还在向前跑的飞机就会拉动阻拦索前进（见上图）。这时，阻拦索经滑轮转向后，将拉动在一个长液压筒内的（可以前后滑动的）活塞立即向后运动，于是活塞就必须将活塞左边的液压油赶到活塞的右边。液压油在快速通过活塞的长小孔时会受到很大的阻力，而这个阻力 f（它先大后小，故要取平均值）将通过阻拦钢索去拖住飞机。那架还在滑行的飞机如要前进，就必须对阻拦索做功 $f \cdot s$，其中 f 是平均阻力，而 s 就是飞机再向前滑行的距离。显然，阻拦索会起到消耗飞机动能的作用。如果要将飞机的动能全部转化为飞机拉阻拦索的功，则应满足下列关系，即 $f \cdot s = \frac{1}{2} m \cdot v^2$，此式的右半部分就是飞机着陆时的动能。

用上式可以立即算出飞机的滑行距离 s 和相应的阻拦力 f 的大小。

下举一个计算例子，如某种舰载机的重量是 30 000 千克，其着舰时相对于空气的速度虽为每小时 240 千米，可相对于航母的速度却只有每小时 200 千米（即每秒 55.6 米），则飞机的着舰速度应取后者。

此时，飞机相对航母有动能：$\frac{1}{2} m \cdot v^2 = \frac{1}{2} \times \frac{30}{g} \times 55.6 \times 55.6 = 4\,637\,000\,\mathrm{kg \cdot m}$。

因此，阻拦系统的功要有 $f \cdot s = 4\,637\,000\,\mathrm{kg \cdot m}$。

从以上关系式我们可以看出，如减小了 s，f 就会增大；相反，如增大了 s，f 就会减小。

我们可对不同的 s 值算得相应的 f 值，并列成下表：

阻尼滑行距离 s（米）	10	20	40	60	80
作用在飞机尾钩的拉力 f（千克力）	464 000	232 000	116 000	77 000	58 000
飞机及飞行员受到的力（自重的倍数）	15	7.5	3.8	2.6	1.9

从上面表格中的数字可知，我们如取 s 为 10 米或 20 米，都是不明智的。因为距离 s 太短，肯定会对飞机和飞行员产生很大的作用力。估计 $15g$ 的拉力（最大拉力还会大很多）也会严重伤害飞行员，且可能把飞机拉断。

看来，s 取 40 米或 60 米就够了，此时对飞机和飞行员的平均拉力分别是 $3.8g$ 和 $2.6g$，这两个值应该都是足够安全的。然而 s 也不宜取 80 米，因为那样不但会使航母降落区的长度太长，而且会使阻尼筒和活塞的动程太长而不利。

我们一旦选定了 s 和 f，就可以开始设计阻拦索的液压阻尼系统了，如活塞直径（左右各一套）、小孔参数和阻尼油的黏性等。

不仅航母用了液压阻尼去对飞机减速，就是在其他领域，液压阻尼也是应用得最多的系统，因为它能把应该吸收掉的动能（不论有多大）完全吸收掉（先变成油的热能，再散到周围的空气中去），且不会有丝毫的反弹作用。一旦阻尼活塞完成工作动程后，它在回退的动程中，通常活塞上的一个回流阀门能自动打开，以使活塞能毫不费力地退回备用。航母上阻尼活塞退回的动程很长，但可以用电机拉动活塞退回。当液压阻尼系统用在飞机起落架及火炮后座器上时，通常都利用压缩空气来使活塞退回。当今，液压阻尼减震系统的最大用户之一是建筑物中的电梯。每台电梯通道的底部大多装有一套液压减震器，以防电路故障时，电梯轿厢会冲到通道底部而发生蹲底的意外，确保乘客不会受伤。

要特别提到的是，要想在航母上着舰，必然对飞行员的降落操作有非常严格的要求。设想，如果着舰时的飞机航迹低了几米，那么飞机就会直撞航母的尾部，这岂不等于在效仿（二战末期）日本神风特攻队员驾零式战斗机去撞美国航母，只是特攻队员的飞机还带着约125千克的炸药，所以其威力会比无载弹的飞机大约10倍。其实，神风特攻队驾驶的零式战斗机即使不带炸药，也已经够厉害了。据记载，有一架撞上美舰左侧而未爆炸的零式自杀机，它的残骸竟能穿透整个舰身并从右侧钻出来。战后统计，神风特攻队造成美海军27艘军舰沉没及5 000名官兵丧生。如那着舰飞机的航迹高了2～3米，那么又会发生飞机的尾钩不能钩上阻拦索的情况。然而这种情况并不危险，飞行员只要在1～2秒内猛推发动机油门并用操纵杆拉起机头，飞机就能再飞起来，这样他就可以绕舰飞一圈后，再次尝试着舰。

但是也曾多次发生发动机未能及时发出最大功率而导致飞机在飞完跑道后坠海的事故，所以现在的航母都会在跑道的尽头装上能电动弹起的飞机阻拦网。

为了降低飞行员着舰操作的难度，现代航母上都配备了（用菲涅尔光学透镜或其他技术）能引导降落的电子系统。

1944年6月，太平洋的马里亚纳群岛海域上演了一场特大规模的航母海空战。当时，美国有15艘航母参战。战争结束后，从美国航母群上飞出的飞机大获全胜而归。但当这200架美机准备回到航母群上时，天色已暗，飞行员连谁是航母谁是巡洋舰都分不清。而且当时的战时条例规定，航母不得开灯，以免招来敌方潜艇的攻击。可是，那些飞机的燃

油即将耗尽，已面临全军坠海之危。在此十万火急的情况下，美国海军中将米切尔果断下令开灯。此时，200架飞机的飞行员一起向航母喊话，要求紧急降落，这导致无线电联络完全瘫痪而无法指挥。一些先降落的飞机还来不及移走，后面的飞机就已经着舰了，于是几架飞机撞成一团，导致后来的飞机根本无法再降落。事后一清点，摔毁的飞机竟多达80架，创造了航母事故的世界纪录。

4.8.6　航母前栏杆之谜

从辽宁号航母的照片上可以看到，在上翘甲板的最前端竟竖有一排栏杆。

航母甲板前的碍事栏杆

显然，这排栏杆给飞机的起飞带来了很大的不利，因为这就要求飞机在抵达栏杆时，必须要有相当的高度，以避免撞上栏杆而发生事故。之所以在舰首布置栏杆，是因为航母设计者一时疏忽了？还是有其他深奥原因（答案见书末解答之No.4.8.6）？

4.9　能啃动岩石的巨怪——盾构隧道掘进机

20世纪末，中国各城市掀起了一股兴建地下铁路的热潮。兴建过程中，为了不影响城市的交通和建筑物，一般不采用在整条地铁线上都向下挖的大开盖方式。而是先在局部挖一个竖井，然后从井壁向侧面挖那很长的隧道。显然，要在地下土石内挖出一条直径接近10米且长达几十千米的隧道绝非易事。除早期的地铁是靠人力用小工具来挖成的外，近年来建地铁都采用专门的啃石头机器，即盾构机。过去，只有德国和日本能生产盾构机。现在，中国在进口盾构机的基础上，自主研制出了更好的盾构机，从而在短期内跃居盾构机制造强国之列。盾构机上有不少力学工程技术的精华。首先要在盾构机的一个大端面——工作面上装上成排的硬质合金刀片，这些刀片能够自转切割，整个大工作面用液压靠上岩石面，然后转动整个直径近10米的大工作面，去剥离坚硬的整面岩石。其次必须立即将那些切削下的大量碎石屑排出至地面。这个排屑工作最好不产生尘土，显然这是一个很困难的任务。幸而人们早在向地下钻探石油的工程中，就巧妙地解决了这个排出钻杆前面石屑的技术难题，该排屑方法见图4.9。图中，在中空的钻筒内，用泵压入比重较水大的泥浆。这些高压泥浆被挤出钻管前端后，能有效地夹带钻下的石屑，泥浆和石屑一起从钻筒外的空间上升而回流至地面。由于钻头切削岩石是在泥浆的包围中进行的，所以整个切削和排屑过程不会产生任何尘土。工程师在盾构机的切削工作面上也用了泥浆排屑法，那里有一个轴向螺旋泵把来自于工作面的泥浆先往后，然后经过长软管道运至地面。

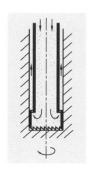

盾构机外形　　　　　　图4.9　用泥浆运走钻下的石屑

盾构机的第三个基本功能是，给刚挖的长隧道自动铺设抗压管壁。每节不长的管道是由6片壁块拼成的。

由6片壁块拼成的管道

那6片由钢筋水泥浇铸而成的壁块被自动拼成一个圆环后，再由螺栓连成一体，并且这个新的环段也用螺栓与以前的环段相连。盾构机的另一个功能是，能自动推它那重达几百吨的机体沿自己掘的隧道直线前进。由于其行进的弯曲误差不能大于1厘米，通常盾构机上都配有用激光来定向的专门仪器。

盾构机的功绩使中国城市的地铁建设在短短的20年内达到了世界领先地位，中国上海和北京的地铁长度已一跃而雄居世界第一位和第二位。

4.10　真空磁悬浮管道运输

众所周知，各种运输工具（飞机、火箭、高速列车等）一达到高速后，就会遇到极大的空气阻力，所以不但要耗费大量的燃料，而且也限制了运输工具所能达到的最大速度。早在1922年，德国工程师赫尔曼·肯佩尔（Hermann Kemper）就提出将管道内的空气抽走，这样列车在真空管道内运行就不会有空气阻力。此外，一般的车轮也会限制列车的速度，所以他同时也提出用磁悬浮来代替车轮的设想。一直到1997年，达里尔·奥斯特（Daryl Oster）才取得了真空管道运输的专利。

中国从21世纪初开始真空磁悬浮管道运输的正式研究，并在政府的大力支持下成立了相关的国家实验室和研究队伍。

但是，研究队伍称他们的真空管道运输目前还处在理论研究阶段，尚未有大规模的实验设施。据英国报纸说，真空管道运输一旦成功，英国伦敦的企业家早上只需花4分钟的时间，就可以到达5 000多千米外的美国纽约去上班。中国研究团队对真空管道运输研究的首期目标是，实现每小时4 000千米的速度。虽然这个速度比理论上可达到的每小时2万千米小很多，但已比当今喷气民航客机的速度（每小时850千米）快了4倍多。

作者用计算校核了从伦敦到纽约只需4分钟的可行性，得出的结论是：纽约车站的工作人员在打开列车门后，竟没有一位乘客走出来，再一看，乘客都一命呜呼了。原来那位撰稿人在计算那4分钟时，忘掉了要计算列车载人时必须要有的加速时段和减速时段。如以人能忍受的5倍重力加速度去计算列车的加减速，那么伦敦到纽约的最短时间，理论上也只可能短到12分钟，3倍于英国报纸说的4分钟。

现在请读者和作者一道，分析真空管道运输这一新事物会有哪些特点。

首先是对管道内的真空度应提什么要求？目前，在一般的实验室或工业设备上，都能获得很高的真空度，即达到管道内的残留空气只有未抽前的百万分之一。但是要把长达1万千米的大管道内的空气都抽到只留百万分之一，非但完全没有必要，而且在技术上也难以实现。由于空气阻力是与空气密度成正比的，所以我们如要将空气阻力减小到只有原来的千分之一，那么我们也只需抽掉管中的大部分空气而允许残留千分之一的空气。对每小时4 000千米的首期目标，空气阻力只要减至大气阻力的几百分之一，甚至百分之一就够了。因此，相应的真空管道内就允许残留几百分之一的大气，这是很容易达到的指标。作者在70年代就能使天文仪器的真空镜筒内的大气密度长期保持在几百分之一以下。

要将长达数千千米的大管道（如直径为4.5米）内的空气密度抽到只有几百分之一，只需数百台大型（比较简单的）机械抽气泵连续抽1~2个月就能完成。一次抽气后的管道能保持百分之一密度的状态长达数月，在今后的运行期间，也只需开动少数泵，以抽去从各管道接缝处（虽已有良好的密封）慢慢渗入的空气。

至此，我们可以放心地说，在未来的真空管道运输技术中，真空并不是问题。

4.10.1　列车的磁悬浮和磁力推进

现在在上海运行的磁悬浮列车离轨道的空隙约为1厘米，这是德国的磁悬浮技术，而如用日本的技术，上述空隙会达到约10厘米。后文会讲到真空管道的磁悬浮应采用大空隙的原因。

本书不拟细讲磁悬浮和磁推进这一专门技术，反正已有研究队伍在长期研究这个问题。在真空管道运输上采用磁悬浮和磁推进，似乎还未见不可克服的困难。但是每小时4 000千米的管道运输速度，比现有的磁悬浮列车的每小时300~400千米的速度高出许多，所以在今后的实验中，或许会冒出未能预料到的技术问题。

4.10.2　进出列车的问题

有人曾提到过，乘客从车站进入真空管道内的充气列车，会有技术性困难。但如用下图的办法，似可以简单地解决这个人们担心的密封漏气问题。

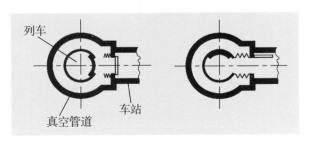

密封列车和车站的波纹管连接法

4.10.3　电力供应问题

由于真空磁悬浮管道运输的高速列车在运行时的空气阻力很小，所以列车消耗的电功率是不大的，主要的电功率可能是用来悬浮起列车的。但是列车在加速和减速的短期内（在分钟量级），电磁推力需大到列车自重的一半左右，因而列车在加减速阶段所需的电功率就会比较大，可由于真空磁悬浮管道运输的列车总数并不大，所以它们全部的电功率消耗也不会太大，估计在全部管道沿线建一个（或几个）小发电厂就行了。

可是作者依照自己的经验，感觉真空管道内的供电可能会遇到一个不会想到的问题，就是大气是良好的绝缘体，所以人们在用裸导线输送几十万伏特的高压电时，一对导线间并不会产生漏电问题，但在抽成稀薄空气的半真空管道中，两根平行的裸导线（供列车所需的电功率）在某种条件下，线间的高电压竟可击穿线间的稀薄气体，从而产生短路电流，还会发出强烈的闪光，造成供电完全失败。

所以在半真空管道运输中，如何避免两根导线间发生电压击穿问题，似乎必须先经过研究和实验。人们如找不到在真空管道内向列车供电的方法，那么可说真空磁悬浮管道运输将难以实现。

4.10.4　真空管道的结构

用于真空运输的管道，由于受到的外部大气压力不大，所以压力不是问题。但是管道极长极多，所以降低制造管道的成本就会变得很重要。习惯上，真空设备上的管道都是用昂贵的不锈钢制造的。但对用于真空管道运输系统的管道，由于其内的真空度不高，所以这种管道并不一定要用不锈钢，而是可以采用普通碳素钢管，甚至可采用更便宜的钢筋混凝土管（就像普通地铁管道那样）。为防止钢筋混凝土管道漏气，可以在管道内壁加敷合适的专用薄防漏层。

4.10.5 对管道直度的要求

研究人员必须分析对高速运输管道应该提怎样的不直度允差要求，因为该要求如提得过高，不但在技术上很难实现，而且会使建设管道的成本大增。而如误提了太低的管道不直度要求，则超高速运行的列车又会产生振动，甚至发生严重事故。

我们先分析管道的短距离不直度允差，这个短距离如取10米，假设在管道内行进的高速列车每前进10米，就因管道不够直而连续侧移2毫米，那么列车会在侧向发生多大的加速度呢？为求出这个加速度的大小，需先知道列车的速度。如列车以首期目标每小时4 000千米（或每秒1 111米）的速度前进，则列车通过10米的时间为 $\frac{10}{1\,111} \approx 0.009\ \text{s}$。我们假设在10米路程中连续侧移了2毫米，那么在9毫秒内移动2毫米的侧向移动速度就是 $v = \frac{s}{t} = \frac{0.002\ \text{m}}{0.009\ \text{s}} = 0.22\ \text{m/s}$。而此种侧移相应的加速度 $a = \frac{v}{t} = \frac{0.22\ \text{m/s}}{0.009\ \text{s}} = 24.4\ \text{m/s}$，即已达到2.4倍的重力加速度。这么大的加速度已经值得重视，这说明高速列车与管道之间已不能刚性连接，否则列车与管道之间由仅仅2毫米不直度引起的振动，就可能发生共振而酿成重大事故。所以我们应将列车与管道用一种缓冲机构连接，而且这个缓冲距离还不能太小（如只有毫米级），这就是管道磁悬浮列车应该选用悬浮距离接近10厘米的日本技术的原因。

即使磁悬浮列车的允许可移动距离达到了几厘米之多，但如果磁悬浮对振动后的列车不能有效地得到阻尼，则列车在不断遭到管道不直度的震动后，仍可能发生可怕的共振。因此，在列车和磁悬浮装置之间还必须有另一套液压阻尼装置，以有效地吸收列车的振动和防止发生共振。

以上假设的每10米的连续不直度允差2毫米的要求并不太高，施工中应不难达到。至于液压减震系统也不难实现，如果液压系统够好，我们就可以降低对磁悬浮系统的某些要求，这样，德国的系统也有望被成功应用。

下面再分析一下，对管道应提怎样的长距离不直度允差。对长距离的不直度影响，我们可近似地认为，这种不直度是一段曲率半径很大的圆弧。这样，我们就可以方便地分析高速列车沿圆弧轨迹运行时的受力情况。

我们应先选定乘客在高速列车内所能承受的最大离心力，此力可选为0.5倍重力，即约0.5g（如再大，乘客会感到不适）。在已知列车速度为每小时4 000千米（每秒1111米）和离心加速度为0.5g这两个参数后，我们由离心加速度公式，就可算出真空管道允许的曲率半径 $r = \dfrac{v^2}{a} = \dfrac{1\,111 \times 1\,111}{5} = $ 246 864 m 或 247 km。可见，这是一个非常大的曲率半径，它意味着长管道必须非常直。为得到一个更具体的概念，我们分析以上长管道在每2千米内的允差（弯曲部分的弦高）如下图。

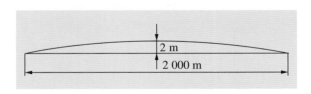

长管道的允许弯曲

从上图可看出，此长管道每铺设2 000米，其间的凸出量只允许2米。其实，前面提到的长管道每前进10米只允许偏差2毫米的要求，意味着每前进2 000米，只允许偏差0.4米。虽然这个2米的平直度要求不算太高，但也只有在平原和草地上才容易达到。而真空管道运输全线长达数千至上万千米，其间长管道必然要穿过丘陵及山地，那么在起伏不平的地形上要达到每2千米只许弯2米的要求，似乎只有两种办法，即要么把这段长管道建在许多高墩子上，要么采用城市地铁那样的隧道。虽然上述两种办法在技术原理上是可行的，但从工程量之浩大和需投入的资金上来说，几乎是不可行的。况且这种洲际真空管道还必须通过（地球）板块在移动的地区，如大西洋中部的大裂缝区或环太平洋的两大地震活动区。

虽然从理论上说已存在一种简单机制，只需用1个环和4根螺钉就可以调节长管道的X、Y、Z三个方向，以使管道在200年内不受地壳缓慢移动的影响。但要保证长管道在数千千米内处处都满足其曲率半径大于200多千米的直线度要求，还是会妨碍政府下决心去开展如此费钱费力的工程。

我们可想到，单建立一套实验用管道就需巨大的投资，因为要使一辆（即使缩小的）列车有合适的加速段和减速段，相应的真空管道就要长达数十甚至上百千米。要建设这么长的真空实验管道，将需要投入大量的资金，这或许就是各国都还没有真空管道运输实验装置的原因。

总之，真空磁悬浮管道运输在技术上似乎没有不可克服的困难，好像是可行的，但实行起来会遇到要铺设很直的长线路的实际困难，这会需要巨额的投资，故人们不得不仔细权衡得失。

另外，要利用真空管道运人，就应特别注意乘客的安全。因为列车是在超高速运行的，所以一旦发生相撞事故，就连人的尸体都找不到了（因为人已变成一缕青烟）。

第五章
似是而非的力学解释

人们对一些力学现象都有相应的解释。可以说，那些解释的绝大多数都是正确无误的。但也有一些未能抓住要害，或者流于片面，甚至完全错误。最常见的错误是，对一种力学现象只看到了一个片面或是只作了定性解释。如再作定量分析，就会立即发现所采用的解释之效应并不能大到足够引起那种力学现象。

人们的认识会有片面性的一个例子是：一位老师在课堂上给学生做实验。他先让学生蒙上双眼，然后从包中取出一件东西放在讲台上，再请3个蒙眼的学生每人摸这个东西2秒钟，并让他们说一说摸到了什么。结果第一个学生说，那东西是一堆生猪肉，而且表面全是滑溜溜的肥膘；第二个学生说，那东西是一根管子；第三个学生在摸时，那东西居然发出声来，于是他说那是一支喇叭。后来，大家睁眼看到的却是一只活鹅。以上例子说明，对事物如不全面了解和考量，就会得出十分不同的错误结论。

蒙眼摸物

下面讲一些作者遇到过的关于力学现象的似是而非的解释。

似 是 而 非 的 力 学 解 释

5.1　汽车是靠螺旋桨拉着才会跑的

　　作者在航空学校当学生时，一次在听老师讲当时的飞机都是靠螺旋桨把空气向后推，螺旋桨受到空气的反作用力而拉动飞机往前跑时，听见一位同学说："汽车呀汽车，我本来还不知道你是怎么会自己跑的，今天听课后才知道，原来你也是靠螺旋桨拉着跑的啊！"这个近于笑话的解释，其原因是那位同学只片面地看到了汽车发动机前面那个极像螺旋桨的水箱散热风扇，而完全无视汽车发动机带动车轮转动的事实。

汽车发动机前的水箱散热电扇

　　另一原因是，那位同学对汽车那个小风扇的拉力完全缺乏定量概念。小风扇的拉力怎么也不会大于1千克力的，那么小的拉力怎么能拉动汽车快跑呢？显然那位同学在这里犯了个严重的、只定性而不定量的错误。

5.2　飞不起来的自造飞碟

　　2014年，国内电视上曾出现过一台自造飞碟的录像。设计者在一台大如轿车的飞碟外围，装上一圈斜放的风扇叶片。然后他对记者说：只要飞碟外围的叶片一转，就会将空气打向下方，这样空气的反作用力将会使叶片上抬，于是叶片就会使飞碟和人一起飞起来。

自造飞碟

　　这位飞碟制造者想出用叶片来升起飞碟，只是从定性上说明叶片能够产生升力，却未对飞碟起飞所需功率和力的大小作过定量计算。实际上，那些叶片在一台区区农用12马力的小发动机的驱动下，仅能作低速旋转，且叶片拍打空气得到的推力是极小的。空气对叶片的升力不会超过10千克力，显然这个升力是托不起飞碟外壳、人和发动机那几百千克的重量的。

5.3　诸葛亮木牛流马的一个复原

　　2014年，某电视台播出了一个复原的诸葛亮木牛流马的表演并对它给予肯定。那个木牛流马被设计成一辆独轮车，当人推车而车轮转动时，轮轴通过曲轴和连杆，竟使独轮两边的负载（如米袋）一上一下地作起大幅度的往复运动来。节目主持人引用设计者的话说："这种货物一上一下运动的惯性，能减少独轮车行进的阻力。"

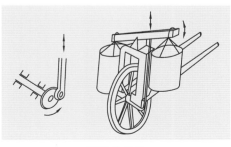

惯性的乱用

这种听起来似乎有些道理的解释，其实毫无道理可言。因为货物一上一下运动的惯性是不会产生任何向前的推力的。正如用车轮去带动一个飞轮转动，但飞轮的惯性并不会帮着推车一样。实际上，货物一上一下的动能也是人力推出来的，货物的惯性只是使车易于越过小障碍物而已。严格地说，货物一上一下运动过程中所产生的摩擦损耗（虽然它不大）还阻碍了车的行进。如果那车的设计者去精确测量独轮车在货物相对静止时前进20米所做的功，与货物上下摆动同样也前进20米所做的功，那么肯定后者更大。

奇怪的是，那电视节目的科学顾问竟同意这个似是而非的解释。现在看来，诸葛亮的木牛流马很可能就是普通的手推独轮车。古人很可能是在独轮车的四角装了四根竖脚，以便独轮车不走时停得更稳些。木牛流马不大可能是四足行走的，因为四足行走的车没啥优点（除非行走在特别崎岖的地方）。

5.4　骑自行车时，只有脚向前下方踩，才有助于前进

作者在年轻时看过一本名为《力学图说》的科普书，书中讲到人在踩自行车的踏板时，一般都是垂直向下踩的，可这样的踩法却不如脚向前下方踩。如脚向前下方踩，就会产生一个向前的分力，此力有助于推动自行车前进。

现在请读者想一下，上述讲法对不对。其实，那本书的作者犯了一个致命的错误，即忘掉了力的反作用定律。因为按该定律，骑车人的脚如往前下方踩，那么这个自行车的脚蹬就会有一个反作用力把人向后推，此力最终会作用到车坐上。所以说，自行车在脚蹬上得到的向前力会被车坐得到的向后力全部抵消。因此，人往前下方踩对自行车是绝对

脚朝前蹬车

没有助推作用的。至于人脚向前下方踩有用，则是靠了人的重力这个外力，所以自行车才会前进。显然，骑车人不靠重力而只是用内力去前推车把，是不能使车子动的。

5.5 空中捕飞机网的可行性

民国时期，一位著名的军事理论家在他的一本军事著作的附录中，介绍了他的空中捕飞机网的设想。那个设想说，在地面布置四门高射炮，让它们位于一个（边长如为100米）正方形巨网的四角。当敌机飞临上空时，四炮同时发射，四发炮弹就会拉着大网直扑敌机。这样，敌机一被大网缠住，自然就只剩死路一条了。至此，读者可先想一下这个设想是否可行。

空中捕飞机网

其实，那位军事理论家已将中学课本中的牛顿惯性定律和物体加速度定律忘得一干二净。因为本来静止躺在地上的大网，如能突然被加速到出膛炮弹那样的高速，那么大网的瞬时加速度将大得不可思议。假设网自重400千克，而要使它跟上炮弹，就需要大到100 000千克力以上的拉力。这么大的拉力，肯定会把大网四角的绳子拉断，而大网则仍会躺在地上。

二次大战中诞生了火箭炮，因为火箭发射时的加速度远比炮弹小。如用火箭代替炮弹去拉大网，那么拉大网的绳子就可能不会断。另一方面，现代飞机的速度已比20世纪30年代的飞机快得多，如果火箭拉大网上升得不够快，就会错失捕飞机的良机。但人们可用多枚火箭在敌机前方提前3秒发射一个垂直的大网，从而形成一个巨大屏障，这样高速的敌机就会因惯性而一头栽进大网了。

看来，如在敌方直升机会经过的地点布置这种能发射屏障大网的火箭，可能会成为对付敌机的撒手锏呢！近代的武装直升机都有很好的防御性能，在直升机的要害部分的下面，一般都有能防御敌方地面轻武器子弹的装甲。此外，武装直升机上还有主动防御系统，一旦直升机被敌方的激光或雷达照到后，主动防御系统会发射出反击导弹或者放出许多假目标以误导地对空导弹。但是，武装直升机似乎还没法躲避空中捕飞机网。

5.6　马车前轮小的原因

别莱利曼写的《趣味力学》是科普界的传世名著，自出版以来，已被译成多国文字而享誉世界。可作者在阅读了该书最近的中文版后，却发现了一些概念性错误。书中说，马车前轮之所以小于后轮，是因为前轮轴一低，那个比前轮轴高的马的拉力就会对前轮轴有一个向上的分力。正是这个分力，拉动了前轮向上越过挡在轮前的障碍物。书中还附有一张示意图，现简化成图5.6。

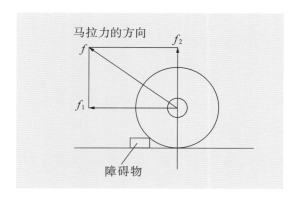

图5.6　马车前轮的受力图

小前轮的马车

　　该书说，正是因为小轮子的轮轴低，所以马的拉力 f 才能有向上的
分力 f_2，从而拉动车轮向上去越过障碍物。书中又说，如果前轮很大，
那么马的拉力的方向就会变得水平，如那样，则拉力 f 不管怎样，都分
解不出向上的分力 f_2。对以上说法，读者如重读本书第四章中对车轮的
叙述，一定可看出错在哪里了。根据力矩原理可知，水平的拉力也会使
车轮升高而越过障碍物。实际上，车轮能越过障碍是靠马车的动能来实
现的，并不是该书所说的靠马的拉力的那个向上分力。

　　该书作者还犯了一个明显的错误，就是他只想到了马车的前轮，而忘掉了后轮，正像前文讲过的蒙眼摸鹅一样，那个大后轮又为什么能越过障碍呢？因为马的拉力通过车架而传到大后轮的高轴上时，是分解不出向上的力的。可后轮却能越过障碍物，那么前轮为什么就越不过呢？

　　该书曾多次再版，但那个对马车前轮的错误解释竟能保留长达百年，真是太难理解了。

　　那么，马车用小前轮到底有什么原因呢？其实从力学上来说，马车的前后轮都可以采用大轮子，西方军用载重马车的前后轮就都是大轮子。马车用小前轮，可能并不是力学上的原因。作者觉得很可能是因为马车赶车人的座位正好在前轮之上，如果马车的前轮用了大车轮，那么赶车人就会明显地高出马车后座上的乘客（因为马车的后座处于前后轮中间的低凹处），而乘客又不乏贵族。贵族前面如果出现了一个高高的赶车人，除会挡住他的视线外，还会使他感到很不自在。于是贵族们就下令，把马车的前轮做小以降低赶车人的高度。读者可能不大相信贵族会有那种心理，这是因为当代人已基本平等了。而在几百年前，主仆还是分得十分清楚的。记得历史上曾有如下记载：

清朝的慈禧太后曾进口了一辆德国的奔驰汽车，当她要试乘时，却发现汽车司机不仅要与她平起平坐，还要坐在她的前面。于是，她便令那名司机跪着开车，而这样，司机的

脚就既踩不到油门也踩不到刹车了。因此，司机只好尽量把车开得很慢，但他还是撞到了颐和园的一棵树上。幸好慈禧太后没有受伤，可她却要杀掉那名司机。后经别人劝说，司机是因为跪着才无法刹车的，慈禧这才作罢。

看完以上内容，读者或许就会相信，贵族是不能容忍马车夫过分高于自己的。

其实，贵族还有一个使自己比赶车人高的方法，就是把自己的座位弄得很高。但是，这样不仅会使上下车不便，还会使整辆马车的重心提得太高。万一马在受惊后来一个急转弯，那么高马车在离心力的作用下，将很容易侧翻而伤到车上乘客。所以，既然贵族不能抬高自己，就只剩下降低赶车人这一个办法了。

5.7　竞速帆船的水下稳定板能拉船前进

竞速帆船在船身下有一块颇大的稳定板（中央板或中插板），它的功用主要是阻止船在受风时产生侧向移动及防止船被风吹得侧翻。

竞速帆船下的稳定版

上千年来，人们都认为风力是帆船前进的唯一原因（人力划桨除外）。但是近年来，互联网上有一位外国人提出：帆船下的稳定板也能产生一定的拉力，从而帮助帆船前进。他举了一个生动的例子来说明船下稳定板产生的水力和作用在帆上的风力如何共同使帆船前进，就像人用两根手指紧捏一片薄湿的肥皂，那块肥皂会猛地向前滑出去一样。至于船下稳定板能产生拉力的原因，他不无自豪地提出，这是他对伯努利原理的一个深层认知，如图5.7所示。

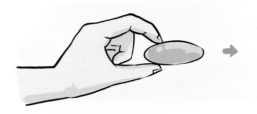

肥皂的滑出

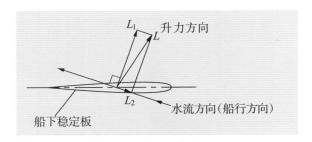

图 5.7

他发现，原来有仰角的船下稳定板在水流的作用下，由伯努利定理产生了升力L，而这个升力L的方向竟然是偏向船行方向的。于是，L的分力L_2就成了能拉船前进的有效拉力。但细究以上说法后会发现，那位提出上述理论的人只片面地看到了船下稳定板的伯努利升力，却完全忘掉了船下稳定板在前进时所受到的水的阻力，而且作者可以断定，那个阻力一定是大于前进力 L_2 的。何以见得呢？如果驾船者将行进中的风帆落下，以完全丧失风力，那么按他的说法，分力 L_2 将会继续拉那艘帆船慢慢前进，这样那艘帆船就会成为一个永动机。而众所周知，永动机是根本不可能存在的。

这样看来，那位外国人真犯了一个对事物只作片面分析的初级错误，正像前述的蒙眼摸鹅一样。

5.8　从侧面能看到强光柱是因为光线是可见的

大家都看到过，舞台的幽暗背景上常伴有明亮的光柱，而这些光柱通常会照射在表演者的身上。此外，手电筒也能在黑暗中照出一道光束来。人们往往误以为光是能从侧面被看到的，尤其当光比较强时，就更能被看到了。

实际上，当光束通过空无一物的空间时，人眼从侧面应该是看不到光线的。人眼之所以能看到物体，是因为光从那个物体表面反射来，或者是从光源直接射来，从而进入我们的眼睛。那么，舞台上光柱经过的地方并没有什么东西，可那个光柱为什么能被我们看到呢？

原来，舞台那光柱中并非空无一物，而是飘浮着无数的灰尘，正是这些灰尘反射了光，才让我们看到了光柱。只是那些灰尘亮点太远，我们不能一一分辨而已。

如果我们靠近室内的一缕阳光，就可看到被阳光照亮的无数飞舞着的灰尘微粒。在地球的重力场中，灰尘也应该下落，但本书在第二章中讲过，越小的物体，其受重力下降的速度会因空气阻力较大而较慢。所以对那些直径小于几微米的灰尘微粒，空气阻力会使它们的自然下降速

度慢到 1 小时才几米的程度，这样小的下降速度已远远小于近地面对流的气团和微风的速度。因而，我们在室内的阳光束中根本看不出灰尘在下降，我们只能看到灰尘在作无序的各向飘动。

显然，如果某处空气中的灰尘越多或者颗粒越大，那么该光束看起来也会越亮。

天文学家在用小望远镜初次观测土星时，竟留下"土星两边有耳朵"的记录。之后才知道，所谓的耳朵只是土星外的高速旋转的多圈碎冰块。那些碎冰反射了太阳的光，因而形成了多圈光环。

城市空气中的灰尘无疑会多于乡村，这是因为城市中会大量燃烧煤（工业的及民用的），从而放出很多的烟尘。其次，汽车的尾气也会排出大量的微粒。另外，城市居民的身上也会掉落数量惊人的皮屑。据说，每人每天因新陈代谢掉落的皮屑就有 600 万颗之多。可以说，人走到哪里，他的皮屑就会掉落到哪里，而且会残留在地面的凹处。侦缉犬正是靠嗅留在地面凹处的疑犯的皮屑，才追踪到疑犯的，而不是靠几小时前疑犯留下的体味，因为那个体味经过几小时的风吹，早已消失了。

5.9　古人自从有了指南车，就不再需要指南针了

据历史文献记载，中国有几个朝代都设计制造过指南车。据说，指南车位于浩浩荡荡行军队伍中的最前面，由马牵引或由人推行。指南车上站有一名总是伸手指向南方的木偶，木偶的站立方向与指南车两个轮子之间有某种联动机构。当指南车向一方逐渐转向时，车的左、右两个轮子转过的角度会略有不同，这种不同会通过机构使木偶的方位反向转动，从而使木偶手的指向能保持向南不变。因此有种说法是，古人有了指南车，就不再需要指南针了。也有一种说法是，指南车只是皇帝御驾

亲征时威武仪仗队里的活动摆设而已，并无多大实用价值。

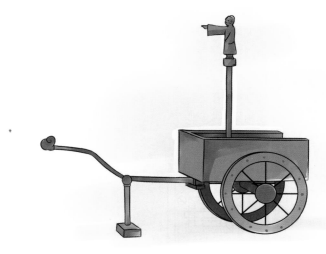

指南车

由于文献记录中没有指南车内部机构的详细描述，所以当代对这种内部机构就有了多种猜测。

一种最可能的猜测是，指南车的轮轴上装了一套行星差动齿轮机构，这种机构目前应用在汽车的后（或前）轴上。这是因为，汽车一般是由两个后轮（或前轮）驱动的，如果把左右两个轮子简单地固定在同一根轴上，那么左右两个轮子的转速就会完全一致。但是汽车在（小）转弯时，两侧轮子的转弯半径会有很大的差别，所以两个轮子转动的角度也会差很多。如将左右两个轮子简单地装在同一轴上，它们就会与地面产生严重滑动而迅速磨损，转弯的阻力也会随之增大。为了解决这个难题，聪明的工程师将轮轴分成左右两段，当车转弯时，左右两个轮轴就可以自行调节到不同转速。为了能同时驱动转速并不相同（车直行时，又要相同）的两个轮轴带动车轮旋转，在两个轮轴的相近端必须装

上一组行星差动齿轮机构。由于这套机构相当复杂，这里就不细讲了。其实，读者如细看附图就能理解，当两个轮子转速相同时，指南木偶的立轴是不会转动的，但当一个轮子不动了，而另一个轮子转动半圈后，指南人的立轴就会反转半圈。

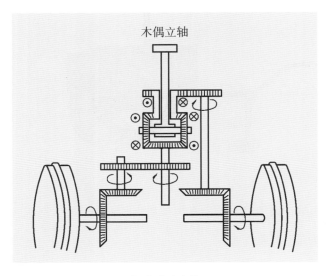

行星差动齿轮

现在看来，张衡的指南车中很可能也应用了这种巧妙的行星差动齿轮组。因为如不用它，今人就想不出别的机构能使指南车指南了。尽管指南车可指南一事在原理上是无懈可击的，可在实用上，指南车却不能离开磁石指南针的校正。因为指南车在行进开始前，为了拨正指南木偶的指向，就必须依赖磁石指南针。而且指南车行进一段时间后，木偶指南的方向必将产生显著的误差，这时又要用指南针去校正指南车的指向。因此，指南车也真的只能起到仪仗队的活动摆设作用。指南车之所以直行时也存在指示偏差，原因其实很简单，就是指南车的左右两个轮子一旦使用后，就会因与地面磨损不同而导致两个轮子的直径不再严格一致，再加上行进时受到地面不同石子形状的影响，两个轮子与地面可能产生不同的打滑现象。以上三个因素，使得一直在直行的指南车的左右两个轮子转过的圈数并不会严格一致。这种左右两个车轮的转角误差，必将导致木偶手指方向的偏移，于是指南车还得用磁石指南针来不时校正其指向。

上述的有关左右两个轮子的转角会产生误差的推论，人人都可以用实验来验证，只要把两个轮子的行李拖车的轮子侧面做上记号，然后拖着车子走上几百米，再看看那拖车的两个轮子的转角是否还严格一致就可以了。

5.10　驳壳枪的射击要领错在哪里

20世纪军阀割据时期，某位连长在给他的排长分发驳壳枪时，对那些排长作了如下教导。

他想当然地认为正确使用驳壳枪的要领有三：一是手要紧握住枪；二是要尽量瞄准目标；三是一旦瞄准了，就要不失时机地急扣扳机。看到此，读者能否指出他讲的三个射击要领中有哪些是错误的。如读者对自己的判断吃不准，那不妨查阅一下苏联红军军官的手枪射击教材，其中也有三个要领：一是不要紧握手枪；二是不要追求瞄得太准；三是不要急扣扳机，而是要逐渐扣动扳机，以在不知不觉中完成射击。原因是，如用手紧握手枪，那么手就会摆动甚至发抖；如果有意去准确瞄准，手就会晃得更厉害；如猛扣扳机，则手容易使手枪晃动，以至于偏离目标。如果遵照苏联军官手枪射击教材中讲的三个要领，手枪的指向就总会在敌人的全身范围内游移。在这个过程中的任何时间发

驳壳枪——德国毛瑟军用的手枪

射，都能射在目标身体上的一处，即使该处很可能不是敌人的要害部位，但是子弹的冲击效应已会使目标丧失行动能力。看来，那位连长想出的三个使用驳壳枪的要领全都错了。

5.11 汽车急刹车时，抱（锁）死车轮最有效

一辆飞驰的汽车，如果在它前方的侧面突然滚出来一个皮球，那么这辆汽车的驾驶员就需急刹车。按常理，如能在急刹车时立即抱死车轮，那么汽车在制动中滑行的距离应该最短。急刹车后，车轮如果未被立即抱死而还能转一些（如一圈），那么制动后滑行的距离也会增加车轮多转过的距离。单从力学上讲，以上推论确实合理。可实践的结果却正好相反，即急刹车时，完全抱死车轮的汽车反而会滑行得更远些，这是什么原因呢？

原来急刹车时，车轮一旦被抱死而完全不能转动，那么车轮的着地点只是车轮外围的一处。这时，汽车行进的巨大动能就会通过它与地面的强烈摩擦，使轮胎着地处的橡胶因急剧升温而液化（甚至汽化冒烟）。那层液化的橡胶会使地面和车轮之间的摩擦系数变得很低，导致汽车要滑行更远的距离才能停下。

与此相反，如刹车时，轮子还能继续转动一定角度，则其着地处就

扩散为一段圆弧，而这可以减小轮胎局部的升温。

抱死车轮还有一个想不到的严重后果，就是汽车在短促（如1～2秒）的制动减速过程中，驾驶员完全不能改变车行方向。例如，驾驶员想在刹车时急转方向盘，以免与前车发生追尾，但他会发现方向盘已经完全失灵，这又是什么原因呢？

原来，汽车的转向是靠先转了向的前轮的"转动"来带动的。一旦前轮被抱死而不能转动，那么汽车只能按照原来的方向在地上滑行。

实际上，汽车转向失灵比刹车中滑行一段距离的危害性更大，尤其是在左、右两个前轮的抱死过程稍有差异的情况下。例如左前轮先发生抱死，而右前轮尚未完全抱死，那么整辆汽车的惯性将会使汽车做一个绕左前轮的大甩尾。还有，汽车如只是右边的轮子下有雪，而左边却没有，那么急刹车时，汽车也会发生大甩尾。显然，这是非常危险的，它往往会带来不受控的再次碰撞。所以，现代汽车上普遍采用了防抱死刹车系统（即ABS系统）。该系统利用电子检测及控制装置，对车辆进行高频点动式的刹车操作，以防止车轮被抱死。

有ABS系统的汽车在急刹车的过程中，车轮还会缓慢转动，这样，前轮就还有使车头转向的性能。因此，驾驶员在急刹车的短促过程中，尚能用方向盘来控制汽车，以避开车前的障碍物。

应该指出的是，即使ABS系统能防止车轮被抱死，但急刹车中那缓慢转动的车轮仍会因与地面的强烈摩擦而液化乃至汽化冒烟，不过其程度会比车轮被抱死时轻不少。

5.12　斑马身上条纹的作用

几百年来，生物学家一直在探讨斑马身上的条纹有什么用。最近一

种主流的说法是，当阳光照到斑马身上黑白相间的花纹时，白色皮层因吸热较少，则贴近白色皮层的空气温度就较低，反之，贴近黑色皮层的空气温度就较高。这种微小的温度差使得贴近斑马皮层的空气发生对流，从而有助于斑马体温的降低。

近处和远处的斑马

从定性的角度看，以上说法似乎有些道理。但是如作进一步定量分析，则上述说法就难以站住脚了。因为从散热工程学的角度来看，吹过一个热物体表面的风，只有当风速达到每秒5米的显著程度时，才能使物体的散热过程增快1倍。而斑马身上条纹间对流空气的流动速度估计连每秒1米都达不到，所以这种对流对斑马体温的降低也不会有多大作用，况且斑马的体毛本来就对散热起着很大的阻碍作用。另外，黑色斑纹对阳光的吸收率比白色斑纹对阳光的吸收率大好多倍，这反而会使斑马吸收更多的太阳光热量。斑马如为降低体温，应采用全白的皮肤。对斑马身上条纹用处的另一种解释是，对斑马构成危害的吸血飞虫是通过斑马表面反射的偏振光找到斑马的，而斑马用黑白条纹可减少偏振光。此外，还有一种解释是，狮子或花豹在追捕猎物时，都是先咬住猎物的颈部以让其窒息而死。但斑马一旦快速逃跑，它那黑白条纹就会使狮子或花豹眼花，从而看不清斑马的颈部在哪里，因而无法下口去咬。

作者则猜想：斑马身上的黑白条纹可能是一种迷彩保护色。人们或许会感到奇怪：黑白条纹不是看着更醒目吗？但是，各国的军服为什么常采用色彩对比明显的迷彩服呢？原来军服设计者发现，从远处看，迷彩服会显得很接近环境色。如背景是绿色植物，则迷彩服就会被看成近似绿色；环境如改为沙漠时，同样的迷彩服却会被看成近似黄色。所以说，迷彩服比单一颜色的军服更适宜不同色彩的环境。同理，由于空气中有尘埃，所以如在非洲大草原上放眼眺望，远方物体都会蒙上一层灰色，故斑马的黑白条纹会显得相当接近环境的灰度，而不易被远方的狮子或花豹发现。另外，远方的近地物体因受空气折射效应的影响，看上去在不断晃动，以至斑马身上的条纹在视觉上会晃动得完全消失。

5.13　推铅球的最佳仰角是45度

物理课本中说，如果一个抛体的初速已定，那么能将其抛得最远的抛射仰角应是45度。这个结论的证明需要用到大学高等数学。

作者在20世纪50年代当学生时，曾听大学体育老师说，苏联的体育理论已先进到这种程度，即他们提出，推铅球的最佳角度是45度的经典说法并不正确，那个最佳角度据他们研究应是41.2度。至于为什么是41.2度，那位体育老师说他也不知道。

推铅球的最佳仰角

　　课后，我有些疑问：苏联人是怎样得出那个新结论的呢？以前那个45度的经典结论是能用数学来证明的，并在各国教科书中采用了百年，应该不会有什么问题，所以奥妙很可能在前提上。原来，苏联人将抛铅球最远的前提改为那个运动员用各种仰角去推铅球时，他所做的功都是相等的，即都已用尽了全力。这个前提就意味着：用大仰角推出的铅球的初速会略低于用小仰角推出的，正像从航空母舰上翘甲板起飞的飞机速度会略小于从水平甲板起飞的一样。因为他推铅球所做的功除了会转变成铅球的动能外，还需消耗部分功在提升铅球的位能上。仰角越大的铅球，位能越大，相应的动能就会减小一些，从而其初速也会小一些。

　　如果计入上述仰角会对铅球的初速的影响以及代入顶级运动员推铅球的功的数值，那么就能算出最佳仰角是41.2度。如果代入三级运动员推铅球的功的数值，那么算出的最佳仰角就会与41.2度略有差异。以上就是为什么在各国推铅球的教材中，现都采用41～42度为最佳仰角的原因。

　　南美洲有一种会喷水的鱼，它能喷出一串高速水珠以击落近水面树枝上的昆虫。对喷水鱼来说，喷水的仰角是极难控制的，以至于它要累计喷几百个小时后才能掌握。

5.14　童话中的大力士推铅球为什么没砸死恶厂主？

80年前，在中国一部著名的现代童话中，作者写道：一群工人因不堪恶厂主的虐待，遂公推最合适的人选小林去执行刺杀恶厂主的任务。因为小林力大无穷，一辆开不动的火车不但被他推动了，而且竟因刹不住而冲出铁轨尽头，最终坠海。当然，海水是淹不死乘客鳄鱼小姐的，那位爱打扮的鳄鱼小姐一上岸后，第一件要紧事就是涂脂抹粉地进行补妆。

现赶快把已扯远的话题拉回来。小林趁恶厂主睡着了，从其卧室的西窗推入一个大铅球，想砸死他。但是那个铅球被推偏了，竟从东窗飞了出去，而恶厂主则仍在做他的噩梦。次日工厂照常上班，就像什么事都没有发生过。直到晚上恶厂主又睡着了，不料西窗又飞入一个铅球，那铅球不偏不倚地砸中了恶厂主，使他当即一命呜呼。读者不禁会想，一定是小林又来了，可答案却是否定的。其实小林并没有再来，而是昨晚飞出东窗的那个铅球划破夜空，飞入太空，在绕地球飞行一圈后又飞回来了，然后钻入西窗，砸死了床上的恶厂主。

飞入太空的铅球

那位童话作者能早于人造卫星上天数十年就写出了绕地球飞行的铅球，真是既高瞻远瞩，又想象力丰富。但他与法国的儒勒·凡尔纳还不能媲美，原因在于他只定性地想象了铅球能绕地球飞行，可在定量上却错得一塌糊涂。因为首先，高速（每秒8千米）飞行的铅球在起飞时就会因与大气剧烈摩擦而立即烧尽；其次，人造近地卫星绕行地球一周的时间一般不到2个小时，而不是相隔一天的24个小时；再次，如估算一下就可知道，铅球绕地球一周后仍能准确回到出发地而击中一个人的概率大约只有一千亿分之一。但在凡尔纳19世纪写的科幻小说中，他所预言的事物不仅在定性上是正确的，而且还能符合定量计算出来的推论，因而是行得通的。

至此，有些细心的读者不禁要问：现在的火箭已能把宇宙飞船完好地送出大气，那么，那些飞船为什么不会像你说的铅球那样，被大气摩擦所完全烧毁呢（答案见书末解答之No.5.14）？

希特勒曾造出了世上最大的二门炮，它装配时，要一个营的士兵去服侍它，可那门炮的炮弹的初速还达不到每秒1千米。所以，即使有人发明了能发射每秒8千米的炮弹的巨炮，可是那门巨炮仍不能用来发射卫星，因为那个高速炮弹在大气中就已烧成灰了。

5.15　外星人曾对古中国人做过开颅手术

不久前，我国的考古学家从地下挖出一具奇特的人头骨，它的奇特之处在于，头盖骨上竟有一个边缘光滑的孔。那个孔看起来不是此人死后开凿的，而是还活着的时候就开凿的，而且此人在开颅手术后还活了很长的时间，以至孔边缘的骨头都慢慢长好了，就像现代人做开颅手术后又活了很久的情况一样。这一发现，一度困惑了考古学家。因为人的头骨比较坚硬，现代手术要用电钻的合金钻头才可以在头骨上钻孔，那么古人是怎么做到的呢？于是，一种"这是外星人做的手术"的说法就应运而生了。

做过开颅手术的古中国人的头骨

但是作者认为，古人是有办法在头骨上钻孔的，正像古人在坚硬的玉器上也能钻孔一样。原来，古人钻孔的工具是一个薄筒（如边缘被削薄的竹筒）。钻孔时，在筒口下不断喂入硬质细砂和水的混合物，然后用手加压并拼命旋转薄筒，薄壁筒口带动细砂，就会逐渐在硬物上切割出深沟来，并最终打出一个圆孔。这种打洞方法直至今日还在玻璃和玉石行业普遍应用，而考古学家可能并不知道这种加工方法，以至对古人头骨上的孔百思不解。

无独有偶，2005年，考古学家对古埃及年轻国王图坦卡蒙的木乃伊进行了CT扫描，结果发现该木乃伊的头骨上有一个小孔。于是，对此小孔就有了两种解释：一是国王做过开颅手术；二是有人用长矛谋杀了国王。可进一步研究后得出的结论却是，这个孔是制作木乃伊的工匠凿出的，用处是通过孔给颅内灌入防腐液体。

5.16　世界上有绝对直的直线

欧几里得几何指出：两个几何点之间的最短路径是直线。可是在现实世界中，这种绝对直的直线却是找不到的。如果你用双手捏住一根 1 米长的线的两头，并将其拉直，然后问大家，这根线是否已绝对笔直了。多数人会回答，这根线已经绝对直了。可是作者却要说，这根线不是绝对直线。因为这条线处在地球的重力场中，虽然其自重不大，但毕竟存在，故重力将使线弯曲一点点，而变成数学上的悬链线。

有人会想到，物理学上不是说光在宇宙真空中走的是绝对直线吗？可是爱因斯坦用他的相对论却推出了，光走的路径中如有引力场存在，那么引力将使光线变弯，但是那种弯曲效应是极其微小的，即使像地球那样大的重力场，也不足以使光线弯曲到能被检测出来的程度。爱因斯坦算出，光线在经过引力比地球大得多的太阳重力场时，也不过才偏转了约 1.75 秒。

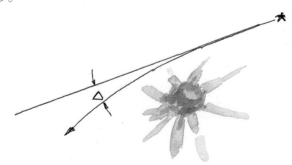

光线被太阳吸弯了

于是天文学家想出在月亮挡住太阳而发生日全食时，去拍摄靠近（太阳）的恒星，以检测星光的方向是否真的像相对论预言的那样，会偏折约 1.75 秒。就这样，好几个天文远征观测队在经过几次世界各地的日全食观测后，终于证实了爱因斯坦这个难以想象的预言。

由于宇宙间处处都充斥着引力场，所以连宇宙间的光线都不是绝对不弯的，这就更不能在地球重力场中找到绝对不弯的直线了。

既然没有绝对直的直线，那么在地球上就更不会有绝对平的平面。人类能制造出的最平的平面是用大环形抛光机加工出的，边长约为 1 米的光学平面，这个平面的不平度已小到只有几纳米。为了使读者对这个小误差有个概念，可以设想把这个光学平面放大 2 万倍，到一个中等城市般大小，当然，它的误差也相应放大了 2 万倍。这时，我们才能勉强看到这个放大了的不平度比蚊子的脚还细。

5.17　悬棺是从山上吊下去的

在中国南方某些少数民族居住地区的几乎垂直高达百米的悬崖峭壁上，有一些搁在从悬壁伸出的两根木梁上的悬棺。有些地方的悬棺相对

在悬崖上的悬棺

集中，因而已开发成民俗旅游点。这些悬棺历史最久的已有 3 000 年左右，而最近的也有 200 年左右。当地旅游机构为了提高景点的知名度，遂对悬棺的 3 个难题悬赏征求解答：第一个问题是，这些笨重的棺材是怎样放到半空的横梁上去的；第二个问题是，为什么要采用悬棺；第三个问题是，什么人才有资格享受悬棺葬这一特殊待遇。对此的解答必须在国内一家省级学术刊物上发表，而且书面材料必须得到该旅游点聘请的专家组的审核认可。悬赏金额为 30 万，后又追加。然而，举办单位虽然收到过不少份应征报告，可奖金却至今未被领走。

对第一个问题，即悬棺的放置方法，该旅游点较认可的是一位教授提出的棺材从上而下的放置法。该方法认为，棺木先从后山的缓坡运上崖顶，然后依靠崖顶处的绞车，用绳索放下棺材。当然，必须事先让工人在崖壁上打出两个深洞，并在洞中插入两根横梁。他们舍弃棺材从地面吊上去的方案的原因，可能是棺材如从下向上升，会被岩壁上伸出的两根横梁挡住，所以他们想当然地认为棺材只能从上往下吊，这样才能无阻地落到横梁上。

然而，要把棺材运上崖顶又谈何容易，如后山是缓坡，那么人就要在缓坡上修筑上千米的道路，这是一个巨大的工程，其工程量可能会超过升降棺木的工程量，所以是不合理的。况且，如果后山根本没有缓坡可筑路呢？相反，棺材如果是从地面向上吊装的，那么只需在崖顶挂一个只有 10 千克左右重的定滑轮，再通过滑轮放下长绳就可以了。至于上升的棺材怎样去越过挡路的横梁，其实也有简单的方法。就是在棺材的两端分别挂两根长达地面的绳索，那么，只要在远离崖底的地方，人就能轻易将棺材拉开崖壁 1 米而越过横梁（见图 5.17）。

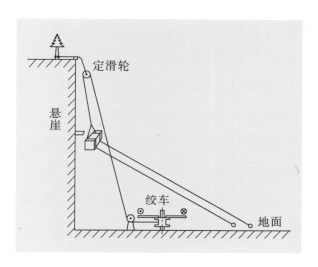

图5.17 自下而上的吊装悬棺的方法

至于第二个问题，已有数种解答。一种较合情理的说法是，死者的后人怕埋在地下的先人被野兽刨出来吃掉，所以才把棺材搁在悬崖上，这样野兽就只能望"棺"兴叹了。对此，读者也提出了自己的假说：如将先人埋在地下，那就离地狱太近了，因而不宜；如将先人埋在崖顶，但那里是圣人才能埋的离天堂最近的地方，并非圣贤的先人就只能委屈一下躺在半空的崖壁上了。

至于对第三个问题的回答，更是众说纷纭。即使某人发现了有关的详细说明资料，那也只是某一个族群对悬棺的说法，须知悬棺在中国好多处都有，而且在印度尼西亚等地也有。所以，各地对悬棺会有不同说法是必然的。这样，对悬棺的任何一种解释都不会得到公认。看来悬赏方尽可大胆地提高奖金额，反正那个奖金也不会有被领走的可能。

5.18 世界十大谜团之一的纳斯卡线条是外星人画的

1934年，保罗博士乘小飞机飞过秘鲁的纳斯卡平原时，首先发现了

神奇的长线条及巨幅动物图像。这些图像有蜘蛛、蜂鸟和猴子，等等。自此，纳斯卡线条和图形的用途及创造过程的各种说法就不断地涌现出来。但直到今日，尚无被公认的说法，因而成为世界十大谜团之一。

对纳斯卡线条和图形的用途，一说它们是下面输水管道的地面标志；二说这些图形是为某种宗教祭祀服务的；三说那些极长（有几千米长）的长线条是外星人为他们的飞船修建的跑道。

要在纳斯卡那既荒芜又干旱的平原上形成线条，倒并不费事：只需铲去少量深色的地表，就会露出下面浅色的地层而形成明显的线条。困难的是，古纳斯卡人要怎样准确地画出那些在地面上根本就看不全的特大图形呢？有一种假说是，古纳斯卡人用了热气球，这样，在高空热气球吊篮内的工头就能指挥地面上的工人画图了。但是古纳斯卡人恐怕还不知道有热气球吧，除非他们有外星人的帮助。

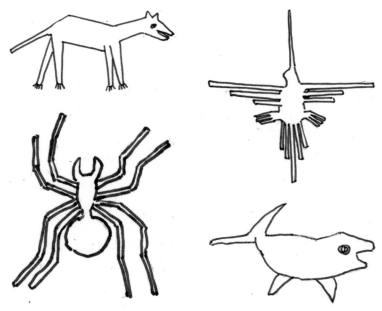

古纳斯卡人的巨图

另一种说法是，古纳斯卡人在每个图像处都建起一个高塔，这样人在塔上就可看到完整的图形了。显然，这个建塔法十分费事，而且纳斯卡本地不产木材，建塔的木料还得从很远的外地运来。

20世纪，德国一位女数学家玛丽亚·赖歇用了半生的时间住在纳斯卡，以对那些线条进行深入的研究。她曾发表了几篇相关的论文，从而成了研究纳斯卡线条的权威，她还找出了古人是怎样在地面就能画出图形中的弧形的方法。玛丽亚去世后，就葬在了纳斯卡，当地人民为了纪念她，还以她的名字为当地的一条街道和一所学校命名。

遗憾的是，玛丽亚小时候学写德文字母时不会使用到中国古老的九宫格。而在中国，即使小学生也会用九宫格来临摹名家书法。小学生临摹的字虽然没有名家原作那么刚劲有力，但是基本与原作不会有太大的偏差。设想古纳斯卡人先在一张画有15格×15格的小样上画出某个动物图形，然后在地上（如上百米大的范围内）也画出225格，然后在地上的每个方格内画出小样上对应方格内的简单图形（通常是1～2根短线），就可以完成地面完整图形的绘制了。

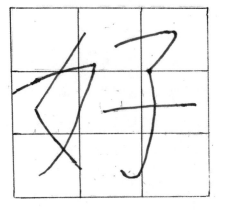

中国小学生写字用的九宫格

玛丽亚已经在地面大图的附近发现了小样稿，但她还不能确定那些小样稿是怎样被放大的。她重点研究了用固定绳子的一端来画弧线的方法。其实，用数量较多的九宫格，就可在格内填入任何曲线。

纳斯卡地方政府如为吸引游客，不妨设立一个奖项，悬赏能破解纳斯卡线条之谜的人，但是他的论点必须经过专家组的审核认同。估计，没人能领走那个奖。

作者根据最近的考古成果，认为古纳斯卡人发觉当地越来越干旱了，于是就画了给天上神灵看的巨大图形来向天索水。因为水很难用图形来表示，所以古纳斯卡人就改画各种动物（因为那些动物都急需喝水救命）。那些直线图形则可能是为将来的运水渠道画线。但古纳斯卡人发现他们的措施并未感动神灵，气候反而更干旱了，于是古纳斯卡人只得以大量活人的性命去祭祀神灵，以至于考古学家最近才发掘出许多的骷髅头骨。

5.19　埃及狮身人面像是1万多年前的亚特兰蒂斯人的杰作

在埃及首都开罗的近郊，坐落着举世闻名的三座金字塔，而守卫在它们近旁的是一座威严的狮身人面石像。石像的人面高约20多米，长约57米，整个石像是由一整块沉积岩凿成的。现在，该石像面部的鼻子已残缺了。一说是，被拿破仑的士兵用火炮轰掉的；另有一说是，被一名苏菲派狂热分子故意毁容了。处在沙漠边缘的这座狮身人面像重达约1万吨，这就产生了一个问题：古埃及人是怎么把这块巨岩运到沙漠中来的呢？

由于很难想象靠人力可以搬动这么重的巨岩，于是就有人提出，也许是1万多年前的亚特兰蒂斯人将它运来的。在互联网上，对狮身人面像的介绍也往往避而不谈其来源。

狮身人面像和金字塔

　　作者看了澳大利亚的乌鲁鲁孤岩（艾尔斯巨石）后猜测，狮身人面像就像乌鲁鲁孤岩一样，是天然耸立在那里的一块岩石。据考证，乌鲁鲁孤岩周围的平原本来也很高，但经过亿万年雨水的冲刷，周围平原被冲低了几百米，于是孤岩就形成了。

　　狮身人面像的所在地以前曾是海底，后来变成陆地，又经过长年的风沙堆积而成为沙漠。很有可能，4 000多年前的古埃及人有意将胡夫金字塔建在那块孤岩旁，并把孤岩凿成担当守陵人的狮身人面像，这种说法似乎更合情理。但也有一种说法是，狮身人面像的建造时间比金字塔还要早很多。这个理由也更有利于说明狮身人面像的那块岩石是就地取材的，即那块岩石并不是坚硬的火成岩，而是相对酥松的海底沉积岩，这点从石像上明显的层层纹理可看出。4 000年来，沙漠中并没有丰富的雨水，可石像的表面已有雨水侵蚀出的浅沟痕，难以想象古埃及人会在别地选中这样一块质量欠佳而不适合做石像的岩石。

要想彻底弄明白狮身人面像是不是和沙漠下的基岩相连，只要在狮身人面像下局部开挖一下，就可水落石出了。

5.20 埃及胡夫金字塔是奴隶建造的，还得到过外星人的帮助

在埃及狮身人面像近旁的沙漠中，耸立着三座巍峨的金字塔。其中最大的一座是法老胡夫的金字塔，它呈四棱尖锥形，由230万块巨石（每块平均重2.5吨）堆砌而成。该金字塔的每个底边长230.35米，塔尖在建造时的原高为146.6米，但经过4 000多年的风吹日晒，已脱落了约10米。胡夫金字塔曾在几千年中一直保持着世界最高建筑的头衔，直至19世纪末出现了巴黎埃菲尔铁塔。

200多年前，一位英国探险家在就地实测了胡夫金字塔的外形尺寸后发现，如果用塔的高度值除塔的两底边相加后的长度值，那么所得的商值是3.14多一点，这个值竟是众所周知的圆周率π。那位探险家当时被惊呆了，因为按照他的发现，古埃及人早在4 000多年前就知道了π。这个惊人的发现，自然在顷刻之间就轰动了西方的学术界。

可是一位法国学者却通过进一步研究发现，金字塔长度中出现π纯系古埃及人无意得来的。原来，古埃及人是用一段直尺来确定金字塔的高度的，可却用滚轮子来确定塔底的两个边长之和。而且在制作那个滚轮时，恰恰采用了那段直尺之长作为那个滚轮的直径。只要滚轮滚动的次数和直尺量度的次数相等，则金字塔的两个底边之和被高度所除得的商，将与滚轮的圆周长度用滚轮直径所除得的商相等，就是常数π。

由于建造金字塔的工程量过于浩大，加上当时的埃及又存在奴隶，所以学者想当然地认为金字塔是由众多奴隶在鞭子下花了几十年的艰苦劳动才建成的。可是近年的考古发现却表明，金字塔的建造者并不是想

象中的奴隶，而是农闲时生活条件尚可的农民。得出这个新结论的依据是：1993年后，考古学家在金字塔附近发掘出了金字塔建造者生活及墓地的遗址。在遗址中，发现了较多的啤酒容器和家畜遗骨，这说明当时工人的生活条件还不错，而且从工人的遗骨上也看不出他们生前有明显的营养不良。更有甚者，在一些曾遭骨折的遗骨上还发现了骨折已被治愈的证据。人们难以想象，一个地位低如牲口的奴隶在骨折后能得到很好的治疗，甚至还能康复。另外，墓葬也并不草草了事，并且还荣建在法老墓的近旁。这就有力地证明了，那时的工人并非奴隶。鉴此，学者才改变了他们原先的看法，认为金字塔的建造者很可能是那些农闲时的农民。我们从金字塔各个工序的细节上能看出，这些农民工肯定为他们建造的金字塔之宏伟而感到自豪，因为他们能自觉地将工程做到一丝不苟的程度。以上发现成为20世纪考古学的最大成就之一。

在建造金字塔的过程中，无疑需用到很多力学知识和技巧。首先是从山岩上切割下每块平均重2.5吨的长方形石块，其次是加工那些石块以达到一定尺寸和表面平整度，然后是将这些石块运到金字塔下，最后是将那些石块放到很高的位置。历史学家想出了几种建造方法，并在实地试验了某些方法，他们甚至还建造了一个约6米高的小金字塔。最后，得出较一致的结论是：古埃及工人先在岩壁上用铜十字镐开出几条深沟，然后把成排铜楔打入深沟以崩下大块岩石。由于青铜并不够硬，所以这些铜楔只用几次就会受损而不能再用了，这就需要将损坏的铜楔用炉子加热来修复。由于大量铜楔需要不时修理，所以这些冶炼炉就只能建在采石场工地。至于每个石块的表面修整，可用铜凿或石锤去完成。这些已加工平整的石块，再多人一组地用绳索拉动前进。为减少石块与

地面间的摩擦阻力，工人可在石块下垫入一组滚木，甚至可在石块下铺以浇湿的黏土。也有一种说法是，石块是在木框架上拖运的。据说，这个采石场在金字塔以南大约10千米处，至今仍在开采石灰岩。

金字塔逐渐建高后，那个围绕在其四周的螺旋形斜土坡也需先行堆高，这样大石块才可以沿斜坡被人拉上去。

现在，我们看到的金字塔外表的各石块间还是相当密合的。有人推测，或许是因为古埃及人在各石块之间用了混凝土之类的填充剂，如石膏、石灰或石粉等。

作者曾在金字塔下捡回几块脱落的石块碎片，发现那些石块并不坚固，不像是花岗石，现在才知道是石灰石，因此相对来说容易加工。

此外，有些西方学者还提出了几个关于金字塔的不解之谜。

第一个是胡夫金字塔的方位准得难以想象。据说，如将金字塔的中线延长到近1万千米外的地球北极，则其位置偏差也还不到10米。这么高的定向精度，4 000年前的古埃及人是绝对办不到的，所以只能是外星人给金字塔的地基定了中线。

第二个是金字塔的位置正好是地球上所有陆地面积的重心。显然，古埃及人是不可能知道世界大陆的真实形状的，所以金字塔的位置也只有外星人才能够定准。

第三个是金字塔的外形是外星人选定的。之所以选四棱角锥形，是因为这种形状的器物具有某种特殊功能，例如放在金字塔内的蔬果能长期保鲜。

以上三个说法虽然与本书的主题无关，但因趣味性颇浓，所以简单评述一下。

关于金字塔方位奇准的问题，天文学家100多年前就知道，地球自转轴的北极点并不是固定不动的，而是一年中会在相当于一个篮球场那么大的范围内缓慢且无规则地摆动。地极长期移动的特征，因观测年代欠久，所以还不太清楚，但如每年只移动1米，那么金字塔建成的4 000多年来，北极也已移动了4 000多米。所以说，目前金字塔的中线能正指北极，那么4 000多年前金字塔建造时的指向就不会正好是那时的北极。

　　此外，用现代大地测量技术去测北点的方位时，误差也有1秒左右。假设外星人也能达到我们今人这么高的测方位精度，那么，他们定的金字塔中线的方向如只差1秒，但那1秒延长近1万千米到达北极后，所产生的位置偏差已达到40米左右，即也不会只差不到10米。

　　再说，要定金字塔的中线，就必须先量准金字塔南北两边的精确长度。由于金字塔南北两边的长度不会绝对一样长，如果两边长度仅相差几厘米，那么定的金字塔中线就会相差约10秒之多。这个中线误差在到达近1万千米外的北极时，中线延长线的偏差会达到400米之多。

　　因此可知，那位提出金字塔方位奇准的人似乎并不懂测量学，其提出的不到10米的误差之说是没有事实根据的胡编乱造而已。

　　另外，关于金字塔的位置正好是地球上所有陆地面积的重心一说，也是经不起认真推敲的。声称自己是陆地重心的不止一家，如邻近埃及的希腊早就说陆地的重心在德尔菲。理由是，天神曾令两只神鹰同时从大陆的南北两端相向而飞，结果两只神鹰在德尔菲相遇了。这种说法有一个明显的漏洞，就是德尔菲还缺少它是大陆东西中点的理由。

　　严格说来，世界地图上的大陆界线是不大确定的，因为金字塔建成的4 000多年来，大陆漂移已使各大洲的间隔变化了约100米，这个量和

金字塔的底边长相当。如果再精确些考虑，那么大陆的海岸线也是不确定的。关于这一点，几百年前的英格兰姑娘早就知道了。不信，请看留传了几百年的一首民歌《斯卡堡集市》（*Scarborough Fair*）中的一段："请告诉他为我找一亩地，它要在海水和海岸之间。如果他能办到，那么他就可以成为我的爱人。"乍一看，这个条件似乎并不高，这一亩地根本不会太贵，八成是那位姑娘在愁嫁不出去呢。可转而深入一想，却发现那亩地是根本不存在的（答案见书末解答之 No.5.20-1）。

既然大陆海岸的边界已不能精确确定，那么大陆的中心点也就更无法精确确定了。这样说来，金字塔那么小的地方是大陆中心之说也就站不住脚了。

世界陆地中心（美洲在东）　　　　世界陆地中心（美洲在西）

其实，地球是没有边界的，所以最多只能说欧洲、亚洲、非洲连在一起的大陆有其中心。但如加上南北美洲大陆，就无法知道这几个大陆的中心了（答案见书末解答之 No.5.20-2）。

至于为什么蔬果放在胡夫金字塔内能够延长保鲜期，这事解释起来倒不难。虽然沙漠中的日夜温差极大，可在极其厚实的金字塔内部，却能保持温度昼夜起伏很小且长年恒温。估计金字塔内部的常年气温只有十几度，只比冰箱内的温度（10度）高出不多，所以金字塔内部有一定的保鲜作用。

最近，一个外国的科教电视节目上说，金字塔内两个斜的长通道是用来发电的。据说，如果向一个通道内倒入稀盐酸而向另一通道内倒入锌块，那么在金字塔内的底部，那些锌块在浸入稀盐酸后将产生化学反应，从而形成电池以发电，所以金字塔实际上是一个发电厂。其实，上述猜想的提出者忽略了以下事实，即稀盐酸一旦碰到金字塔的石灰岩，就会发生激烈的化学反应，所以那些盐酸根本流不到金字塔的底部。况且，古埃及人如要用这种方法发电，也不必修建工程那么浩大的金字塔。

5.21　明皇朱棣为朱元璋树立巨碑是明知行不通的作秀吗？

明朝开朝皇帝朱元璋没有把皇位传给自己的儿子朱棣，而是传给了孙子朱允炆。于是，朱棣就从他的封地（今北京）起兵，一直打到朱允炆的皇宫（今南京），遂成功夺取了皇位。但朱棣又怕世人说他篡位，就想给先帝朱元璋竖立一个空前宏伟的功绩碑，以表明他有孝心，理所当然地该继任皇位。于是，朱棣遂令在南京东郊的采石场阳山开凿一座摩天巨碑。那座巨碑设计高达73.10米（相当于26层楼高），巨碑的碑座、碑身和碑额加起来重约3.1万吨，其中最重的碑座竟重约1.6万吨。之后，数万劳工历尽多年的凿制，终于将巨碑的三大部件基本完工，就待开运了。但是，这时的朱棣已经巩固了他的统治，不必再靠给朱元璋树巨碑来证明他的孝心，况且北京的宫殿已在大兴土木，而这个新都的工程显然更为重要。这样，立巨碑一事便不了了之了。

朱棣想为朱元璋建的巨碑

　　史学家们想不通，在当时的条件下，有什么办法能将那么重的巨碑运下山，再运到明孝陵将它竖立起来。史学家们请教了当今的起重、运输专家，他们说即使用现代的巨型机械也无法办到。于是历史学家就觉得，朱棣事先就知道这个巨碑是既运不动也竖不起来的。但这种论点也有一个无法回答的难题：喜听颂扬的朱棣就不怕世界第一的巨碑永远躺在采石场里而遭世人耻笑吗？

　　作者认为，朱棣要把巨碑建得无比巨大是在分析了运碑及竖碑的可行性后才作的决定。很可能，他的工匠领队向他详细介绍过拟采用的运碑和竖碑方案。那个方案很可能是：

　　1.关于巨碑怎样下山。首先是在山坡上开出一条斜道并铺上一层压实的泥土。但是躺在泥土上的巨碑将陷入泥土，而不能自行滑下山去。

所以必须在巨碑的前下方（甚至在整个巨碑下）浇水，以将那里的泥土泡软，泡软了的泥土会挡不住巨碑的重力作用，因而巨碑会下滑一段距离。巨碑的前下方在挤出湿泥后，就会被前方的干土所挡住，所以必须再在前方浇水，巨碑就会再下滑一段距离。如此重复几百或上千次后，巨碑就能到达山脚下。

2. 关于怎样搬运巨碑到20千米外的明孝陵。当时已知的经典办法是：在冬天的地面上泼水，让它结成一层厚冰，然后将巨碑放在冰上，就易于拖动了。但南京的冬天还冷不到能够结厚冰的程度，因此泼水结冰的方法就难以应用。但工人可在滑下山的巨碑下预先铺上数以万计的蜡球（蜡球的大小如同乒乓球）。巨碑会将这些蜡球压成一薄层，从而与地面完全隔开。由于蜡的摩擦系数很小，所以重达万吨的巨碑只需不到300 000千克力的力就能被拉动。在明朝，如想产生300 000千克力的水平拉力，是能够做到的。如用几十台大绞车和几十根铁链，且每台绞车只需十余人，就可拉动巨碑。当巨碑被拉动几米后，再在巨碑的前下方铺满蜡球。至于巨碑后面露出的蜡层，可再熔制成蜡球备用，这样蜡的用量就不会太大。把巨碑拉到明孝陵，估计用不了1年。

3. 关于怎样把26层楼高又重达8 000多吨的碑身（还有碑额）竖立到碑座上去。英国的考古学家也曾遇到过类似的难题，即在远古时，人们是怎样将巨石阵中的大石柱竖立起来的。他们曾实地试验了将大石柱竖立的方法，同样的方法也可用来竖立朱棣的巨碑（见图5.21）：在碑座旁堆筑一条宽约20多米、长达1 500米的斜坡，此斜坡在碑座旁约40米高，而在最远处已低到与地面齐平。

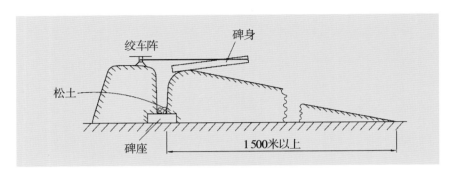

图 5.21　用斜坡竖碑身

图 5.21 表明了被绞车阵拉上斜坡顶端的碑身会自动滑落，从而竖立到碑座上去。为了防止碑身与碑座相撞，可在碑座上先铺上松土。碑身就位后，再用浇水的方法除去碑身下的松土。注意图中碑座的另两侧也应有土墙，以阻止碑身向旁边倾倒。

由上可知，朱棣时代的能工巧匠是可以想出行之有效的方法的。

5.22　对高空气球进行姿态控制的失误教训

由于地球稠密的大气层会严重吸收天体射来的紫外光和红外光，因此，最理想的天文观测是把天文望远镜发射到地球大气外的太空去观测。但发射太空望远镜的费用极高，所以科学家就采取了比较经济的措施，即用气球把天文望远镜吊到高空去观测。天文望远镜能到达30千米外的高空，那里的大气密度只有地面大气密度的1%，这就很接近太空。

然而，高空气球吊起的望远镜一经实际试用，就立即出现了一个问题，即装有望远镜的吊篮会在气球下永无止境地缓慢摆动。虽然气球所在处的空气已很稀薄，但气球和吊篮毕竟还会受到风的影响，所以悬在气球下方几十米的吊篮总是在作周期长达几十秒钟的摆动。显然，这种摆动对望远镜的定向观测极为不利。

高空气球吊起了望眼镜

如果天文望远镜的摆动不大，那么望远镜内的特殊光学元件就还能自动消除这种摆动的影响。所以，我们只要控制住吊篮的方向，使其摆动不要太大（如几角分）就行。

其实，太空望远镜在观测时也会受到飞船姿态不稳的直接影响，所以飞船也需要一套能稳定姿态的控制系统。常用的措施是，飞船向需要的方向喷射少量气体，从而利用喷射气体的反作用力来调整飞船的姿态。幸亏飞船周围的太空环境空无一物，一般不会破坏飞船那已取得的稳定姿态。所以，飞船所带的少量的控制用气体（平时是液体）已够飞船用上好几年。但气球会不断受到高空风的影响，所以要消耗掉很多的气体。显然，如带很多装有高压气体的钢瓶上天，这对升力有限的气球来说是不可取的。为了对高空气球的摆动进行制动，在一次研讨会上，日本宇宙科学研究所的气球专家介绍了他们采用过的一种有趣尝试：如在吊篮里安装一个由电机驱动的重砣，那么当吊篮向东摆动时，重砣会

往西，从而起到一些制动作用；当吊篮随后又往西摆时，重砣却会往东，这就又起到一些制动作用。这样连续进行多次制动后，吊篮的摆动就会慢慢地消失了。这个方案一经提出，众人就拍案称妙。

可是，当在实验大厅实验那个新制动装置时，结果却是出乎意料的。那个能移动的重砣不但没能削弱吊篮的摆动，而且由于重砣的移动通过短吊绳，还和天花板发生了力的偶合，以至吊篮产生了一种新的绕圈运动。

这个实验结果出来后，众人才想到，他们犯了一个违反动量守恒定律的低级错误。因为一个孤立系统的运动状态是不会因系统的内力所改变的，就像骑在自行车上的人想用双手去推自行车前进会完全无效一样。因此，用电机通过螺杆来推重砣是不会使吊篮的运动状态改变的，所以那位日本专家改用"力矩控制陀螺"来控制吊篮的姿态。这个新措施的巧妙之处是，吊篮和其内的高速陀螺会构成一个孤立系统。如果用电机去改变陀螺的姿态，那么吊篮就会反向改变其姿态，以保持这个孤立系统的动量不变，这样就能有意识地调整吊篮的姿态了。显然，如果陀螺的姿态已累计变到了其极限位置，那么它就也不能再控制吊篮的姿态了。因此，那个陀螺的重量和转速都应做得尽量大，以增大可起作用的范围。作者曾做过一个重12千克的陀螺飞轮，其转速可达到每分钟6 000转。为尽量节省飞轮启动的能耗，专用电机的启动加速时间竟长达40分钟，远远超过了一般电机仅需数秒钟的启动时间。

这种力矩控制陀螺的方法后来也被俄罗斯和中国气球所采用。

作者在研讨会后也想出了一种能控制高空气球姿态的简单方法，即利用30千米高空的稀薄空气作为外力源。具体方法是，在吊篮内放一些电扇，然后利用电扇推空气的反作用力来影响吊篮的状态。因为吊篮摆动得很慢，所以相应的动能就很小。估算表明，如果一个重达1吨多的吊篮的摆动幅度为1分（角度），那么，那些风扇只需用10克力推4分钟，吊篮的摆动就能停下来。那位日本专家的复算结果也是用4分零4秒就会生效，后来他不禁感叹道：我们习惯认为高空气球外已无空气了，所以就不会想到去利用它，但实际上那1%密度的空气是能被利用的，我们怎么早没想到呢？

5.23　真是轻功吗？人真能刀枪不入吗？

我们可能从电视上看过这样的节目：一位身怀轻功绝技的武林高手在水面上健步如飞。那么，这位武林高手真的有轻功吗？但是力学告诉我们，重力是不可能被消除的，除非该物体在做曲线运动，它的离心力才可能"抵消"重力，但即使那样，重力也未真正消失，因为正是有重力，它才能抵消离心力。以上情况也适应于人造卫星，虽然卫星上的人能感到失重，但重力实际并未消失。

我们先从浮在水面的小物体说起。能用长脚停在水面（像大蚊子那样）的小型昆虫，它的重量很轻，只有几十毫克，而水的表面张力不止几十毫克，所以水靠表面张力就能托住那个昆虫。

曾有一位被作者邀请来华访问的丹麦学者，在西安一口著名的井旁被告知那井水是神水，能托住游客放进去的硬币而不沉。可第二天那位学者却对我说，昨晚他在茶杯的水中也放了一枚1分的铝质硬币而不沉。这件事说明，铝的比重虽大于水，可水的表面张力却能托住小的硬币。当然，水的表面张力是不足以托起稍大且较重（如面额为1元的）的硬币的。

作者还在电视上看过一种蜥蜴，它能飞速地在水面上跑，甚至能越过相当宽的河面而到达彼岸。蜥蜴能这样做，是因为它占了体形很小的便宜。一只小蜥蜴的体重如为20克，且它的一个踩水脚掌的面积如为1平方厘米，那么当它高速踩水时，水对它的脚掌只要产生大于20克的阻力，就能托住它不下沉。这时，它脚掌受到水阻力的压强不过才20克/平方厘米。这个压强不大，故蜥蜴快速奔跑就能达到足够的踩水速度，从而使自己在水面上奔走（为了防止蜥蜴双脚都离水的瞬间，其躯体会下落，蜥蜴踩水的力应大于它的体重）。

能在水上奔跑的蜥蜴

但是人比蜥蜴大很多，如一个人的体重是60千克，那么他一个脚掌的面积约为$10×20=200 \text{ cm}^2$。他踩水的阻力如想托起体重，则他脚掌下水力的压强需要高达$\frac{60}{200}=0.3 \text{ kgf/cm}^2$，这个值比小蜥蜴的大了15倍之多。这意味着，人如要像小蜥蜴那样在水面上奔跑，那么人脚踩水的运动速度要比小蜥蜴快$\sqrt{15}$倍，即大致是4倍。进一步的力学计算表明，人踩水的速度要达到每秒7～8米，水的阻力才能托起人的体重。一名短跑运动员在经过适当的训练后，有可能达到每秒7~8米的下踩速度。这样，轻功表演者如穿了一双特制的大鞋，那么他应该可以用低于每秒6米的踩水速度在水面上奔跑。

如果那位表演者真有轻功，那他应在水面上跑几百米以后仍不沉。但他如果是靠速度踩水而并无轻功，那么他在跑完几百米而很累后，就会开始下沉。

一种轻功表演

写完本节后，作者才在电视上看到：所谓的轻功表演者，不过是在一长串用绳子连在一起而浮在河面的木板上快跑才不会下沉的。因为薄木板的尺寸大达50×50=2 500 cm²，这比人的脚掌要大很多，所以那位轻功表演者不用跑得太快，也不会下沉。

传说，汉朝的大官东方朔聪颖过人。一次，有人为汉武帝觅得了"不死酒"，说是此酒饮后可以不死。那天，东方朔在酒桌上却先喝了一碗"不死酒"，汉武帝见了，不禁大怒，要杀了他。不料东方朔却理直气壮地说："陛下可杀不了我，因为我已喝了'不死酒'。但如果我真被杀死了，那么这个'不死酒'就是假酒，陛下总不至于因假酒而错杀我

吧。"汉武帝考虑良久后，令人用小刀在东方朔的手臂上试划了一下，结果东方朔果然像常人一样，立即淌出了血，看来那个"不死酒"真是假酒。至此，汉武帝对此事也只好不了了之。

不久前，国内电视节目上曾播放了一位大师的表演，他用一个电钻对着自己头上的太阳穴钻了好一阵子。事后，他向观众展示，钻头仅在他的皮肤上留下了红印，而钻头并不能钻入他的脑袋。

其实，这个观众"眼见为实"的惊险节目只是个魔术而已，其在力学上有三种作弊的可能。第一种是，电钻在转动时，必须对其进行加压，钻头才会前进。该大师在用电钻钻太阳穴时，可以不真的用力压电钻，这样就没有危险。第二种是，有些电钻具有正、反转功能，那种电钻只有在正转时，钻头刀刃才有切削作用，而反转时，钻头刀刃后面是平面，根本无切削作用。那位大师只要用手指轻拨控制电钻正、反转的电钮一下，那电钻就会改成反转，但旁人是完全看不出电钻的转向已改变了。第三种是，钻头的刀刃只要不太锋利，在轻压时，就钻不破坚韧的皮肤。

不怕钻的头（仅用于科学阐释，切勿模仿）

据此可推知，那位大师是不敢请其他人用电钻来钻他的，除非此人已事先串通好。

该大师还表演了用自己的颈部去顶一根长矛，该长矛再去顶一辆汽车，而该汽车居然可以被推动。这样，观众会以为他的颈部也是刀枪不入的，可如仔细察看，就会发现那根长矛的矛头是圆钝而不太尖的。

用颈部推汽车（仅用于科学阐释，切勿模仿）

另一方面，由于这辆表演用的汽车的车轮内用了滚珠轴承，所以用一二十千克力就可以将其推动。因此，这位大师的表演应该不会太难。

如果换一根很尖的长矛给那位大师，那他肯定不敢用那根尖矛去推汽车。

最近在互联网上看到了一个国外的视频：一位大力士在胸前交叉双臂后，竟用双手拉住了两架螺旋桨在飞快转动的飞机。

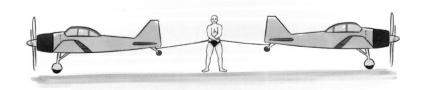

大力士拉住了两架螺旋桨在飞快转动的飞机

但如分析一下，就会发现那也是不难做到的。因为一架飞机的螺旋桨产生的拉力经实测才 220 千克力，这样，大力士只需花 220 千克力，就能拉住那架飞机。如大力士的双手各拉 220 千克力，那么飞机对大力士的拉（断）力是否应加倍而成为 440 千克力呢？答案却是否定的，大力士受到的拉力应该还是 220 千克力（答案见书末解答之 No.4.3.1.5-2）。如果以上分析正确，那么那位大力士应不难拉住 220 千克力的力。所以说，那位拉住飞机的大力士并没有过人的本领。

可是，那位大力士却不能只拉住一架飞机，其原因相信读者已能自己想出。

类似的力学表演还有很多，但基本上都是钻了常人缺乏深入的力学认知能力的空子。例如经典的硬气功表演节目，是在一名躺在钉板上的气功师的身上压一块厚石板，然后旁人用大锤将厚石板敲碎。事后，那名大力士居然安然无恙，只是皮肤上留下了一些红斑而已。

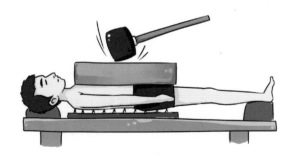

气功师的胸口碎石表演（仅用于科学阐释，切勿模仿）

其实计算一下就可得知，气功师身下顶着的诸多圆头钉，如果每个圆头钉的平均承重为 5 千克，那么几十个圆头钉就能轻易托住人加上厚石板。此外，很大质量的厚石板在被大锤击打后，几乎不产生加速度。这样，厚石板就会几乎将大锤的动能全部吸收，剩下的一点儿动能也被人那可压缩变形的肉体缓冲了。

5.24　武术散打中的一招——用自己的头去猛撞对手的头

在武打片中，我们都看过这样的场景：两人在酣战时，甲方会突然用头去撞乙方的头，结果居然把乙方给撞昏了。这个情况用力学讲得通吗？是不是当两头相撞时，主动方在力学上会占到一些便宜呢？苏联科普大师别莱利曼在他的名著《趣味力学》中提到了一个与以上情况十分类似的趣题。上世纪初，美国一家报纸一日登载了下列趣题：说是先在桌上放一个生鸡蛋，然后用手猛推另一个生鸡蛋，让它去撞那个静止的鸡蛋，如假设两个鸡蛋的形状和蛋壳的厚度都一样，则动的那个鸡蛋比较容易破。

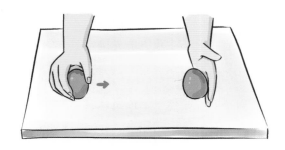

动的鸡蛋撞静止的鸡蛋

原因是，动的鸡蛋在撞击减速后，其里面较重的蛋液会因惯性而不能立刻停止运动，所以它的蛋壳在向外冲的蛋液的张力下易于破裂。这是因为，蛋壳的受力性质和水泥一样，是耐压而不耐拉（张）的。这结论听起来还真有点道理，可别莱利曼却凭直觉说这种理论错了，但他似乎也不能指出这种理论错在哪里。本书作者经过长期的思索，终于找出了这个理论错在哪里（答案见书末解答之 No.5.24-1 中）。别莱利曼在他的书里也是不说的，他只指出，那种动的鸡蛋易碎的说法与力学定律不

符，因为从力学上说，两个物体的运动是相对的。这意味着，两个鸡蛋相对而行，你可把甲鸡蛋看成是动的鸡蛋，而把乙鸡蛋看成是静止的鸡蛋，但你也可以反过来把乙鸡蛋看成是动的鸡蛋，而把甲鸡蛋看成是静止的鸡蛋。照这么说，两个鸡蛋的运动特性应该是一样的，所以并无孰动孰静之分。

我们在两个鸡蛋相对运动的情况下，如引入一个第三参考者——地球，那么那个静止的鸡蛋相对于地球确实是静止的，而动的鸡蛋相对地球却是运动的。那么，应怎样去说明静止的鸡蛋也有动能呢（答案见书末解答之No.5.24-1）？

如果前述的动的鸡蛋和静止的鸡蛋相撞后，两者的破裂程度应该是一样的，那么当两头相撞后，两人受损的程度也就应该是相同的，即主攻方不会占到丝毫便宜，除非主攻方能先确定对方的头明显大于自己的头（理由见书末解答之No.5.24-2）。

有兴趣的读者，不妨在家做一下撞蛋试验，经过几十次试验后你会发现，动的鸡蛋和静止的鸡蛋先碎的概率是大致相等的。

5.25　对鸽子能找到家的似是而非的解释

人们早就知道鸽子有认家的本领。鸽子即使被装在箱子里又运到几百千米外，它从箱内出来后，还是能飞回家。

但至今科学家仍不了解，鸽子是怎么知道远方家的位置的。世上曾出现过鸽子找家的近百种解释，现将最常见的几种介绍一下。

解释一：经解剖会发现，鸽子的喙上有少量的铁粉，因而鸽子可以靠那些铁粉对地球磁场的作用来得知南北，就像人有了指南针一样。鸽子既然知道了南北方向，就可以找到家了。

2015年11月的一天，新闻上说，中国某研究所新近发现了鸽子血液中有一种蛋白质带有磁性，这就使鸽子能得知南北方向，并说这一发现将有助于研究鸽子是如何认家的。

　　乍一听以上说法似乎有些道理，但进而一想就可知，光靠体内的指南针，即使再加上体内的生物钟，被运到几百千米外的鸽子仍是不可能得知家的位置的。除非鸽子具有"惯性导航"的特殊功能，即那只被关在箱内而运走的鸽子，如能感知自己被关在箱内后一共经历了多少种运动，即它移动的方向，加速度的大小和时间（以算出箱子运动的最终速度），匀速移动了多少时间才减速的，才可能算出自己已被运到（离家的）什么地方了。但这种复杂的"惯性导航"方法，连人类也只是在不久前（不到100年）才用来给飞机和洲际导弹导航的，难以想象，鸽子会有这种神奇的计算本领。

　　解释二：鸽子是用太阳的位置来导航的。当鸽子被带到一个新地方后，太阳的位置（是与时间有关的）就和它家乡的不一样了，从而鸽子可推知它应向何方飞。

　　但是，利用太阳在天空的运行规律来测定自己（海船）位置的方法，是人类经过上百年的研究才掌握的一种复杂技术。要使用这种方法，既要测定太阳的仰角（甚至方位角）及当时的时间，还要有一本精确编制出来的航海天文年历（以查到当天的太阳在天球的赤道坐标）。鸽子不可能有太阳的位置表，即使它有生物钟，又能看出太阳的偏角，但它仍不能确定自己的位置。有人做过以下试验：即他先把一只信鸽关在暗室内，然后开、关灯以模拟一天中的天亮、天黑时段。接着，他每天将开、关灯的时间提早6分钟，这样经过10天后，鸽子的生物钟就被人

为地提早了 1 个小时。再把那只鸽子运到几百千米外，在晴天下放飞。试验结果是，开始那只鸽子真的飞错了方向，但不久后它就发觉了这一点，从而回到了正确的飞行方向。以上试验说明，鸽子至少不是单靠太阳来导航的。

鸽子生物钟的准确程度能达到 1 分钟，即比人生物钟的精度还高。国外有人发现，即使是蜜蜂，它的生物钟也能准到几分钟。实验如下：每天下午 4 点半，他都会准时在窗台上放上蜂蜜，于是一只蜜蜂就知道了这一规律，每天都会在 4 点半准时赶来。有一天，忽然来了好多蜜蜂，大家都抢着吃蜂蜜。于是第二天，那只蜜蜂就早来了 5 分钟，原来它是想吃独食呢！

近年来，全球定位系统 GPS 已广泛用于记录车辆的运行轨迹。于是就有人制造了微型 GPS 记录仪（最小的只重 4 克，可装在鸽子的脚上或背翅上），来记录小动物的行动，例如记录鸽子回家的路径。如果将记录到的鸽子回家的路径与鸽子被运走的路径相比较，就可以知道，鸽子是否是按被运走的路径回家的。如果是，那么鸽子就是用了"惯性导航"技术回家的。但是从 GPS 记录的鸽子回家的路径可看出，鸽子并不是沿直线路径回家的，它们经常会飞出曲曲弯弯的轨迹，而且重复性也不好。所以分析研究鸽子的 GPS 轨迹，效果并不太好。

解释三：鸽子是靠地标（如山脉、河流）认家的。那鸽子只可能在它比较熟悉的家乡邻近地区用地标导航，如将鸽子放到几百千米外它从未去过的地方放飞，那鸽子将无法利用地标。

解释四：在 2012 年前后，一位美国科学家在看到鸽子的飞行方向会受到民航喷气机轰鸣声的干扰后，他推测喷气机的低频（次声）噪声可

GPS记录的鸽子回家的路径

能是干扰鸽子飞行的原因。他认为，鸽子可以听到频率低至0.1赫兹的次声，而当鸽子的家乡有风吹过时，会发出一种独特的次声，次声又能传播几百千米之遥，于是鸽子在家乡次声的引导下，就能正确地飞回家了。

虽然鸽子靠次声导航的这项新发现颇受世人重视，但本书作者仍觉得，这种解释尚须证明以下几点后才能成立：第一，鸽子那么小的耳朵和不大的双耳间距如何能感知次声和那波长达到上千米的次声所传来的方向。第二，鸽子远离家乡后，其当前所在地的次声和邻近地区的次声都应远强于从遥远家乡传来的微弱次声，那么鸽子又是如何从这么多的强干扰信号中找出它家乡的弱信号的？第三，若鸽子的家乡当时正好没有风，那就压根不会有次声，那么鸽子怎么能靠次声回家呢？

解释五：这个解释是作者提出的，即鸽子用简化"惯性导航"技术回家的解释。

人类使用的"惯性导航"技术包括一个陀螺仪（能起到指南针的作用）、一个计时器（时钟）、一个加速度计和一个简易电子计算器。如果

一个人和一只鸽子在同一汽车内，从起点 A 开行若干小时而达到终点 B 后，由惯性导航仪记录下的汽车运行轨迹（为简化起见）假设如图 5.25-1 所示。

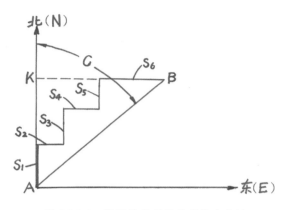

图 5.25-1　惯性导航仪记录的汽车轨迹

图 5.25-1 中的距离 S_1、S_2……S_6 是惯性导航仪根据它记录到的各个速度读数再乘以运动的时间（T_1、T_2……T_6）而算得的。显然，人在 B 点下车后，他可以由已算得的角度 C，用一架直升机从 B 点返回 A 点。在上图中，C 可由三角公式 $\tan C = \dfrac{KB}{KA}$ 算得。

再看被运到 B 点的鸽子，它应不知道汽车驶过的那六段距离各是多少，因为它不可能知道汽车的速度。但鸽子应可感知到汽车起步加速时其身体的惯性力方向，再结合它的方向感（它能感知磁南），所以它很可能感知到汽车有时在往北运动，有时又在往东运动。鸽子虽记不大清它往北或往东运动了几次，但它的生物钟应该可以告诉它，往北运动的各次的总时间 T_7，和往东运动的各次的总时间 T_8，这样，在鸽子脑海中的 B' 点可能如图 5.25-2 中所示。

这样，在 B 点放飞的鸽子认为它的回家角度是 C'。若我们认为汽车驶过那六段距离的速度V是相同的（这一认定是大致符合实际的），那么我们可以证明，鸽子采用的回家方位角C'和由惯性导航仪算得的回家方位角C在理论上是一样的。

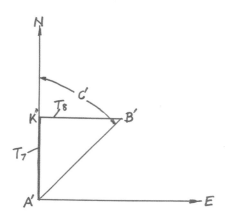

图 5.25-2　鸽子脑海中的 B′ 点的位置

因为有 $\tan C=\dfrac{KB}{KA}$ 及 $\tan C'=\dfrac{K'B'}{K'A'}$，而 $\dfrac{KB}{KA}=\dfrac{S_2+S_4+S_6}{S_1+S_3+S_5}=\dfrac{VT_2+VT_4+VT_6}{VT_1+VT_3+VT_5}=$

$\dfrac{V(T_2+T_4+T_6)}{V(T_1+T_3+T_5)}=\dfrac{T_7}{T_8}=\dfrac{K'B}{K'A}$。既然 $\dfrac{KB}{KA}$ 会等于 $\dfrac{K'B}{K'A}$，那么直角三角形 ABC 和 $A'B'C'$ 是相似三角形。虽然两个相似三角形的大小可以不同，但它们的对应角是完全相等的，也即 $C'=C$。

因此，作者得出了一个出乎意料的推论，就是那只鸽子不必知道汽车的运行速度，仅依靠汽车的运动方向和运动时间这两个参数，就可以在到达 B 点后得出它应飞回家的方位角 C'，而这个 C' 竟会与由惯性导航仪算得的回家方位角 C 在理论上完全一致。

但是实际上，鸽子记忆的各时段会有时间误差，它判断的车行方向也会有误差，而且车速也不会随时相等，因此鸽子判断出的终点位置 B' 就会与车到达的真实位置 B 有相当大的距离误差 e。这个误差 e 意味着

鸽子回到起点 A' 时，A' 与真实的 A 也会有误差（大致也会是 e）。但如果 e 小于 20 千米，那么，鸽子靠它熟悉的地标（山脉、城市等）仍可以找到家。但 e 若太大，鸽子还可以在终点的附近四处寻找，如还找不到，鸽子就可能找不到家了。鸽子经过 100 千米，200 千米……1 000 千米到达 B 点后，如只允许 B' 有（绝对）误差 20 千米，那么对应的相对误差就是 $\frac{20}{100}$、$\frac{20}{200}$……$\frac{20}{1\,000}$，即 20%、10%……2%。由上可见，鸽子如能在 200 公里以内放飞，其能成功回家的概率还是较高的。放飞的距离越远，鸽子回家的成功率就会越低。幸而在信鸽放飞竞赛时，往往会同时放出上百只鸽子，通常那些鸽子会在放飞点的上空先飞上一两圈，通过相互交流，它们最后都会向一个最可取的方向飞。如果一只鸽子判断的 B' 有误差 200 千米（放飞距离为 1 000 千米时），那么按照误差理论，100 只鸽子判断出的平均 B' 的误差会小到 200 千米的十分之一，即 20 千米。这个不大的误差，所对应的鸽子能成功飞回家的概率就不会太低。

5.26　月球表面的环形山不是撞击坑

自从伽利略 1609 年用望远镜首次发现月球表面上布满了环形山后，对环形山的成因就长期存在着两种解说——"火山喷发说"和"小天体（陨石）撞击说"。在早期，"火山喷发说"曾一度占过上风，因为"火山喷发说"很容易解释清几乎所有的环形山都是正圆形这一现象。而用"小天体撞击说"就很难解释为什么以斜方向撞上月球表面的陨石，它撞击带来的坑也是正圆形的。在人们的想象中，只有垂直撞上月球表面的陨石，它们才能撞出正圆形的坑。而大多数陨石都会斜撞上（甚至擦边撞上）月球表面，那么这种陨石坑应该是椭圆形的，甚至是扁长形的。一些学者（包括本书作者）曾想证明，凡是能被月亮引力俘获的陨石，必然会垂直落向月球表面，而这样落下的陨石，其撞击坑就一定是正圆形的。可这些学者研究后却失望地发现，陨石一般都是以各种倾角撞上月球表面的。正像他们在地球上看到的，流星（陨石）都是斜着划破夜空的。

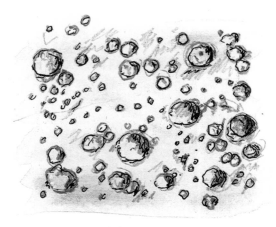

月球表面上的环形山

直到伽利略之后300多年，天文学家才弄清为什么斜着撞到月球表面的陨石也会撞出正圆形的撞击坑来。原来那些以极高速度撞上月球表面的陨石，在它们撞上月球表面的瞬间所产生的撞击力学效应，与炮弹着地爆炸的力学效应十分相似。实际上，高速陨石在撞上月球表面时，其下方的岩石（或岩浆）在遭到极度压缩破碎后会激烈地反弹回来，加上撞击点的陨石和月球表面由于高热而瞬间汽化，并像炸药那样产生极大量的气体。综合上面两个效应可知，陨石相当于在月球表面上的撞击点发生了强烈的爆炸，而这个爆炸的效果就是形成了一个比陨石本身大几百倍的正圆形环形山。进一步的研究和模拟实验表明，环形山高出月球表面的那些物质并不是从月球表面上空落下而堆积成的物质，而是因月球表面撞击点向外压缩出来的物质。

此外，陨石坑底部的月球表面因高温而熔化，所以陨石坑的底面都是很平坦的。

到了近代，月球表面上的环形山都是撞击坑的说法才得到各国天文学家的公认。

5.27 造假的报道：飞行员抓到了脸旁的子弹

100年前，一则报道说，一位法国飞行员在空中驾机时，感到脸旁有一个东西在飞，他以为那是一只昆虫，于是便一把抓住了那东西，而后定睛一看，才发现抓到的竟是一颗子弹，幸好那飞行员戴着手套，所以才没被子弹烫伤。上述报道被收录在《趣味物理学》内，而且该书还说，这不是无稽之谈，在现实中是可能发生的。因为那颗子弹的动能已近耗尽，其速度已降低到与飞机的速度恰好相等，以至飞行员能一把抓住那颗子弹。

乍一看，这个解释还是挺合理的。可是学过弹道学的人应能立即发觉，这个飞行员抓住子弹的报道纯属虚构，因为那是不可能发生的。原因是，那颗子弹除在向前运动以外，在重力的作用下，它还一直在朝下

飞行员抓子弹

快速地掉落。所以，这颗子弹是不可能停留在飞行员的脸旁的，哪怕只停半秒钟也不可能。

假设那架飞机恰好在俯冲下落，那么飞行员不是就可以跟子弹一起下落了吗？答案是，那架飞机即使有意俯冲，飞行员还是不能与子弹同步运动（答案见书末解答之No.5.27）。

5.28　有用的东西都已被前人抢先发明完了

一天，一名高中生告诉他的父母：物理老师今天说，你们生不逢时，迟出生了100多年，以至世界上有用的东西都已被幸运的前人抢先发明完了。他还列举了一串例子：如人要上天，就有莱特兄弟发明的飞机；要想在地上移动得快，就有史蒂文森发明的火车；要想出海，就有装着瓦特发明的蒸汽机的轮船；要想入海，就有潜水艇；要想飞上月球，就有登月宇宙飞船；要想和远方的人交谈，就有贝尔发明的电话机；要想无线通话，就有利用马可尼发明的无线电传播的手机；要想看节目，就有电视……总之，能发明的有用东西，都已被前人发明完了。留给你们可干的，就只有好好学习而已。

乍一听，那位物理教师讲的倒是事实。当前，留给我们的单项的可发明事物可能已不多，但随着科技的不断进步，人类生活中涌现出了许多更高的需求，而这些需求往往已不是简单到只用力学就能解决，它们往往是需要应用多门学科去解决的跨学科难题，有些项目虽动员了数百人，又花了数十年，但仍未能成功。

如仔细一想，这类未解决而亟待发明的问题简直多得不胜枚举，现仅举几个例子：

1. 人类现在正研究一种新的运输系统——真空管道运输（本书4.10

中已有叙述），它离成功尚很远，其中就有不少力学难题。

2. 发明一种可行的黄河治理方法。众所周知，黄河因积沙而导致河床不断抬高，现黄河下游的河床已高出地面，而黄河已成为一条悬河，今后一旦决堤，后果将不堪设想。防治黄河积沙也是一个几千年没能解决的力学难题。

3. 发明一种能有效利用海洋波涛及潮水能量的东西，如轮船有些时候可以靠波浪的动力前进。

4. 发明一种效率更高的发动机，让它比内燃机和汽轮机有更高的燃料利用率。

5. 发明一种供航空母舰用的新型弹射起飞装置，让它比电磁弹射器还要好。

6. 找出鸽子能找到家的真实原因，说不定由此你还能发现一种新的物理效应。

7. 发明一种飞行背包，人背上它，可以飞行几十分钟。美国一家公司曾多年研制这种背包，取得的成果是，人虽然可以用喷气法前飞，但停留在空中的时间不能突破二十几秒。1984年，在美国洛杉矶举行的奥运会开幕式上，这家公司用自己发明的飞行背包表演了一个飞人点燃火炬的节目。但美国军方总是不肯接受这个飞行背包，因为侦察兵如果只能飞二十几秒，那么派他去侦察敌情，将无异于用肉包子打狗——有去无回。

如果再包括对已有器具进行改进的课题，那么等待我们去发明、改进的课题就会多到上千项。又如果不仅限于力学，如在医学领域，那么等待我们发明的重大课题就有更多了，如发明能治愈癌症的药物，发明能治愈艾滋病的药物……

大多数人是没有机会去从事那些尖端科技的研究的，但他们总在从事某项工作，所以他们大可在本领域创造出一种比当前更好的技术。例如一位卖包子的工人，他可以试着做比别人都美味的包子。所以，前面提到的那位物理老师应该改口对学生说："你们真是生逢其时，现实生活中，竟有那么多东西有待你们去发明和改进。"

不过，世上也有一些东西是不可能被发明出来的。例如很多人都从事过的永动机研究，虽经过了300年，但仍没有一种永动机真的出现（用魔术作弊的永动机倒有几种）。这是因为，物理规律告诉我们，世上的能量是守恒的（而且归根结底几乎全部来自太阳光，而太阳能又来自核能）。如你用拳头捶一下桌面，其动能也来自太阳能。正因为能量不会凭空产生，所以也就不会有永动机出现。

不可能发明的东西还有炼金术，即用普通金属炼出黄金来。纵使最聪明的牛顿，也只能以失败告终。

5.29 英法海峡是由地球板块移动形成的

当"板块移动学说"在20世纪后半期被学者广泛接受后，自然就有人会想到，目前英国和法国之间的海峡可能也是由板块移动所形成的，正像南美洲从非洲漂移出去而形成了大西洋那样，只是前者的规模较小而已。

以上的猜测，当时也能找到一些旁证：一是英国和欧洲大陆的古生物化石相同，且古人类化石也是基本相同的；二是英法海峡两岸的地质构造甚至削壁的形状和岩石种类都是一样的。以上两点难道还不够证明英国从前是和欧洲大陆相连的吗？

英法海峡地图

　　但是不久就出现了质疑：新技术测得目前的英国并不在漂离法国，这就不像南美洲目前还在漂离非洲那样。此外，从测量绘制得到的英法海峡的海底地形可知，此海峡东北段的海底是相当平滑的，就像被大石块磨平过一样。还有，从英国出土的古人类化石存在一个断档，即缺失距今30万年左右那段时期的古人类化石（更早的化石倒不少）。以上三点都很难解释。

　　于是，一位英国教授就提出了关于英法海峡生成的新理论。新理论中涉及一些很有趣的力学问题，作者决定不惜笔墨地介绍一下。

　　那位教授提出，英法海峡较宽的大部分地区是很早就形成了的。可是，海峡的东北段（英国的多佛尔和法国的加莱附近）在约30万年前却是一个约40千米宽、100千米长的陆桥。此陆桥将现在的英国本土和欧洲大陆相连，于是大陆上的动植物就都能从陆桥上顺利地到达英国本土了。这就能很好地解释为什么英国和欧洲大陆的古生物化石是相同的。

　　那么，该陆桥是怎样消失的呢？那位教授的设想是：在约30万年前，陆桥东边发生了一次规模大得难以想象的洪水，正是那场特大洪水，才把长达近百千米的陆桥给冲掉了。现可推想，那位教授在萌生古陆桥是被洪水给冲掉的这一新概念时，他自己应该也会怀疑：该用什么机制去解释地球上为什么会发生威力那么大的洪水呢？如果他想不出合理的机制，那么他的新理论就只能"自欺"，连"欺人"也办不到。乍一想，倒真不易想出冲掉了陆桥的特大洪水的机制。世上有很多民族都传说，古代有过大洪水。《圣经》中也说过，远古时曾一连下了40天的大雨，以致积水竟淹没了山顶若干天。但即使是那样大的洪水，也很难想象它会冲掉整座陆桥。所以可推知，那位教授很可能去向水力学专家求助了，并得出了如下推测。

约30万年前，目前的英法海峡东北部是一片高地，在那片高地上，有一个被众山环抱的大湖。该大湖规模大到可与当今美国北部的五大湖相比，而且湖中积蓄了来自周围山上冰雪的大量融水，于是那高达几百米又容量极其庞大的湖水就有了天文数字般的巨大位能。忽而一日，当地发生了大地震，并使大湖一侧那起着大坝作用的山体坍塌了。于是，溃坝后的湖水就以排山倒海之势径直冲泻下来。假设冲下来的流水速度达到每秒50米，那么人们用流水的阻（推）力公式就可方便地算出，上述高速水流对它路径上的阻拦物（每平方米）的推力 f。应用的公式是 $f = \frac{1}{2}C\rho sv^2$，在这个以前曾用过的公式中，阻力系数 C 可取1，在用上式计算时，水的密度 ρ 应取100千克/立方米，阻拦物体的截面积 s 可取1平方米。这样，当流水速度用每秒若干米来表示时，用以上公式算得的推力 f 的单位就是常用的千克力。

我们将上述各参数的数值代入公式后就可得到，以每秒50米的速度

流动的洪水，对阻拦物每平方米上的推力 f 为 125 000 千克力。这样，夹杂着大量岩石的高速流水（实际上是泥石流）将以每平方米 125 000 千克力的惊人推力，瞬间剥落陆桥一侧的岩石，而且剥落的速度会很快。即设，以每秒陆桥仅能剥落 1 米来计算，那么经过 1 小时的连续剥落后，被剥落掉的陆桥宽度已达 3 千多米。所以可以估计，大量洪水只需不到 1 天，就可以将整座陆桥剥落得荡然无存，而且连海底也可被泥石流冲刷得相当平滑。

至此我们可以推知，高山大湖溃坝后形成的大洪水很可能会冲掉整座陆桥。以上设想也得到了美国一批地质学家的认同，因为他们在美国的蒙大拿州也发现了大约 1.3 万年前曾发生过一次大洪水并因此改变了地貌的事件。他们还推知，史前在美国东北部（邻近苏必利湖处），曾有一个大湖也发生过类似溃坝的大洪水，这个大洪水不但冲走了一路上的拦路物，而且还在入海时冲刷出目前纽约港的航道。

上述英法海峡东北部发生特大洪水的另一后果是，当时的动物（包括人类）几乎全部灭绝，只有在高地上的少量动物才得以幸免。之后经过漫长的数万年，少量的原始人才繁衍到相当规模（如数万人）。之所以需要数万年，是因为当时人口的死亡率极高，因而人口的增长率几近于 0（有时甚至是负值）。太少的人口就相应地只能留下极少的古人遗迹，这就能解释英国为什么单单缺少了 30 万年前的古人化石。

急流着的水有非常大的破坏力这一特点，在 20 世纪后半期曾被工程师用来发明"水刀"。其原理是，用极高的压强将水从一个小孔喷嘴内高速喷出。这个喷出的水柱虽然很细，但它能以极大的动能（水的流速达到 2 倍音速）来切割厚钢板、水泥或玻璃。不仅如此，水刀还能切割很轻薄的物体（用普通刀却会很难切），如织物、软食物等。水刀最初被用来去除工业锅炉长管道内的水垢，以及切割修理柏油路面。之后，人们发现如在水刀的水中加上细硬砂，那么这种水刀的切割效率就会显著提高。现在，水刀已在航空航天的异形零件精密加工领域得到广泛的应用。

关于水流能推动石块的力学现象，一本关于力学的科普名著中说，水的流速如增大至原值的2倍，那么此时的水能推翻的方石块的边长将增大至原值的2的6次方倍，也即64倍，并说这一现象是物理学中罕见的6次方规律。但读者如用本节前面计算水推石块的公式去计算，就会发现所谓的6次方规律是不对的。正确的规律应该是，水的流速如增至2倍，那么它能推翻的（在水中的）方石块的边长只增加到2的平方倍，即4倍而已。

现举一个例子来说明：要推翻（不是滑动）水底一个边长为1毫米而比重为3的砂粒，那么，我们可以先求出此立方形砂粒压在水底的重量（应扣去水对砂粒的浮力）为一百万分之二千克。然后用熟知的公式 $f = \frac{1}{2}C\rho sv^2$ 去计算，要多大的速度 v，才能产生一个等于一百万分之二千克力的力 f。经过计算，我们得到水流的速度 v 只需达到0.2米/秒，就可以推翻这个边长1毫米的方砂粒。这样，我们再把小砂粒的边长改为2的平方倍，即4毫米，并算出它在水中的重量，然后用前面的公式算出要推翻它所需要的流速，所得到的计算结果是 v 为0.4米/秒，即为前述0.2米/秒的2倍。这就证明了，v 如增至2倍，那么相应的水所能推翻的方石块的边长不是6次方规律的64毫米，而只是平方规律的4毫米，如运用平方规律，要推翻边长64毫米的方石块，水速需达到1.6米/秒，这个数值大致符合我们的经验。我们如在地面上放一块边长64毫米的方石

块，并对它横泼一盆水（控制水速达到 1.6 米/秒或使水从某一高度流下，再转向水平，使其达到所需流速），则那股水流大致能推翻那块方石块。而如用 6 次方规律算出的 0.4 米/秒的水流去推那块边长 64 毫米的石块，将根本推不翻。

对小溪中石子的移动情况，大多数人会看到石子在作翻滚的流动，只有极少数人会注意到石子在翻滚前会先经历平动。

5.30　阿基米德用上百面镜子烧掉了罗马战船

有一则留传了几千年的著名传说：海边小城叙拉一日遭到了罗马船队的袭击。当时，城中只剩下老人、妇女和儿童，幸而有阿基米德，他要全城的老人、妇女和儿童，各自带上家中所有的铜镜到海边去集中。然后让众人用上百面镜子，将阳光集中照射到最近的领头战船上的一处。结果该处被照得燃烧起来，整个船队只好落荒而逃。

战后，罗马指挥官马塞拉斯苦笑着说："那次是整个罗马船队和阿基米德一人的战争，而我们则败给了他的智慧。"

用上百面镜子点燃木船的传说

几千年来，不少人对上面这个传说半信半疑：阿基米德真能用多面镜子点燃木船吗？

作者对镜子集光的升温效果作了定量计算分析后，得出的结论却是：无论用多少面铜镜，即使木船很近，那些镜子所聚的光也不足以点燃木船或船上的帆布。其原因是，各镜子所聚的光斑太大，而这个大光斑内的温度是根本达不到木板的燃点（350度以上）的。这是因为，木板的温度在达到200度后，辐射和强烈的重力对流会使散热极快，以至温度不会再升高。

2006年，美国Discovery的"流言终结者"曾专门拍过一个专题节目，名为"要命的聚光镜"。它证实了，用几百面家用平面镜反射光去照木船或其帆，并不会使目标起火。而当今，也只有用多块专门的凹面镜反射光，才能将较近的目标点燃。

5.31 热水比冷水先结冰的姆佩巴效应是不合理的

1968年，非洲坦桑尼亚的一名中学生姆佩巴（Mpemba）在做冷饮时，因为冰箱内只有很少空位，所以他就将还未冷却的热牛奶放入了冰箱。后来，姆佩巴发现，那杯热牛奶竟比其余的冷牛奶先结了冰。于是，他就去向物理老师请教原因。但那位物理老师说，一定是姆佩巴搞错了杯子。因为按常理，热牛奶要多花一些时间，才能冷到与冷牛奶一样的温度。姆佩巴在重复实验后，又把相同的结果告诉了物理老师，这回物理老师真以为姆佩巴吃错了药，并取笑他讲的是"姆佩巴物理"。

后来，姆佩巴将这个反常现象告诉了一位来校演讲的大学物理教师。那位大学物理教师回校后做了相同的实验，得到的结果也是热水会比冷水先结冰。于是，那位教师和姆佩巴就联名发表了一篇描述这一现

象的论文。之后，人们就把这个现象称为姆佩巴效应。

后来人们发现，古希腊哲学家亚里士多德和法国数学家笛卡尔都提到过，冬天放在室外的热水会比冷水先结冰。

对于姆佩巴效应的原理，网上有几种猜测：

1. 热水会蒸发，而蒸发会消耗掉大量的热。因为每蒸发1克水，需要的热量竟达500卡，而1克80度的热水，它要冷到0度才只需散热80卡。正因为热水蒸发会消耗掉太多的热量，所以它就快速冷到冰点了。

2. 热水的重力对流会比冷水的激烈得多，而对流会使杯壁的散热加快。当热水很快降温成冷水后，其快速对流的惯性将继续使水快速降温，从而热水能更快达到冰点。

3. 热水在加温时，如温度不够高，那么，水中未被烫死的微生物因为受了刺激而发生爆发性的繁殖。这样，热水冷到冰点后，大量的微生物就成了水分子凝结必需的"核"。所以，到冰点后的热水更容易结冰。

4. 热水中的气体大多已变为气泡而逃逸，这样，含空气较少的0度水就较易结冰。

5. 冷水开始结冰后，会形成一个坚硬的冰壳，从而延缓了内部水的结冰。

总之，人们都认为姆佩巴效应的确切原理到目前为止还未找到。

一开始，作者也和常人的思路一样，以为姆佩巴效应意味着热水会比冷水先到达0度冰点。因为物理课上都提到过，水到0度会结冰。对前述的第三个原因，作者认为，与其说微生物在加热后会大量繁殖，不如说微生物在加热后都被烫死了，所以它们在之后的水凝冰过程中才会成为不动的核心。而未加热过的冷水中的活微生物会乱动，以至水分子难以抓住会动的微生物为核心。作者认为，热水的激烈对流似乎最有可能。记得曾听过一则趣事，说有两人比赛，看谁能先喝完一大碗滚烫的粥。比赛一开始，甲赶紧用勺喝烫粥，结果被烫出一嘴泡还喝不快。而乙却用筷子快速搅拌烫粥，等到甲喝了半碗烫粥时，乙一连几大口就把温粥喝了个碗底朝天。受了上面例子的启发，作者想：杯内热水在温度急降到冷水的温度后，其快速的对流因惯性可能会继续下去，从而使热水先到0度。

但是作者在热水中放入小纸屑后，所看到的对流是十分缓慢的，而且根本没有惯性可言。

之后，作者在做了姆佩巴实验后发现，热水是比冷水晚到达0度的，而且还晚了很多。

做实验时，作者先在杯子里放了两个玻璃杆温度计，以分别测得杯内水的表面温度和中心温度，同时记录水杯放入冰箱后经过的时间。利用记录下的数据，就可以画出水从冷却到全部结冰的温度—时间曲线图。

记录显示，冷水到达0度后，并不是很快就能全部结冰。实际上是冰点的水先在表面出现小块薄冰，且薄冰的体积一开始只有硬币那样大，然后要再冷几十分钟（因为每克水从0度到完全结冰都要散掉80卡的热量），杯内水的表面才会全部封冻，而这时的温度计还能轻易晃动，这说明杯内水的中心部分还未结冰。又经过几十分钟，温度计能晃动的范围才又变小了一些，最后它终于被彻底冻住了，这时，杯内的水才全部结了冰。作者记录到的水从开始结冰到全部结冰的"结冰过程"竟花了240分钟（冷水），这个"结冰过程"的时间比冷水从10度降到0度的30分钟长了好多倍。作为对比，84度的热水降到0度（冰点）的时间为

95分钟，即比冷水降到0度的30分钟长了65分钟。

但记录到的热水从0度冰点到全部结冰的"结冰过程"为205分钟，即比冷水的相应时间240分钟少了35分钟。

综上所述可知，10度冷水从放入冰箱到全部结冰的时间为30+240=270分钟，而84度热水从放入冰箱到全部结冰的时间为95+205=300分钟，即热水比冷水晚30分钟完成全部结冰。以上这次实验，并没有发生姆佩巴效应（后来作者用牛奶做实验，也未发现姆佩巴效应）。究其原因，可能是前人没有使用温度计，他们一看到杯内水及杯壁水结了冰，就误以为杯内的水（或牛奶）全部都结冰了。实验结果表明，杯中水（或牛奶）的最后2%～5%是需要很长时间（如30分钟）才会结冰的，如只看60%～70%的水（或牛奶）结了冰，就算全部结冰，那么就可能出现姆佩巴效应。

我们可以想象，不同的水在进入结冰阶段后，会表现出不同的特性。水的种类有很多，有自来水、瓶装纯净水、矿泉水、直接冷至冰点的水、先加热再冷却了不同时间的水、牛奶、饮料等。所以要把各种水都做一下结冰试验，这样就会得出各种各样的结果。如果有些水的"结冰过程"特别短，那么这种水就可能产生姆佩巴效应。另外，作者也发现，冷水全结冰时的温度为零下6度，热水则是零下4度，而牛奶是零下3度。

作者认为，姆佩巴效应并不是一个普遍现象，它只有在一定条件下才会发生。根据实验记录曲线可知，热水如果不是烫到80度，而只是45度，那么它就会比10度的冷水先全部结冰，即会发生姆佩巴效应。

鸵鸟一直被说成是笨得可笑的动物,因为当它被追时,会将头埋入沙中,这样它认为人家就看不到自己了。

《圣经·约伯记》39:17中也写道:"……因为神使它(鸵鸟)没有智慧,也未将悟性赐给它……"近人也用"鸵鸟心态"或"鸵鸟政策"来比喻人的某些愚蠢行为。

可是,按照达尔文的物竞天择学说,那么笨的鸵鸟应该早就绝种了才对,怎么会存活至今呢?

所以可以推断,鸵鸟应该不是笨蛋,可能是人们误解了鸵鸟将头埋入沙中的真正用意。

如今,人们对鸵鸟将头埋入沙中的用意有几种说法。第一种说法是,我看不见了,那么你应该也看不见。其实,这种说法是完全经不起推敲的。首先,鸵鸟从小就生活在群居环境中,它早就知道,我吃到了东西,决不等于别人也吃到了东西。反之,别人吃到了虫子,也绝不等于我也吃到了虫子。所以,鸵鸟怎么会认为"我看不见了,那么你应该也看不见"呢?其次,鸵鸟不会陷入被追得逃不掉的窘境,因为鸵鸟极善奔跑,其速度可高达每小时65~80千米,而且还能连跑30分钟之久。狮子、猎豹虽然也能跑得那么快,但它们的耐力极差,只要快跑2分钟,它们就会因体温过高而休克,甚至毙命。所以狮子、猎豹等捕猎者都应追不上鸵鸟。

第二种说法是,鸵鸟用长喙深入沙下,以探寻地下水或找虫吃。但沙下一般是没有水的,而鸵鸟的头如不翻沙搜寻,也应该找不到虫子。

第三种说法是,鸵鸟在倾听周围的动静(如动物的脚步声)。这是因

为，沙地的传声效果很好，可以听到微弱的声音，这样鸵鸟可及时逃跑。虽然鸵鸟的视觉极好（它的眼睛竟有鸡蛋那么大），但是附近有障碍物时，优先使用听觉不失为明智之举。这种说法正确与否，我们似可以用耳机去证明沙中是否能快速传声。

第四种说法是，鸵鸟在吃沙子，以助消化。鸵鸟吃沙子是不必将头埋入沙中的，而且鸵鸟将头埋入沙中，就不能呼吸了。

第五种说法是，鸵鸟的这种姿势最宜于反击敌人。有人说，他（在车中）看见过鸵鸟踢死了狮子。由力学计算可知，鸵鸟飞起一腿的动能约为拳王一击的3倍，鸵鸟如能踢中扑来的狮子的颈部，那么沉重的狮头和狮胸将因惯性而不能随被踢中的颈部而运动，这样狮子的颈部就会因变形过度而从内部（包括主神经索）被拉断，导致狮子立即死亡。然而鸵鸟要想踢中狮子的要害部位，就要像足球运动员踢中一个侧面飞来的足球一样，是相当有难度的。鸵鸟要想精确判断狮子颈部的距离，就必须利用它的双眼测距功能（因为单眼只能看到物体的大小，并不能得知物体的距离）。另外，鸵鸟像马一样，只能往后踢腿，这样鸵鸟就不能面对狮子，只能背对狮子。而鸵鸟又要用双眼看到狮子，所以只好将头贴地并用双眼向后看。鸵鸟正是采用了这一有利姿势，才能对付狮子的。可以想象，被踢中的狮子即使侥幸不死，也会伤得不能再追鸵鸟了。有视频记录到，要二三只猎豹合作，才能猎杀一只鸵鸟。如只有一只猎豹，鸵鸟还懒得逃呢！

鸵鸟能想出利用有利姿势来对付来犯者这个主意，说明鸵鸟一点儿也不傻。

另外，美洲的印第安人也掌握了用头贴地以侦察远方动物活动的技

鸵鸟后踢狮子

巧。有人推测，印第安人掌握的这种技巧还是从美洲鸵鸟（现已十分罕见）那里学来的。如果真是那样，我们还能说鸵鸟笨吗？

现在，人们已在圈养鸵鸟，并能拍到多只鸵鸟会同时将头埋入沙中的照片，可见将头埋入沙中是鸵鸟的一种习性。作者猜测，如果有两只鸵鸟同时将头埋入沙中，很可能是它俩在说悄悄话呢！

5.33 挥鞭会响是因为鞭梢的速度超过了音速

有这么一种说法，说挥鞭会发出"啪"的爆炸声，是因为鞭梢的速度极高，以至在空气中产生了冲击波，从而发生了爆炸声。以上说法还可用力学计算来证明。

但是，作者觉得鞭梢的速度是不可能达到音速的。理由是，鞭子运动的动能来自人臂挥动对鞭子所做的功。而人臂挥动一次所做的功只有 20 千克力乘 0.5 米，即 10 千克力·米，这个功还不足以使鞭梢达到音速。

由初中物理就知，鞭梢的动能是 $E = \frac{1}{2}mv^2$，我们只要估计出鞭梢的质

量 m ，就可以用音速 $v=330$ m/s 来求得鞭梢的动能。而要估计鞭梢的重量，我们应先估计鞭梢能达到高速的那一段的长度。我们从人身上的鞭痕形状可以知道，鞭梢的有效长度可达 15 厘米以上。因此可推测出，那段鞭梢的重量至少也有 10 克左右（其质量应为重量被 g 除）。我们将 m 值和 v 值代入求动能 E 的公式后可得 $E=\dfrac{1}{2}\dfrac{\times 0.01\times 330\times 330}{g}=54$ kg·m。

但是人臂挥鞭的功只有前述的 10 千克力·米，尚不及鞭梢想要达到的音速所需动能的五分之一。所以说，鞭梢是不可能达到音速的。如要算上鞭子的全部动能，则人臂能传给鞭梢的功连 10 千克力·米都不到。至于要实测鞭梢到底能达到多高速度也不难，只要用高速摄影机对鞭梢的运动进行拍摄就可以了。作者估计，实测到的鞭梢速度可能连一半音速都达不到。至于鞭梢为什么会响，也并不一定非要用冲击波来解释。例如，有些人能用拇指和中指打出"响指"声，那我们就能说手指运动已达到音速了吗？作者猜测，可能只要产生局部真空，如鞭梢后产生真空，那么四周空气补入时发生互撞，就会产生碰撞声。

第六章

有危险的力学现象

6.1 冒险家从大瀑布上被冲下来会有什么后果?

在加拿大和美国的边境线上，有个闻名世界的尼亚加拉大瀑布。此瀑布被一个中间岛分成两个部分，位于加拿大段的这部分宽度为675米，水流落差达到56米。此瀑布的水量极大，因此远望过去，犹如一面厚厚的水墙。

尼亚加拉大瀑布

有些冒险家曾突发奇想，如自己某日被尼亚加拉大瀑布冲下去而又能生还，那么就可以名扬天下了。其实，如果冒险家在互联网上搜索一下就会发现，早在1902年就有一位美国女教师和她的爱猫一起用木桶首落成功。但那事已隔多年，今天如再用铁桶来试，仍可成为一条大新闻。在准备的过程中，冒险家首先想到，人在瀑布中必须能呼吸，因此氧气瓶和氧气面罩是必不可少的。至于人应采用什么姿势坠落，似乎缩成一团才是最安全的。而当人落到河底时，又会发生什么情况呢？人很可能会像坠楼着地那样突然减速，于是那个减速距离的长短就显得至关重要了。先估计这段减速距离为2.8米，那么人从56米的高处坠下，而减速2.8米后就停止，那么由功能守恒定律可知，人受到的减速力会达到 $\frac{56}{2.8} = 20$ 倍人的自重。由于这个受力时间极短（不会大于0.5秒），所以人在短期内应能承受20g的减速力。

但是他继而一想，在河底剧烈滚动的人难免会受伤，因此人还应该有一个坚固的外壳保护。策划的结果是，一位冒险家采用了圆柱铁皮桶作为外壳，而另一位冒险家则采用了一个铁皮圆球。

上世纪末，经过媒体的事先宣传，人们对此事都非常关注，并纷纷猜测人从大瀑布上被冲下来会有什么后果。有人猜坠落的人会死，有人猜会生还，还有些人则猜会受伤。

双人进入坠落桶

到了该日，一男一女两位冒险家钻入圆柱铁皮筒内的软垫中，然后在众目睽睽之下，被推入尼亚加拉河中。不一会儿，圆柱铁皮桶就在河流的尽头消失了。之后，救援队花了两个小时，才找到已冲得老远的圆柱铁皮筒并救出了那两位冒险家。不日，轮到第三位冒险家表演了。那位冒险家坚持不用氧气装置，因为他觉得铁皮圆球内的空气已足够他呼吸20分钟了，而被冲落的全过程连1分钟都不到。计划是，当铁皮圆球漂到下游后，有一个透气阀门可以用两种方法打开。一种方法是，由铁皮圆球内的乘员手动打开；另一种方法是，如那名乘员坠落到河床时被震昏，那么阀门也会由一个装置自动打开。这样，透气保障措施似乎已经很保险了。

可实践结果却出人意料，那名被冲下瀑布又过了一段时间才被找到的冒险家，已一动不动地死在了铁皮圆球内。事后救援人员发现，铁皮圆球的透气阀门居然没有打开，于是被震昏的冒险家就因缺氧而窒息了。依据那位冒险家事先的估算，装人容器在接近河底时的减速只有约20g，这个减速力应不足以造成透气阀门装置失灵。但是，实践后的阀门怎么会被震坏而失灵了呢？作者分析后认为，落到瀑布底的容器并不如那些冒险家想象的那样，会扎入水中一段距离而得到缓冲。人们常见的落石（或木块）会钻入水中，是因为落石（或木块）和水有相对速度之故。但从瀑布下落的容器即使到达河床上时，它与水仍没有相对速度，而且中空的容器的密度不如水，所以它落下的动能也没有它下面的水的动能大。这样，碰到河床又不被压缩的水仍能托住容器，使容器随水一起急拐弯而快速流向下游方向。容器在急拐弯时，受到的向心（或离心）加速度是 $\frac{v^2}{r}$，这里的 v 是容器或水的流速，而 r 是拐弯的曲率半

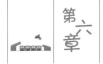
径。容器的 v 可用公式 $v=\sqrt{2gh}$ 求出，如以 h=56 m，g=9.81 m/s² 代入此式，就可算得 v =33 m/s。又估计 r =3 m，则用 $\frac{v^2}{r}$ 可算出向心加速度为 $\frac{1\,099}{3}$ = 366 m/s²；也即 $37g$。这就是说，容器和人都会遭受大达 37 倍自重的离心力，这个大离心力真的能把人震昏，也能把阀门装置震得失灵。

以上关于从瀑布上落下的容器并不会钻入水中的推论，被一些单人划艇从不高的瀑布上冲下的视频所证实。划艇落到底时，艇身真的没有（瞬间）沉入水中。

其实，瀑布下的河床会因瀑布的长期冲刷而被冲出一个凹坑。而且在水量大的地方，它冲出的凹坑也大，即它的曲率半径也大。反之，水量少的地方，它冲出的凹坑就小，即它的曲率半径就小。

结果得看那位冒险家的容器落在什么地方了，如落在水量大的地方，那么他在凹坑处的拐弯就不会太剧烈，由于拐弯时的离心力不太大，他就还能抗得住。但如果那位冒险家落在了水量少的凹坑上，那么太大的离

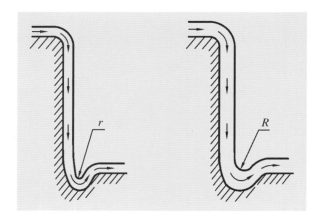

瀑布底部

心力就会使他当即毙命。这就解释了那些从瀑布上被冲下来的人为什么会有不同的命运。

由于冒险从大瀑布上被冲下来的死亡率很高，当地政府已明令禁止，除在瀑布的沿岸进行巡逻外，还规定对违规者处以1万美元的罚款。

此外，在过去的百年中，水文学家发现尼亚加拉瀑布平均每年会后退约1.03米，这是因为强劲的水流每年会把岩壁冲刷掉一点。于是，美国、加拿大政府在上世纪末用钢筋水泥加固了瀑布后的岩壁，所以现在瀑布已不再后退了。至此，读者是否可以想出别的方法来阻止瀑布后退呢（答案见书末解答之No.6.1）？

6.2 人从高处坠落

人坠落后的受伤程度，主要与坠落的高度及着地面的硬度有关，当然也与人的触地部位有关。从力学角度来看，人从高处落下后，其位能会转化成动能。而人在着地时的减速过程中，动能又会转化为人和地受压缩后所做的功，即力乘以距离。略算一下就可知道，某人如从一楼（底层）的窗口跌落，则跌落前的重心高度不过1.5米左右。如人着地时的压缩变形距离为0.15米，则按功能守恒定律，立即就可推知出关系式：$w \cdot 1.5 = f \cdot 0.15$（式中的 w 为人的重量，f 为人触地时的平均阻力）。由此可知 $f = \dfrac{1.5}{0.15} \cdot w$。上式意味着，人着地时所遭到的减速力 f 为人自重的10倍。经验表明，这样大小的减速力还不致使人受伤，最多也不过引起局部扭伤。

再看人如从二楼阳台坠落，则此时的坠落高度约为4.5米，如仍取人的着地压缩量为0.15米，则人着地时受到的减速力为 $\dfrac{4.5}{0.15} \cdot w = 30w$，即

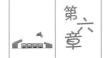

30倍人的自重。但是这个$30g$力的作用时间是十分短暂的，所以从二楼坠落的人一般也只会受轻伤。

至于人如从三楼阳台坠落，则坠落高度已达7.5米。于是，人着地的平均力已达$\frac{7.5}{0.15}\cdot w=50w$，即$50g$。这样大的力，虽然作用时间很短暂，但一般已可造成重伤。

人如从四楼阳台坠落，则坠落高度已高达10.5米，于是人撞地的平均力已高达$\frac{10.5}{0.15}\cdot w=70w$。事实上，人从四楼坠落后，大多会发生内脏严重破裂而难逃一死。

至此已可推知，人如从五楼（或以上楼层）坠落，就必死无疑了。

另外，坠落的受伤程度还会因人而异，同时也与人的着地姿势有关。当然，老人即使是走路跌跤，也有可能骨折。如坠落后，人以双脚先着地，那么减速距离就会增大，这样人遭受到的着地减速力就会显著减小。但如是头部先着地，那么头骨几乎不可被压缩，因此遭受到的力会极大而致头骨破碎。

应该指出，以上算得的人的着地力还都是平均力，而人在受压缩过程中受到的瞬间最大力可能会比平均力大很多，这就会明显地加重人跌落的损伤程度。

据报道，曾有一个小孩在独自在家时模仿动画片中的超人（奥特曼），从阳台上跳了下去。幸而该小孩跳下去后，落在了下层的晒衣架上，这才没有什么大碍。

之所以会发生小孩从楼上坠落的一个原因是，有些家长在外出时，会犯下一个大忌，即把小孩独自反锁在家内。结果，有些胆大的小孩就会试图从自家阳台爬到邻家阳台去。因为小孩往往会高估自己的体能，

人从阳台上坠落

所以在爬越阳台的过程中，极易发生失误而坠落。即使有些小孩胆小而不敢爬阳台，但他如因被关无聊而玩起火来，将很容易引发火灾，且被锁的小孩几乎无生还的希望。

另有报道说，发生火灾时，往往有人为了逃生而慌不择路地从高楼上跳下，这些人的结果大都是非死即伤。其实，当楼梯已被火封时，如果所在楼层不高，逃生者可剪开被单以连成长条，这样人就可抓着布条滑下去了。即使布条不够长，但至少也能减少坠落的高度。若能选择泥地作为着地点，则人受到的坠地伤害就会比掉在硬地上轻一半左右。

有人想到，如把棉被从窗口扔下去，然后自己跌落到棉被上，不就可以减震了吗？但单层棉被能增加人着地后的减速距离大概还不到2厘米，这个距离显著小于前述的人体受压而变形（15厘米）的距离。所以可以推论，在落地点上铺一层棉被是没有用的。

只有站在地面的多名消防员用力拉紧一张大网，才能使坠落者的减速距离增至原来0.15米的几倍，而人的减速受力也会减小至几分之一，这样，坠落者才可能不受伤。

据此有人建议，住在高楼层的人应该在家中备一条绳梯，以备火灾

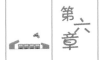
时逃生之需。

下面分析一下人从高处跳水的力学情况。当人从不高处（几米）跳水时，因为人的着水速度还不太大，这时用能量守恒定律，就可以比较准确地算出人在着水后的平均阻力，即用 $w \cdot h = f \cdot s$ 公式，就可以算出人在水中滑行 s 距离后，受到的平均阻力 f。前式中，w 为人的重量，h 为人的跌落高度。

但人若从很高的地方（如海边悬崖上）跳水，那么人的着水速度就会很大，这时应考虑水对高速入侵体会产生很大的阻力。计算这个阻力的方法，可参照6.10中所用的方法。

作者估计，人若从30米以上的高崖坠海，着水时的阻力（已是打击力）将足以使人丧命。

恐怖袭击中的幸存者为什么能存活？

2001年9月11日，两架被恐怖分子劫持的喷气客机撞上了纽约世贸大楼的南、北两座大楼。当飞机撞入八十几层后，大楼依然岿然不动，所以有些人并未及时撤出大楼。但大楼的钢筋水泥在被燃烧了1个多小时后，终于失去了强度，因此大火上面的二十几层楼一下子坍塌下来。

那二十几层楼的重量逐层压塌了下面的各层，导致大楼从八十几层起一层一层地逐级坍塌，故大楼并不是整体坍塌的。坍塌后的大楼没有被压得密不透风，而是形成一种存在很多小空间和许多折断构件的、乱七八糟互相交叉重叠的建筑垃圾，并造成了2 000多人的死亡。但是有报道说，还是有1个人活了下来，而且仅受了轻伤。原来，该人在大楼坍塌时，正从22层的楼梯道往下撤。该人能在这次恐怖事件中幸存下来，曾引起诸多事故专家的关注。他们分析后认为，该人能存活的原因有两

纽约世贸大楼

个。原因之一是，该人应该是从22层开始掉落时，就被一段楼梯下的空间罩住了，从而不会再被上面的构件砸伤。原因之二是，大楼是一层一层地逐渐坍塌的，因此他每次只会下跌一层，这样他落到底层时，着地的速度才相当于从二楼或三楼掉下来。而且大楼每塌下一层时，下层空间的空气会被挤压而进入狭窄的楼梯间，从而形成向上（和向下）的一股强劲气流。这股高速气流可能会瞬间托起人和上面的构件，从而使人和构件减低下坠速度。以上各种有利因素综合后，就出现了该人未被摔死和压死的奇迹。

6.3 人落水后怎样自救？

众所周知，不会游泳的人在意外落水后，如无人及时施救，就势必会被淹死。殊不知，不会游泳的人掉入深水后，只要不惊慌失措且能采用下述几个巧妙的动作，那么他还是可以继续呼吸而不致被淹死的。这几个巧妙动作的理论根据如下：

前面讲过，阿基米德发现，人浸在浴缸里的浮力等于人体所排开水的重量。这样，对一个密度比水小的物体，它在落水后的浮力将大于这个物体的自重，于是该物体将浮在水面上。事实上，人的总体平均密度与水的密度非常接近。虽然人体的骨骼密度会大于水的密度，可是人体内脂肪的密度却小于水的密度。所以综合肌肉（及内脏）、骨骼和脂肪三者的作用后可以推测，一名胖子的总体平均密度会低于水的密度，因此胖子落水后，如不挣扎乱动，应能浮而不沉。至于胖瘦适中的人，由于他们的密度接近于水的密度，因此落水后会半浮半沉。但他们只要尽量吸气再屏气，用扩大胸腔来减小密度，就也能浮在水面上。可他们在呼气时，因胸廓变小，身体又会慢慢下沉，所以他们应将胸廓涨大的时间保持得尽量长（如10～20秒），而采用极短促的呼气法（如1～2秒）。这样，他们在短短的1～2秒内就只会下沉约1厘米，而不至于全身都没入水中。

没什么脂肪的瘦子在落水后，即使他吸气而膨胀胸廓，仍会有下沉的趋势，但这种下沉力已是极小了。但是，他如采用下图的姿势，就会很容易浮起来了。至此，读者不要误以为人掉到水里既然会浮而不沉，那应该就很安全了吧！且不要高兴得太早，因为我们还要看落水的人是什么部位露出水面，如果只是头顶出水，嘴鼻部分仍淹没在水中，那么落水的人还是无法呼吸，终会被淹死。

所以落水后的人，必须将那点宝贵的浮力留给嘴鼻部分。为达到此目的，作者经实践后摸索出如下窍门，即人一旦落水后，先屏气20秒以免呛水，然后迅速调整自己的身体姿势，变成仰面朝天。此时为避免双脚下沉，应屈膝将大腿靠在胸前，从而将全身抱成一团。如果这时人的胸廓是扩张状态的，那么抱成一团的人的头顶就会冒出水面。要使冒出水面的那一小部分转变为嘴鼻部分，那么人应尽量后仰头部。但后仰头部往往还不足以使嘴鼻部分露出水面，这时双手要向后下方轻轻划水，这样已蜷成一团的人会向后微转，并保持住仅嘴鼻部分露出水面的姿势。如果人处在这种姿势后仍慢慢下沉，则一方面要尽量保持胸廓涨大，另一方面，双手需不断向后下方轻轻划水。注意，每次划完水而提起双手时，提的动作必须较缓，以免动得过快，反而使人下沉。见图6.3。

图6.3　人落水后不沉的姿势

这样，落水的人如能长期浮在水面上，就可以支撑到别人来救援，或靠划水慢慢移到岸边。

建议大家先在游泳池的浅水区练习上述漂浮法，一般人在10分钟内就能掌握这种要领。即使在江海中落水，人如用以上缩成一团的方法，再用力一点划水，就可以使嘴鼻部分冒出浪尖，这是因为人身也会随着波浪升起一些。

还有一项常识，就是落水后惊恐万分的人，往往会死死抱住去救他的人，从而导致双双淹死。所以救人者需从对方的背后靠近，还要防止被对方抓住。万一被对方抓住，应采取前述的抱成一团的求生姿势，这样至少可保自身安全（因为溺水者在全身都没入水中后，就会失去重量，也就不能将救护人拽沉了）。曾有救生员被教导，要待落水人昏迷后，对其施救。

以上讲的人落水后的自救法，其实也适用于人陷入泥沼后的自救，而且沼泽地的比重比水还略大些，所以不动的人更不会全身没入沼泽中。

6.4　人身被夹被卡

儿童是最易发生身体被夹事故的人群。有报道说，一个小孩拿着痰盂当帽子戴，可是当他将整个头套进痰盂后，却发现头出不来了，于是他不禁大哭起来。之后，听到哭声的小孩父母遂向消防员求救。消防员先是建议用切割机来切开痰盂，但父母怕伤着小孩，便作罢了。后来消防员又建议在痰盂内倒入肥皂水，这回小孩的头真就滑了出来。

据此，作者想到一则极为有趣的研究报道，说是人在受惊后为什么会出一身冷汗呢？这是因为人早就知道，在遇到猛兽时，如马上出一身汗，那么皮肤的摩擦系数就会大减，这样猛兽就难以抓住滑溜溜的他了。另外，猎豹在追捕小动物时，只要用全速跑几分钟，它的体温就会升高得使自己丧命。所以人在受惊后，会先出汗蒸发降温，以防止逃跑时因体温过高而休克。

6.5　伐木操作

伐木虽然看起来没有多大危险，可实际上却会发生很多意外情况。对一片有同样树种的森林，要决定从什么方向去砍树就并不困难，因为从任意方向砍都行。其原因是，同样的树种往往都是互相平行的，而且也是精确地与地面相垂直的，其不垂直误差一般不会大于半度。这也令人感到惊讶，树木竟能靠感觉来使自己垂直，这种误差只有百分之一，是肉眼看不出来的。

可对一棵长歪的树，人却应该站在树歪的反方向去砍它，以免树断后砸到自己。

实地监视器曾记录到一个出乎意料的伐木事故。有一个人嫌他园子内的一棵树太高而挡光，就决定将那棵树的上半段砍掉。为此，他在树上靠了一架长梯，然后自己爬到梯顶去砍树。他想：树的上半段一断，就会往下掉，根本不会砸到自己的，所以没啥危险。

图6.5　伐树反被树砸

至此，读者可先想一下，危险会出在哪里？事实上，当树的上半段刚断时，断口就成了一个（树的上半段）旋转轴，以至树顶先转到地。然后意外发生了，那个被砍断的沉重树干竟以地上的树尖为旋转轴，大转了起来（见图6.5）。这样上半段树干的运动方向就不再直接向下，而是向水平方向移动，从而那树干不但砸到了砍树人，而且还推翻了长梯。

最近有新闻报道说，某城市一面刚砌好的围墙突然倒塌，砸伤了好几个路人。作者闻讯后，不禁纳闷起来：路人一般是不会紧贴着墙走的，而墙的上面几乎是垂直着往下掉的，那么砖头怎么会砸到人呢？电视中随即播放了当时的监控录像。原来那堵墙是整体从墙根先断的，这样2米高的整面墙就以墙根为旋转轴而旋转倒塌，故它能压到一定距离内的路人。那么，墙为什么偏偏在墙根断裂，而不会在其他地方断裂呢（答案见书末解答之No.6.5）？

6.6　远洋捕鱼有危险吗？

一般人会疑惑：远洋捕鱼会有什么危险呢？难道捕上来的鲨鱼还会咬人？作者本来也以为捕鱼没有什么危险，直到有一日，在西班牙的马德里机场遇到了一位拄着拐杖的年轻中国人，一问之下才知，他是从外国渔船上下来的，原因是他的一条腿萎缩了，已完全丧失了劳动力，这是怎么一回事呢？原来他曾是渔船上的一名渔工，有一次，当渔船的电

渔船上的鱼钩钩到了人

动绞盘收回挂有很多鱼钩的长钓绳时，一个鱼钩不巧钩到了他的小腿。可由于鱼钩有倒刺（这种倒刺能防止鱼脱钩），它钩到人后，钩子就拔不下来了，幸而绞盘被急刹车，人才未被卷进绞盘。但由于渔船上医疗条件有限，等几天后船靠了岸，他才在医院取下了鱼钩。可是，他的小腿却因延误了治疗而开始萎缩，以致他终生只能拄拐杖行走了。

作者还从那位渔工的口中了解到，渔船上频繁移动的重物有很多，如起网时，沉重的渔网在卷扬机的拖动下常会拉伤人。由于渔工整天都在与重物打交道，时间一长，他们的警惕性自然就降低了。据统计，渔工出的安全事故竟比伐木工高出20倍之多。

最危险的是，成百上千米长钓绳上的成串的钩子被放下海后，有时明明想钓金枪鱼，可拖上来的却是鲨鱼。当渔工想从鲨鱼口中取下钩子时，还会有被鲨鱼咬到的危险（因此需要先杀死鲨鱼）。有时还会发生极罕见的事故，即人被跳上船的鲸鱼给活活砸死。

6.7　惊险的天钩行动

鱼钩是人们熟知的东西，那么天钩是从天上钓鱼吗？答案是否定的，原来天钩是用来钓人的。

二次大战时，盟军派到敌占区的情报员历尽艰辛获得的情报并不是都能用无线电发回的，例如地图和胶卷就不能用无线电发回（因为那时没有传真机，更没有电脑和互联网）。如又急需这些情报，就只能出动固定翼飞机，去把情报员给接回来（因为那时直升机还未被广泛使用）。但是，即便是速度最小的飞机，也无法在丘陵地上降落。因此就有人想到，可以从飞机上放下一个天钩，把情报员给钓上来。可是，飞机的航速至少也有每秒40米左右，一旦天钩钩上地面上静止的情报员，那他就要被瞬间加速到每秒40米，这个加速力之大会达到把人体拉断的程度。

相关工程师经过研究后想出了一个解决办法，就是把飞机上的收绳盘进行改装，使它在遭受太大的绳索拉力时，能够在阻力下被拉动几圈。这样，绳索就可被拉出一段距离（如5米），加上弯曲下垂的绳索在钩上人的重量后也会拉直约5米，以上10米的缓冲作用，将情报员受到的加速度降到8g左右，这样情报员在半秒内尚可勉强承受8倍的体重。

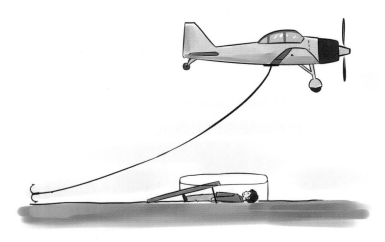

图6.7　天钩钓人

情报员要在空旷的庄稼地找到一高处，然后卧倒，并在身上盖上一块轻质防护板（如胶合板），再将一个长扁圈放在自己的上方。实际试验表明，这种天钩钓人的行动是能成功的。

6.8　摩托车的飞跃表演

几十年前，作者初到哈尔滨时，曾听人说他们单位有一匹电骡子。那么，什么是电骡子呢？原来，东北人那时所谓的电骡子就是摩托车。

类似的趣称还有很多呢！如日本人说的汽车，就是中国人说的火车，而日本人说的火车（日本人现已说"自动车"），却是中国人说的汽车。众所周知，日文中采用了很多汉字，那么日文中的汉字"魔法瓶""手纸""娘"各指什么呢（答案见书末解答之 No.6.8-1）？

电视上常会看到这样一幕：一辆飞驰的摩托车从上翘的斜坡上跃起后，能飞越几十米的距离，然后落在一个下倾的斜坡上。

摩托车的飞越表演

这个特技表演并不要求摩托车手有过人的技巧。因为摩托车一旦飞离地面后，它受重力加速度而下落的距离是可以精确算得的，跌落距离 $s = \frac{1}{2}gt^2$，式中的 g 约为 10 米/秒²，而 t 是下落时间（秒）。如以 $t=1\,s$、2 s、3 s 代入上式，则可知道下跌 1 秒、2 秒、3 秒后，车的下落距离分别是 5 米、20 米和 45 米。另一方面，摩托车在起跳时的速度如为 28 米/秒（相当于 101 千米/小时），那么，那辆摩托车每 2 秒钟就能前进 56 米。摩托车的起跳上翘角如为 30 度，那么，摩托车从斜坡上跳出后，每前进 56 米，理论上说它就会升高 28 米。因此那辆摩托车从坡上飞跃出去后，即使有 50 米宽的空档，其仍可安全地飞越它。而且摩托车在前进 56 米后，还可高出起跳点 28-20=8 m。所以摩托车的着地斜坡可做成 6 米高，这样可保证它位于摩托车的下方。至于下坡路面的斜度应与摩托车下落时的运动轨迹（或称弹道轨迹）大致一样，且这个轨迹是不难算出的。

由此可见，那位摩托车手只要控制好起跳前的车速就行。但这需要摩托车手事先多次练习（应拉上适当的安全网），因为摩托车一爬坡，就会丧失一些速度。

相比之下，马戏团那个用弹簧炮发射人，再落入网的节目就容易得多，因为人每次被射出后的飞行速度都相当一致。不像摩托车手的表演，一旦加油门太早或太迟，都将发生着陆点过近或过远的危险。

细想一下就会发现，摩托车在起跳时是上仰的，但是这种上仰的姿态显然与摩托车着陆时需前倾（以能与下坡道保持大致平行）的要求不符。这样就要求摩托车在腾空的那2秒钟内，姿态要有意转过大约45度。人们知道，摩托车手转动车把只能改变摩托车的左右偏向（车在空中时，车把会完全无用），而无法改变摩托车的俯仰状态。针对这个难题，一位聪明人想出了一个可行的方法，即摩托车手只要在车腾空的瞬间点刹一下车轮，则转动着的车轮的动量就会传给全车，于是那辆摩托车在空中就会产生旋转，从而从上仰姿态改为下倾姿态。不言而喻，他如果把车轮完全刹死，那么摩托车就可能因旋转得太多而变得着地时两轮朝天了。

由此也可联想到，跳水运动员在跳离跳板前身体并未旋转，可在随后的空中表演中却能飞速旋转，那么其身体的旋转动量是怎么来的呢（答案见书末解答之No.6.8-2）？

6.9 赛车场上的车祸事故

在电视上的赛车比赛中，经常能看到赛车翻车的现场记录。通常高速车在翻车后，会连翻好几个筋斗，直至撞上赛道边的防护栏，甚至还会越过防护栏。而且，车祸后都能看到赛车手从损坏的车中爬出，即翻车后，赛车手的死亡率并不高，这是什么原因呢？原来，发生事故后的赛车，因为它前面有空旷的场地，所以就不会立即停止，而是能翻着筋斗继续滑行数十米之多。这样，事故后的赛车在长距离的翻滚过程中，会把车的前进动能逐步消耗殆尽。在赛车事故后的几秒钟内，赛车手受到的平均减速度只有约 $3g$ ，即约 3 倍的自重，难怪赛车手都不会受重伤。

赛车场上的车祸事故

当然，如翻车后发生燃料外泄而起火，那就另当别论了。一般来说，赛车发生事故时，只要不正面撞上栏杆，那么，那辆事故车都会滑行数十米，这样，虽然事故车被严重损坏，但车手还不致死亡。

摩托车竞速比赛的危险程度比赛车还要高，这是因为摩托车更容易发生侧向倾倒。尤其当摩托车转弯时，赛车手需要用最大侧倾来产生转弯时的向心力。摩托车在倾斜角达到45度以上时，车轮很容易侧滑，从而倒地。但摩托车手在倒地后，会向前滑行 15 米以上，一般还不致重伤。

6.10　赛艇的事故

电视上也曾出现过赛艇发生事故的惊险镜头。通常是一艘飞驰的赛艇，本来在好好地快速前进，但是不知什么原因，赛艇突然飞离了水面，在空中向后翻了一个大筋斗后猛摔在水面上，成了一堆碎片。等到救援人员赶到时，那位驾驶员已从一个完整的安全舱中爬出，看来他并没有受到什么损伤，虽然赛艇已彻底散架。对这类事故现象的分析如下：当快速前进的赛艇碰上小浪而船身上仰一些后，船身就会像飞机的机翼那样，与水面形成一个正的迎角。深入分析下去可知，由于水面对船底的阻力主要作用在船尾部分，那么水的这种阻力应只会使船尾弹起，可视频上看到的却是船头大幅翘起，以致船向后仰翻了。

赛艇事故

原来，船头翘起是因为当时的赛艇速度极高，且相对的空气速度已接近每秒50米（即接近每小时200千米），这速度已与小飞机起飞离地时的速度相当。这样，赛艇那大面积翘起的艇底能将其下面的空气压缩一些，从而迫使那些空气从两侧排出。空气动力学曾对机翼贴近水面时的力学情况作过深入的实验研究。结论是，机翼在贴近水面（或地面）飞行时，空气对机翼的升力会因地面效应而大幅增加。由此可以理解，为什么赛艇在高速前进时会飞离水面了。实际上，赛艇只要稍一抬高艇身，那么作用在艇尾的擦水阻力就会立即变小一些，从而压制赛艇仰头的力矩也就随之减小一些，而艇底的迎角和升力反而会加大，这就加剧了赛艇的后翻力矩。以上恶性循环作用持续增强到赛艇底面与水面的夹角大到约30度后，升力会剧增，以致赛艇就立即后翻了。如果赛艇在空中能正好翻360度，那么该赛艇在落水后就仍能正常前进，而且观众会看到一个空中翻筋斗的特技表演。但赛艇如只翻了270度，那么赛艇的艇首就将直插水中，这时艇首会受到水的阻挡，而尚在半空的艇身却仍在高速前进，这样极大的水阻力就会把艇首立即折断。不难想象，赛艇的其余部分在落水后，命运将会和艇首一样，即立即被摧毁。以上谈到的水阻力，会大得出乎我们的意料，水对物体的阻力 f 和空气有同样的形式，都为 $f=\frac{1}{2}C\rho sv^2$，式中的 s 为该物体推水的截面积，现取0.1平方米，v 为速度，现取50米/秒，ρ 是水的密度，为100千克/立方米，它约为空气密度的800倍，那个阻力系数仍可取1，我们把以上这些数据代入上式后，可算得 $f=\frac{1}{2}\times800\times0.125\times0.1\times50\times50=12\,500$ 千克力，即水对那区区0.1平方米侵入体的阻力竟高达12 500千克力。这么大的力，将足以扳弯钢板，难怪艇首会当即折断了。实际上，水对高速插入它的物体，已不再柔弱而又易于变形，在这种情况下，水就好像石头一样坚硬。至于那个保护人的安全舱，怎么逃过一劫了呢？这一是因为它易于从艇体脱落，二是因为它外形的圆角救了它。因为当安全舱的圆角先落水时，水的阻力会立即把安全舱整体弹回空中，之后安全舱在多次碰着水面又反弹的过程中，速度会逐渐降低，直至能漂在水面上。由于安全舱在弹跳过程中并未突然减速，这意味着舱中人也未突然减速，因此人就不会受到很大的力，所以就没有大碍。

常人一般不会有乘赛艇的机会，但可能会遇到涉水过河的机会，所以分析急流对水中的人的推力就有些意义。例如，一个人站在激流中，这时如水深有 0.3 米，水速为 4 米/秒，那么激流对人双脚产生的推力 $f = \frac{1}{2} C \rho s v^2$，现阻力系数 C 约为 0.7，水的密度 ρ 是 100 千克/立方米，人双脚对深 0.3 米的水流的截面积 s 约为 0.3×0.2=0.06 m²。那么，前式就是 $f = \frac{1}{2} \times 0.7 \times 100 \times 0.06 \times 4 \times 4 = 33.6$ kgf。这么大的水推力，会立即推倒该人并把人冲走。

通过以上的计算和分析，我们应该可以理解小孩在河面扔石子能打水漂的原因了。可以推知，石子打水漂和安全舱打水漂的力学特性是一样的。

二次大战中，英国人嫌炸弹从天上扔下后命中敌舰的概率太小。为了增加命中概率，他们利用石子打水漂的现象，开发出一种会打水漂的炸弹。投弹时，飞机必须近贴水面，否则炸弹可能直接钻入水中，其原因是不讲自明的。这样投下的炸弹，能在水面跳跃前进达几百米，而且在这段距离内，不管敌舰远近，都可能撞上目标。其实鱼雷也有前进功能，但它是比不上这种跳跃炸弹的（原因见书末解答之 No.6.10-1）。

二战后期，英国人的兰开斯特重轰炸机队用多枚跳跃炸弹炸毁了德国的一座大水坝。

据说，那时主持研发跳跃炸弹的英国主任工程师听到两名手下在讨论，怎样在飞机上加装能使桶状跳跃炸弹快速自转的电动装置，这种炸弹撞上水坝后需延期4秒爆炸，他们还研究了这个跳跃炸弹应该朝哪个方向自转，因为如转反了，撞上水坝后的炸弹就会滚着爬上坝顶，这样，在坝顶爆炸的炸弹就不能炸毁整座大坝了。只有自转方向正确的跳跃炸弹撞上水坝，才会滚着钻入水下而在水坝的根部爆炸，这样的跳跃炸弹才能把整个水坝炸坍。当这两位工程师洋洋得意地欣赏自己的聪明设计时，主任工程师却说他们的想法是无稽之谈，因为要想使跳跃炸弹撞上水坝后再钻下水去是不可能的（答案见书末解答之No.6.10-2）。

虽然日本人未能想到利用跳跃炸弹，但他们也有自己的办法。1941年，日本航母编队偷袭美国珍珠港太平洋舰队前，日本人考虑到，即使是从超低空投下的鱼雷，也会撞到珍珠港那不太深的海底，因此他们事先对鱼雷进行了改装。现猜测，他们很可能在鱼雷外加装了类似鱼鳍的阻沉翅板。

用跳跃炸弹炸水坝

6.11　泥石流及雪崩

常见的悬崖峭壁都是岩壁，由泥土形成的峭壁是很少见的，除非土峭壁不高且其土层又能被植物的根系所固定。例外的是，由于中国黄土高原上的土壁的黄土黏性极好，所以它即使被挖成窑洞，也不会坍塌。古人已知，土堆不能堆得太陡，否则散土会滑落，直到土堆的斜度不太陡为止。古埃及人在知道了这个自然规律后，就将他们的金字塔建成了不会塌的倾角。

显然，土坡的失稳角与土质的黏性、颗粒大小等因素有关。但影响失稳角的最主要因素，应是土层内的含水量。例如大雨后，大量雨水渗入土中，水多到一定程度后，土粒间就会丧失摩擦力，这样的土层就像液体一样易于流动。这时，斜坡上的泥土在自重的作用下，会发生大规模崩塌而形成泥石流。

泥石流的破坏力极大，它能轻易推倒前进路上的树木和房屋。这种破坏力来自泥石流那巨大的重量和高度所带来的特大位能，而这个位能又会转变成巨大的动能。

我们常见公路旁的土坡上会有水泥隔框或绳网来对土坡加固。正因为人力很难防止规模较大的泥石流，所以最好的预防办法是，不将房屋造在山坡下有发生泥石流危险的地段。

中国西南部有一个泥石流塌方和雪崩的多发县份——西藏自治区墨脱县。墨脱县那顶中国唯一不通公路县份的帽子，直到2013年才被摘掉。虽然几十年前就在该县修过公路，但仅开进一辆卡车后，那公路就被泥石流塌方和雪崩阻断了。那公路虽能立即修通，但接踵而至的塌方不断，令墨脱人根本来不及修，后终于放弃了那条公路，那辆出不来的无用卡车也就变成了养鸡棚。直到2013年10月，新公路才建成，新公路全长117千米，其中有桥梁27座，并把最容易被阻塞的路段改成了不会阻塞的隧道。但新公路开通才半年，连续几场大雨导致的泥石流和塌方就造成了新公路43处阻塞，堆在路面上的土石总量竟达到7万多吨。

再谈雪崩，其威力绝不亚于泥石流。虽然雪比土轻，但通常山坡上的积雪都很高，所以积雪的位能也可以很大。

如果人工堆雪又不拍紧，那么该雪堆应不会太陡。因为只要一陡，表层雪就会滑下来。但是在很斜的山坡上的雪却能挂住，这是什么原因呢？因为山坡上的厚雪并不是一次形成的，它是几次降雪后累积而成的。往往第一次降雪并不太厚，因而很轻，加上山坡表面又很粗糙，于是那第一层雪就能在很陡的山坡上挂住。那层雪经过日晒、夜冻后，变得日益坚硬起来，这样第一层雪就在山坡上挂得很牢固了。以后各次降雪就很容易挂到前一层上，这是由于彼此都是同样的材料，而且雪的微观表面是六角形的，又很粗糙之故。

这样，经过多次降雪后，山坡上雪的厚度就可以达到几十厘米甚至更厚。于是，沉重的积雪就不够稳定了，一旦某处的雪层发生了崩落，这片崩落的雪就能轻易激发其下的雪层发生崩塌。这种连锁效应最终将使整面山坡上的雪都发生崩塌，从而可能摧毁山坡下的整座村庄。

由上可知，挂在山坡上看似宁静的积雪实际上已千钧一发。只要外界有一点点扰动，它就会像压垮骆驼的最后一根稻草那样，可以引起大片积雪的崩塌。实际上，一只小动物的走动或是滑雪者的扰动，都可以引发一场惊天动地的雪崩灾难。

一般来说，被雪崩掩埋的滑雪者大多会窒息死亡，但是也有少数的生还者。这是因为，被埋者在被浅埋但还未失去知觉前，能用双手在面部前挖出一个空洞，这样外界空气就能透过洞壁的细小缝隙与洞内相通。这样，被埋者就还能勉强呼吸一段时间。

雪崩

如果雪崩后，被埋者的同伴能及时赶到救援，那么被埋者还有可能生还。在救援中，搜索犬可发挥极大的作用。被埋者如未昏迷，那么他在听到脚步声后就可大声呼救。

总之，山地滑雪的危险性极高，特别是山坡较陡时。但新闻也报道过急中生智的滑雪者，他在听到身后雪崩的"隆隆"声后，居然能逃脱且免于被埋，他是怎么做到的呢（答案见书末解答之No.6.11）？

6.12   天体撞击地球有多恐怖？

科学家为什么会那么怕地球被飞来的天体撞击呢？那种撞击真会猛烈到相当于若干万颗原子弹一起爆炸那么厉害吗？我们只要作一个粗略的计算，便可以知道科学家是否在杞人忧天了。

小天体撞上地球

　　这个计算相当简单，即我们可先算出一颗原子弹（如 1945 年 8 月在日本广岛爆炸的那颗原子弹）爆炸后所释放的能量，再估计一颗边长为 1 千米的立方体石质小行星以每秒 20 千米的速度飞行的动能。这样，我们只要把以上两种算得的能量作一比较，就可以知道谁的破坏力更大了。

　　习惯上，原子弹的威力用它相当于若干吨常用的 TNT 黄色炸药来表示。例如，广岛的原子弹相当于 12 500 千克的 TNT 炸药。而已测得的 1 千克 TNT 炸药所释放出的能量为 420 万焦耳。这样，1 吨 TNT 炸药的能量就是 1 000 倍的 420 000 千克·米。那么，一颗广岛原子弹的爆炸能量就是 12 500×1 000×420 000=5 250 000 000 000 kg·m（5.25×10 的 12 次方千克·米）。可见，这的确是相当大的能量。

　　另一方面，那个飞来天体的动能也可以用熟知的公式 $E = \dfrac{1}{2}mv^2$ 算出。设该石质天体的比重为 3（即 3 倍于水的比重），则该 1 立方千米的天体的重量是它的体积乘以比重，即 1 000×1 000×1 000×3（吨）。而它的质量应只有重量的 g 分之一，即约十分之一。再把 1 吨化为 1 000 千克，则该天体的质量就是 300 000 000 000 千克。

另外，该天体飞行速度的平方为 20 000×20 000=4×10^8 m²/s²。

将以上两个数字相乘，于是可得该天体的动能 $E = \frac{1}{2}mv^2 = 6 \times 10^{19}$ kg·m，它是广岛原子弹能量的 $\frac{6 \times 10^{19}}{5.25 \times 10^{12}} = 1.1 \times 10^7$。就是说，该天体的动能将比广岛原子弹的能量大上 1 100 万倍。当前，世界各国拥有的核弹（包括氢弹）的全部当量估计还不到 100 万颗广岛原子弹的当量。有一说是，美国有核弹 7 100 枚，而另一说是，美国有核弹 10 万枚之多。曾有过这样的传说，甲国的领导人对乙国的领导人说，我们拥有的核弹可以消灭贵国 5 次，可乙国的领导人却反唇相讥，我们拥有的则可以毁灭贵国 10 次哩！看来，如粗估 10 万颗广岛原子弹均匀地分布在全世界且爆炸后可以毁灭全世界 1 次，那么该天体那相当于 1 100 万颗广岛原子弹的能量只在一处爆炸，便可以毁灭地球表面至少几次了！

鉴于计算结果如此恐怖骇人，因此几种挽救地球的对策就被科学家提了出来。一种对策是，地球人可发射一枚宇宙火箭，它所载的核弹爆炸后，能将来袭天体炸得粉碎。但是这种设想马上遭到了质疑，理由是那个天体被炸成无数块后，落到地球上的大碎块反而会增多；另一种对策是，用一枚宇宙火箭运送火箭发动机到达那个来袭天体上，然后开动发动机，以长期的（相对很小的）推力去改变来袭天体的运行轨道，使它改变方向而不再撞上地球；还有一种对策是，在该来袭天体上建起一面硕大无比的薄膜风帆，然后利用太阳风（粒子流）的长期微弱推力，将来袭天体推离它的原有轨道（一点点）。各国研究近地天体的科学家曾不约而同地向各自政府呼吁，要增拨经费，以制造观测近地天体的专用望远镜，尽快找出救命对策。为之，在联合国纽约总部，还开过一个专门的国际会议。但是各国当局在咨询了一些天文学家后才得知，天体撞上地球的概率是微乎其微的。像1立方公里那么大的天体，其撞上地球的概率为几亿年一次。最近的一次撞击发生在6 500万年前，就是那次撞击，才导致了恐龙的灭绝。即使能造成一些损害的小天体撞上地球的概率较大，但也不过约5万年才一次。所以，各国当局都不同意拨给近地天体研究太多的经费。

其实，1千克TNT炸药所含的能量还比不上1千克汽油所含的能量。经测量，1千克TNT的能量更只有1千克脂肪能量的九分之一。只是炸药释放能量的时间极短，所以它的功率就极大，以致造成瞬时性破坏。脂肪所含能量极高这一事实也使我们易于理解，为什么小鸟仅消耗1克脂肪，就能飞行66千米之遥。另外，这也可以说明，在食物能量表中，为什么含有脂肪的肉类的发热量会是大米的许多倍。顺便问一下读者，食物能量表中，那各种食物所含的卡路里值是怎么被知道的（答案见书末解答之No.6.12）？

脂肪转换后能作很多功，所以胖人想以运动来减肥，就必须付出很大的运动量才行。

6.13　飞机撞鸟后会怎么样？

自从1903年美国莱特兄弟发明飞机以后，飞机撞鸟事件也就自然地随之而来了。目前，世界上的飞机数量极大，以至于飞机撞鸟事件经常发生。全球每年因飞机撞鸟而造成的经济损失已达好几亿美元，难怪机场的管理人员会谈"鸟"色变了。

在20世纪前半叶，飞机机翼及机身撞鸟的事件比螺旋桨打到鸟的几率要高一些，这是什么原因呢？乍一想，螺旋桨转动的面积并不小，那么，螺旋桨为什么还不易打到鸟呢？这是因为，人眼看到的螺旋桨会转出一个整面，但其实那只是人的视觉暂留效应造成的假象而已。实际上，螺旋桨叶只占那个360度平面的很小一部分。而且飞机在前进时，螺旋桨的运动轨迹是立体的，并有相当大螺距的螺旋线，这样鸟就很容易从螺旋桨旁的空间内通过，以至于鸟被螺旋桨打到的机会比人们想象得小很多。

穿越螺旋桨面的鸟

　　20世纪进入下半叶后，喷气飞机的问世使得飞机起飞的速度有了较大的提高，所以飞机撞鸟后的受损程度也就变大了。

　　现在，我们不妨用力学对飞机撞鸟后的受力情况估算一下。鸟一旦被飞机撞上后，那只鸟的全身就会马上被加速到飞机速度（设为80米/秒）。而在这个加速的过程中，鸟被压缩的距离很小（如 $s = 8$ cm），那么利用功能守恒定律的公式 $f \cdot s = \dfrac{1}{2} m \cdot v^2$，就可以方便地算出那只鸟受到的（平均）力。如取 $s = 0.08$ m 及鸟的重量为0.3千克。再以 $v = 80$ m/s 代入前式，那么可以得到鸟（及飞机）受到的撞击力 $f = 1\,200$ 千克力。这个极大的力不但可使被压扁的鸟轻易地穿透机翼的前缘，而且还能穿入机翼内的油箱。虽然螺旋桨军用飞机的油箱外都有一层防火层，但它也不能自动封住鸟撞出的那个大洞（它只能封住子弹穿透的小洞）。所以油箱壳在破裂时产生的火花，极易导致火灾甚至引发爆炸。

曾有架民航机，它驾驶舱的挡风玻璃上撞到了一只大鸟。虽然那块防弹玻璃经受住了撞击且并未破碎，可窗外那血肉模糊的鸟尸却给飞机着陆带来了不小的危险，因为飞行员已经看不清机场的落地跑道了。

撞上飞机挡风玻璃的大鸟

如果飞机的喷气发动机撞上了鸟，那么受到的损害会更大。这是因为，喷气发动机前部作超高速旋转的涡轮叶片，其线速度已达到近音速的300米/秒。此速度已是我们前面采用的80米/秒的飞机前进速度的3.75倍，而其平方就是14倍。这意味着，鸟对涡轮叶片的破坏作用，会比鸟对机翼的大14倍之多。因此，鸟一旦钻入已开动的涡轮喷气发动机后，总会损坏整圈（数十片）叶片，即使那些叶片是用高强度合金钢造的，也不能幸免。在视频上可看到，鸟一旦被吸入涡轮喷气发动机，会即刻使发动机后面喷火。这是因为，鸟将整圈叶片损坏后，叶片就不能再给发动机燃烧室充分供气了，于是燃油没能及时烧尽，而变成了尾焰喷出。

新设计的涡轮喷气发动机在试车时，会有一个奇特的项目，即向运转中的发动机作"投鸟试验"，即使这个试验会损坏那台发动机。

既然鸟进入喷气发动机后会有这么大的危害，那么飞机设计师怎么会想不到在喷气发动机前装一个防鸟网呢（答案见书末解答之No.6.13）？

6.14 机枪子弹想穿过螺旋桨旋转面射击无异于自取灭亡

莱特兄弟发明飞机以后，人们马上就发现飞机最适用于侦察敌情，于是敌对双方的侦察机飞行员也就有了空中相遇的机会。因为仇人见面都有置对方于死地的心态，于是双方的侦察机飞行员就拔枪对射起来。但是手枪射击的准确性很差，人们在地面上往往还打不中不动的敌人，更不用说去打在快速飞行的目标了。于是飞行员就去请教了有关的工程师，请他设法把机枪装到飞机上。工程师问：机枪应装在飞机的哪个部位呢？飞行员不假思索地说：当然装得越近人越好，最好就在座位的前面。因为只有机枪装得近了，才能减小瞄准视差。但他继而一想：座舱前面有转动的螺旋桨，子弹碰到它，肯定会乱打，那我不是在找死吗？于是，那位飞行员建议把机枪装到较远的飞机机翼里去。

受托执行这项工作的资深工程师有一位助理工程师，而这位助理工程师却是一个不受条条框框约束且富于创新精神的年轻人。在弄清任务的来龙去脉后，他想：螺旋桨的旋转是非常有规律的，如果飞机螺旋桨的转速为每分钟1 800转，也即每秒30转，那么螺旋桨每转一圈的时间就是33.3毫秒，如果螺旋桨有双叶，那么两个叶片（中线）的相隔时间就是16.65毫秒。如果考虑到螺旋桨叶宽度的影响，那么在前一片螺旋桨叶的后缘过去后，还要等约10毫秒，后片螺旋桨的前缘才会到来。这样，机枪子弹就有可能在那10毫秒内安全地穿过螺旋桨的旋转面。那位助理工程师又想：从他听过的机枪"嗒嗒"声来看，机枪发射也是有规律的，这就使控制机枪射击有了可能。之后，他经过仔细的分析和实验，把机枪的击发机构作了修改，使机枪不会再乱打，而是要扣一下扳机，才打一发。而扣扳机的任务，就交给了飞机的发动机。每当螺旋桨间空档的中点转到机枪前的某个时刻（如提前12毫秒，这是从扣扳机到子弹飞到螺旋桨旋转面所测得的实际时间）的那一刹那，再扣动扳机，使机枪执行击发动作。于是，那发子弹就能在12毫秒后，恰好通过前后两片螺旋桨叶间的空当。

最后，那种看似不可能的与螺旋桨协调工作的所谓协调发射的机枪终于研制成功，并迅速为各国空军所采用。

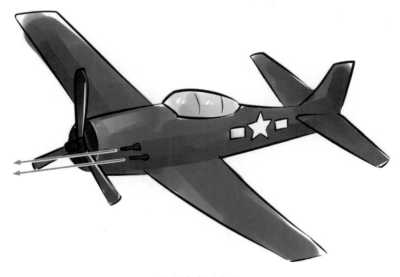

协调发射的机枪

6.15　飞机的迫降

飞行中的飞机如发生了发动机故障，不一定会坠毁。在多数情况下，飞机是可以在没有机场的地方迫降的。迫降后的机体虽严重受损，可飞机上的人员却往往能大难不死。这样看来，飞机迫降也可算作一种有危险的力学现象。

飞机除不在空中解体或燃油发生大火而导致机毁人亡外，如飞行中的民航飞机只是一台发动机停止了工作，而飞机的操纵系统并未失灵，那么我们用力学知识便可分析出飞机发动机停止工作后的一些情况，以及那时的飞行员应该采取什么对策，以挽救危机中的飞机和乘客。

现代的民航机都有两台（或更多）发动机，且一般不会两台发动机同时发生故障。现以用两台发动机飞行的飞机为例，如果停掉一台发动机，那么飞机的速度会立即降低到70%，且飞机的升力也会减少到一半。这个后果还不算太严重，因为这时飞行员只要让那台尚处在正常工作状态的发动机加大功率，飞机就仍能平飞而不掉高度。严重的是，飞机原来是由两边各一台发动机推进的，现在其中一台发动机丧失了推力，飞机就变成只有单边受到推力了，于是机头将立即歪向一侧。这时，飞行员就必须在几秒钟内做出对方向舵的正确操作，以阻止飞机继续严重偏转。随后，飞行员应争取在就近机场降落飞机。也曾多次遇到待降落的飞机放不下它的起落架的情况（这是因为，那能收放的起落架的机构相当复杂，所以它的故障率就相对就高），这时的飞机就只好用机腹着陆。这种机腹着陆法也能让飞机滑行一段距离，但滑行中的减速度不会太大。

二战末期，一架美国战机在回航的途中，看到一个德国机场上停了好多飞机。于是，那个飞行员便飞超低空去扫射那些敌机，因为他觉得飞得一低，那些高射炮就不易（快速）低头去打他。哪知道，随着一阵巨响和冲天尘土，那架美国战机的螺旋桨打到了地面，幸而飞机在机场的平地上滑出很远后停了下来，但未受伤而自己送上门来的飞行员马上就被俘了。

以前，一些小飞机的飞行员有时还会因迷航而找不到机场，于是飞行员在耗尽燃油后，会找一块几百米长的空旷平地迫降（最好能找到草地或河滩）。可这时，迫降的飞机却不宜放下起落架而只能用机腹着地（原因见书末解答之No.6.15-1）。

迫降后翻筋斗的飞机

如果那迫降飞机的飞行员的驾机技术特别高超，那么理论上说，他可以在飞机着地前的几秒钟内（这时通常已放下襟翼，从而提高升力，以降低着陆速度）将机头适度拉起，这样，飞机机翼的迎角可以增大，从而增大升力，并进一步降低着陆速度。但这个操作如掌握欠妥，就会适得其反，即飞机反而会碰地更重（原因见书末解答之No.6.15-2）。

在湖上（或海上）迫降是否比在陆地上迫降更好？这将取决于迫降飞机的速度。只有低速的螺旋桨飞机，才适于采用水面迫降。但对高速的喷气民航客机来说，根据以往的记录，这类飞机在水面迫降后，其机翼在翼尖着水时，会因水的阻力非常大而将机翼连根从机身上拔下来，这样被拉破的机身将迅速进水而沉没。

目前，全世界每天的航班大约有14万班（2014年），统计下来，如果一位空中小姐每天飞两班，那么，她平均要飞1 000多年才会遇到一次空难。这个数字说明，我们完全不必担心自己会遇上空难。事实上，乘汽车遇上死难的概率远高于乘飞机遇上死难的概率。既然人人都不怕乘汽车，那么就更不会怕乘飞机了。

6.16　直升机的迫降

如前一节所述，一架发动机停转的普通固定翼飞机，是可以靠滑翔飞行而择地迫降的。可一架直升机的旋翼一旦因发动机熄火而停转了，那么那架直升机就会像石头一样下落，而且机上的人连跳伞都自救不了，因为直升机转动的螺旋桨很可能会缠住降落伞的伞绳。这个后果之恐怖，会让直升机飞行员的神经一直都处在不利的紧张状态。因此，就迫切需要找到一种能使直升机安全迫降的方法。不久后，果然有人想出了方法。

那个方法的思路如下：高空（重力场）中的直升机都是有很大的位能的。那直升机的旋翼一旦停转后，直升机的位能将逐渐转化为直升机下落的动能。随着直升机的不断下落，它那下落的速度（和动能）将不断提高。在下落中的直升机的旋翼会因空气阻力而开始反转，而且会越转越快。直升机这种"加速"下坠的过程，不久后就会因空气阻力而变成"等速"下坠的过程。此时，直升机的下落动能和旋翼的反转动能也会达到一个不变值。如果这时飞行员能将旋翼迎角操纵在一个最佳角度，以使旋翼反转得更快，从而获得更大的动能，且当这个旋翼的动能大到与直升机下坠的动能可相比拟时，就有救了。

从理论上讲，飞行员可以在直升机触地前的短期（如3秒）内猛然操纵旋翼的迎角大转（近90度）一下，以变为能拍空气的（大）负迎角。于是那快速反转的旋翼，因猛拍了它前面的空气而在短期（如3秒）内被迫完全停下来。不难理解，旋翼在猛然减速的短暂过程中，反转的旋翼会因空气阻力而产生极大的升力。这个升力会立即阻止直升机继续下坠，而使那突然减速的直升机能在一瞬间悬停于空中（如暂停在离地1米左右的地方或使直升机的下坠速度变得很慢），从而实现了下坠直升机的"软"着落。这个旋翼突然停转的力学机制，实际是利用旋翼的动能去削减直升机下降的动能。

以上讲的软着陆理论自然必须由实践来验证。这种理论的难点在于，飞行员必须极精确地判断那下坠直升机的着陆时刻，以便在着地前

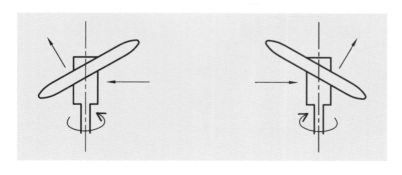

直升机迫降前后螺旋桨的迎角变化
左：有动力时　右：撞地前

（如3秒）猛然将旋翼翻到能产生升力的那个负迎角。飞行员如果过早地操纵了旋翼迎角，那么直升机就会悬停在地面上太高的位置，事后又会摔坏直升机。反之，如果飞行员的操作过迟了，那么直升机又会来不及停下而撞上地面。

由此可想到，在直升机飞行员的训练过程中，必然包括在飞行模拟器上进行直升机安全迫降的模拟操作。

可以想到，无论是固定翼飞机还是直升机，如果它在超低空飞行时（如刚起飞离地时），发动机突然发生故障而停机了，那么那架飞机（或直升机）就大多会立即坠毁。

6.17　古中国人利用火箭来飞行的故事

据西方学者考证，明代初年一位叫万户的中国人是世界上第一个想出利用火箭来飞行的人，他为人类利用火箭探索宇宙做出了重要的贡献。

由于历史记录中对"万户飞天"的描写只有区区25个字，所以"万户"是人名还是官职都搞不清楚（有人说，明朝的官职中是没有"万户"的）。美国火箭专家赫伯特·S.基姆（Herbert S. Zim）在1945年出版的《火箭和喷气发动机》一书中写道：万户先在一把藤椅后装上了47枚火箭，然后他双手各牵一只风筝，坐到了放在山崖边的藤椅上，之后，他令仆人用火把点燃火箭，这样，火箭就会把他推上天，等火箭烧完后，他完全可以靠风筝来实现软着陆。

万户那次冒险的结局是：若干枚火箭发生了爆炸，而他也被炸死了，至于万户是否离地就不得而知了。

然而万户没有白白送命，他的功绩不但被所有的火箭专著所推崇，而且国际天文联合会还把月亮背面的一个环形山命名为"万户"。

对以上说法，作者有几个疑问。一是万户似乎被说成了一个只思前而不顾后的人，因为他不曾想到在飞行前先去试一下一枚火箭的推力。如果他试过就会发现，即使在一枚火箭中装入几克黑火药，这枚火箭也推不起一个几十千克的人，而且几克黑火药只能燃烧几秒钟。如万户采用多枚火箭齐射，那么多枚火箭的壳本身就很重，以至于47枚火箭将重到可与人的体重相比。二是几枚火箭一齐点燃后，可能会使别的火箭也发生爆炸。三是万户应该会想到，两只风筝只有那么点升力，怎么能使自己不致摔死呢？

作者建议将"万户飞天"的故事改写为：据说万户当过木匠，他很喜欢思考新问题。万户是事先做过火箭实验的，他知道，那些火箭每枚只能产生几千克力的推力，所以是不能单靠那些火箭把自己推上天的。万户还发现，每枚火箭的壳都很牢固，否则壳一旦被炸开，火箭就会丧失推力。万户在用竹筒装好火药后，终于使他的火箭有了可观的推力。针对火箭推力尚不足推起人的事实，万户想到应扎两个特大特长的蜈蚣

万户飞天

风筝,这样在大风时,即使不用火箭推人,两个大风筝也可升起一个人了。于是,火箭只需产生约10千克力的推力,然后再把人和椅子推下悬崖就行了。万户想,飞离悬崖后,火箭虽会很快熄灭,但大风筝的升力仍可使他腾空,之后也可以进行软着陆。

但是万户千虑尚有一失,他这次犯了一个常人都易犯的常识性错误。本书作者曾问过一些人,如果放风筝的人丢了绳子会怎么样,多数人都说,风筝会飞走而并不会掉下来。但实际情况是,一只断了线的风筝只要飞约4秒钟,就会摇晃着开始坠落了。这是因为,风筝只有在被线牵住时,才能感受到风力。线只要一断,风筝就会跟着风飘而完全丧失与风的相对运动,因而也就没有了风力,风筝再想待在空中就不可能了。

所以可以合理推测:即使万户选了一个大风吉日,而他也用了两个特大风筝,且大风筝真能把他升起来,但火箭一旦将他推出悬崖,使他跟上风速后,两个大风筝的升力就会立即消失,万户也只会落得个摔死的下场。

第七章
最不可思议的理论
——宇宙大爆炸

7.1 宇宙大爆炸理论

人类从农耕时代起，就开始系统地研究天文学了，因为农耕要依靠太阳升起时的方位以及中午时的太阳仰角来确定适当的播种时刻。之后过了几千年，直到16世纪哥白尼的"日心说"出现后，人类才意识到，那看上去东升西落的太阳运动其实是地球自转而致的视觉效应。又过了几百年，天文学家才把太阳系内各天体在万有引力作用下的运动规律弄得一清二楚。到近100年，随着天体物理学的诞生，天文学家对宇宙的认识也扩展到了银河系之外。进入20世纪60年代后，天文学发生了一个认识上的大飞跃，一下子发现了脉冲星（中子星）、类星体、宇宙背景辐射和星际有机分子。由之更发展出最不可思议的理论——宇宙大爆炸，而且这种理论还得到了多数理论天体物理学家的认同。

本书之所以会写到宇宙大爆炸，一方面是它多少与力学有关，另一方面是宇宙大爆炸又完全不能用经典力学来理解。

1927年，宇宙大爆炸理论由一位比利时神父提出。

宇宙大爆炸

之后，天文学家对已取得的众多观测资料分析后，认为宇宙是由一个"奇点"爆炸而形成的。在大爆炸之前，宇宙中什么都没有，连时间都没有。但有一刻，大爆炸开始了，而且连开始后每个时段发生了什么物理现象也能一一推算出来。这是因为，到了1945年，原子物理学家已基本掌握了原子的特性和原子弹爆炸的物理机制，这就使得俄裔美国天体物理学家伽莫夫能在1946年计算出宇宙大爆炸发生后各个时段会发生的物理现象。

这个理论经过不断发展而成为目前的模样，现简述如下：

宇宙大爆炸发生于约150亿年前的一个体积极小、密度极大且温度极高的奇点。

大爆炸开始后，过了一千亿亿亿亿分之一秒，夸克、玻色子和轻子形成，当时的温度约为一千亿亿亿度。

大爆炸开始后，过了五百亿分之一秒，质子和中子形成，此时的温度约为一千万亿度。

大爆炸开始后0.1秒，此时的温度约为300亿度。

大爆炸开始后13.8秒，化学元素形成，此时的温度约为30亿度。

大爆炸开始后30分钟，原初核反应停止，此时的温度约为3亿度。

大爆炸开始30万年后，化学结合作用使得中性原子形成，此时的温度约为3 000度。同时，在万有引力的作用下，宇宙主要成分的气态物质逐渐凝聚成气态云团，直至恒星和恒星系统形成。

大爆炸100多亿年后的当代，宇宙全部沐浴在大爆炸残存下来的辐射中，辐射的温度实测约为绝对温度3.5度K（伽莫夫等人算得的近似值为5度K）。宇宙大爆炸理论的最主要支柱是20世纪20年代，美国天文学家哈勃发现的红移现象。哈勃在分析了当时用口径最大的2.5米天文望远镜摄得的许多天体光谱照片后，发现了在遥远的河外星系的光谱中，有显著的红移现象，而且越远的天体，它们的红移量也会正比地增大，这一现象后被称为著名的哈勃定律。之后，其他人也观测到了红移现象。而根据19世纪已发现的多普勒效应，我们接收到的从一个运动物体发出的声波或光波（甚至无线电波）都会发生频率改变现象。即运动物体在接近我们时，其发出的频率会增高，而且其速度越大时，频率也会越高；反之，运动物体在远离我们时，它的频率会变低。对光波来说，频率变低就是光的颜色移向红端，所以称为红移。鉴于我们观测到的遥远天体都在向外逃逸，因此人们就会想到，这些向外逃逸的天体从前应该是从某"一处"出发而跑开的。那么，这"一处"有多大呢？是1千米还是1万千米？于是，这"一处"就极难被定得恰当。所以，不如宣称那个"一处"是一个没有体积的点——数学上称为"奇点"。显然，要消除民众对宇宙大爆炸理论的怀疑，就必须在下列三点上使人信服：一是相信宇宙的确在膨胀；二是宇宙开始大爆炸时真的非常激烈，而且物质会从无到有；三是宇宙确有上百亿光年那样广袤。

对于要证明宇宙的确是在膨胀中，除了那易懂的且已观测到的光波和射电波的红移现象外，天文学家从宇宙膨胀后、空间中氢的丰度变化、宇宙背景均匀辐射的存在，以及从爱因斯坦的广义相对论推出的宇宙间有引力波的理论，都符合宇宙在膨胀的理论。但是那些理论都太过深奥，而且难以用通俗的语言使公众明了，现在我们也就只好姑且先相信宇宙正在膨胀的理论。

但也出现过一些反面的论点，它要求科学家证明"物体远离"是产

生红移的"唯一"原因。因为如果有另一个原因也能引起红移，那么天体的红移就不一定是天体远离所引起的。现在已知，引力也会产生红移，就是说当引力场很强时，光波也会红移。只是引力红移的量很小，这就远不足以解释实际观测到的天体光谱中的那么大的红移。

另外，有一个很古怪的论点，就是光在经过亿万年的传播后，光波会不会因衰老而频率变慢，从而引起光子衰老红移？一般来说，即使是当代顶级的物理学家，也不大清楚光的本质。例如，为什么宇宙万物间，唯独光才同时拥有粒子和波动这两种完全不同的性质？所以说，要证明光不会因衰老（上亿年）而变红，并不是一件容易的事。

对于第二个问题，即大爆炸的剧烈程度和物质"从无到有"的问题。人们都会怀疑那个爆炸过程能精确到一千亿亿亿亿分之一秒及温度能高达一千亿亿亿度，这两个数字简直不可思议。对此，我们可退一步去想，即使那个理论中的"亿"的个数差了两三个，其关系也不大，即并不会显著影响大爆炸的剧烈程度。

关于宇宙大爆炸时，如把整个宇宙的庞大物质是从无到有的说法改成物质本来就在那里的说法，就会遇到一个有难度的问题：那些物质是怎么来的？在它们之前又是什么呢？有趣的是，美国一个宇宙学派的理论却能避开以上难题。他们说，宇宙的膨胀是有限的。当宇宙膨胀大到某个极限后，膨胀的斥力（如暗能量）就不足以使宇宙再继续膨胀，于是宇宙在万有引力的作用下开始收缩，最终会缩小成一个奇点。等到达奇点程度时，斥力又会大于引力，于是宇宙再次大爆炸。当再次爆炸到达极限后，宇宙又转为收缩。如此这样，会发生既没有开始又永无止境的宇宙膨胀和收缩的交替过程。这样，别人就不好再问大爆炸之前宇宙的情况了，因为某次大爆炸之前就是上次大收缩之末。正像永远讲不完的故事一样，你也永远问不完。

对以上无比深奥的各种学说，本书也只能介绍到此。宇宙大爆炸的理论还远未达到完善的程度，就连爱因斯坦也承认，他之前的某一观点看来是错的。

对前述的第三个问题，即宇宙的广度能达到137亿光年之遥，学天体测量出身的作者认为还是能讲清的，现简述如下。

先请读者设想一下，田径场上有一位超级三级跳运动员，他的第一跳达到了6米，而第二跳他竟跳出了6 000米，第三跳则达到了600万米。那么，我们的天文学家真能如那位神奇的三级跳运动员那样，在测量宇宙天体距离的三级跳远中，从第一跳的几千光年远，到第二跳的几百万光年远，直到第三跳的100多亿光年远？

7.2　天体距离的测定

7.2.1　三角视差法测量天体距离

天文学家利用直观的三角测量，就能测出某天体 S（见图7.2.1）在远得多的恒星背景 B_1、B_2、B_3、B_4 上离我们的距离 D。具体测法是：天文学家在地球处于 e_1 位置时，先测定天体 S 在星空 B_1、B_2、B_3、B_4 背景上的

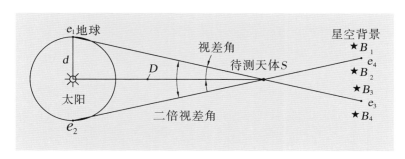

图7.2.1　利用视差角测量天体距离

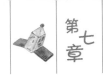
方向 e_3，然后要等半年，当地球公转到太阳另一边 e_2 时，再测出天体 S 在星空背景上的方向 e_4。这个 e_3 和 e_4 的方向之差就是二倍视差角，天文学家定义其一半为视差角。由于地球公转轨道的半径 d 平均为 1.495 亿千米，那么利用三角学测出视差角后，就能方便地算出太阳到天体 S 的距离 D。

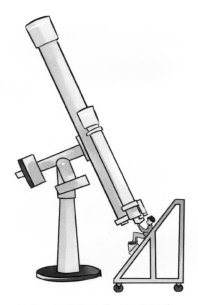

长焦距折射望远镜测恒星视差

当视差角小到 1 秒时，数学告诉我们，此时的 D 为 d 的 206 265 倍，也即 D 为 149 500 000×206 265（千米）。这个距离已非常遥远，即每秒如能跑 30 万千米的光，那么跑完这个距离也要花上 3.26 年。显然，用三角视差法测得的最远距离会受到测出的最小视差角的限制。如用大型天文望远镜的照相底片或 CCD 来测量视差，那么被测出的最小视差角约为百分之一秒。前面已讲过，当遥远的天体的视差为 1 秒时，其距离已为 3.26 光年，那么百分之一秒所对应的距离就应大 100 倍，即 326 光年。

从相隔半年拍摄的两张底片上可测出某恒星的视差（位移）

　　到了20世纪80年代，欧洲空间局发射了一颗天体测量卫星——依巴谷（古代著名天文学家）。根据该卫星在没有大气干扰的空间进行了4年的长期观测的资料，在20世纪90年代出版了《依巴谷星表》。在该星表中，最小视差能测到千分之一秒。这意味着，《依巴谷星表》中最远的天体可以比地面测得的距离远上10倍，即可达到3 000光年左右。

依巴谷卫星

　　直到《依巴谷星表》问世，天文学家才仅仅完成了天体测远三级跳中的第一跳，即跳到了3 000光年之遥。

　　下面介绍一下天文学家是用什么方法来实现天体测远三级跳中的第

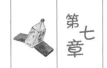

第七章 最不可思议的理论——宇宙大爆炸

二跳的。

7.2.2 造父变星测距法

近100年来，天文学家在本银河系（直径约10万光年）中发现了几百颗亮度会周期性变化的一种变星。因为首颗发现的这种变星在中国古星图中被称为"造父一"，所以我国就称这类变星为"造父变星"。在用三角视差法测量了许多造父变星的距离后，天文学家发现，变光周期越长的造父变星，它的光度（绝对星等）也会越大，这个关系是相当准确而有用的。

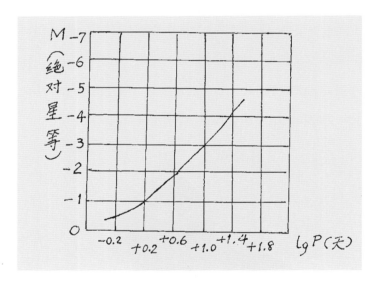

美国天文学家沙普利得到的造父变星和绝对星等的关系

有了这个关系，天文学家只要用天文望远镜测出某颗造父变星的变光周期（如若干小时），就可知道这颗星应有的光度。天文学家用望远镜又能同时测出这颗造父变星的可见亮度，即视亮度。那么应可想到，只有把这颗本来很亮的星放到多远距离的地方，才会暗到目前的程度。在这个距离推测的过程中，只需用到一个极简单又可靠的物理效应，即一个发光体的视亮度是严格地与它距离的平方成反比的。例如，一个发光体的距离每增加4倍，它的视亮度就会减暗到十六分之一。以上定律是可以用能量守恒定律来证明的。

以上所说的亮度和距离的关系不但可以用简单的实验来验证，也可以用实际的天文观测来验证。例如本银河系中有些星团，其成员离地球的距离应该是大致相同（如数百光年）的，如某星团中有几颗变光周期不同的变星，天文学家先实测这些变星，再算出它们的距离，结果居然大致相同，这就证明了用造父变星测得的距离是可信的。

1912年，美国女天文学家勒维特（Leavitt）在本银河系之外的小麦哲伦星系中发现了几颗造父变星。

大望远镜拍摄到的小麦哲伦星云照相负片

她由那些造父变星的变光周期得知了它们的（绝对）光度，然后她就可以计算出，只有把那些本来很亮的变星放到92万光年处，才会暗到我们所看到的暗弱程度。就这样，她成了第一个测得河外星系距离的人，从而实现了天体测距三级跳中的第二跳。

但是美中不足的是，造父变星在被放到数百万光年之外时，终会暗

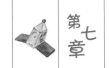
到即使用最大的天文望远镜也探测不到的程度，这就限制了用造父变星测得的有效距离只能达到几百万光年。这个距离比起100多亿光年来，还差了几百倍。

7.2.3　超新星及红移测距法

值得庆幸的是，幸运之神又一次光顾了天文学家，它给天文学家送来了比造父变星亮得多的Ⅰa型超新星。我们从下段文字可以看出，某些天体的光度之大，简直到了难以想象的程度。

2015年2月，英国《自然》（*Natuer*）杂志上登出了如下内容：2014年元旦前后，中国云南天文台用2.4米天文望远镜观测到了全球天文学家迄今所能观测到的光度最大的类星体，其光度为太阳光度的410万亿倍。此类星体距地球128亿光年（红移达6.3），它形成于宇宙诞生后的10亿年左右。经过国外大望远镜的后续观测，估算出该类星体中心黑洞的质量约为120亿个太阳质量。

以上令人瞠目结舌的结论，是怎样得知的呢？读者在看完下文后，就可明白其中的奥妙了。

根据一些顶尖天体物理学家的研究，说天文学家观测到的这种Ⅰa型超新星（也有数百个以上）在爆炸而突然变亮前，原是一个密近双星。在此双星系统中，一颗子星是白矮星，另一颗却是普通恒星。白矮星会吸聚普通恒星的外层物质，从而使自己的质量逐渐增大。一旦白矮星的质量增大到约太阳质量的1.4倍这个门槛时，这颗白矮星就会开始发生失控热核反应，从而发生大爆炸，这个大爆炸的光度会大到太阳光度的约50亿倍。由于每个白矮星都是在发展到同样大小时才爆炸，因此各个白矮星的爆炸规模，也即它们爆炸时的光度都是大致相同的，而且是有办法知道的。

此外，天文学家在测得了很多类星体的距离和红移量后又发现了一个规律，就是类星体的距离越远，那么它的红移量也就越大。所以从测得的某个类星体的红移量，就可以推测出这个类星体的大致距离，而由距离和观测到的视亮度，又能推得该类星体（非Ⅰa型超新星）的光度。

至此，天文学家天体测距三级跳中的第三跳，可说是综合了Ⅰa型超新星测距和红移测距这两种方法。

总之，天文学家能探测到的宇宙，竟达到了137亿光年之遥。但如硬要从鸡蛋中挑骨头，倒仍有一种怀疑，就是天文学家在考虑宇宙空间中光的传播时，所计算的光吸收效应可能还不够精确。如果天文学家对宇宙间光吸收的效应估计得过小了，那么他们推论出来的宇宙就会被夸大。如被夸大了100倍，那么可观测到的宇宙的最远处，将从现在说的137亿光年变为约1亿光年。但后者也已足够远，以至于并不会对已有的宇宙认识带来实质性的影响。

目前还出现了一种理论——多重宇宙论，说是除了当今已发现的本宇宙之外，还存在很多个甚至无穷多个宇宙。那些宇宙或许是与本宇宙并列存在的，那些宇宙或许也经历过大爆炸阶段，但那些宇宙都远在140亿光年之外，即远远超出了人们当今能观测到的范围。所以该理论的提出者目前还无法证明它，但人们也无法否定它。

附

对本书各问题之解答

No.1.2　考古学家可以从岩画的刻缝表面得知这条缝刻了多久。一是由刻缝表面石壁的风化程度得知，二是由刻缝表面层受宇宙线轰击的影响程度得知。

No.1.7.2　由于硬地壳之下是半熔融的地幔，而半熔的岩石有着极大的黏滞性，所以板块被震破而应力重新分布后，很黏的熔岩只能缓慢地移动，以至于若干小时（甚至几天）后才会发生下次余震。

No.1.8.2　太阳光比满月光强约50万倍。至于人眼为什么看不出差那么多，是因为人的视觉与光强是不成正比的。人眼在看暗的物体时，其灵敏度会显著提高，而人眼在看强光时，其灵敏度又会显著降低。此外，人眼的瞳孔也能改变直径，从而调节进入瞳孔的光通量。

No.1.9-1　因为尼罗河的支流多达百条以上，所以需要很多探险队去摸清哪一条是最远的源头，有些探险队员还因遭到鳄鱼袭击或疾病折磨而中途死亡。

No.1.9-2　美国一家报纸曾报道，某地从天上掉下了鱼和青蛙。原来它们是被龙卷风从河里刮上了天，再带到远处掉下来的。所以龙卷风就有可能把某家幼儿园的馅饼卷上天，再带到别处掉下来。

No.1.9-3　猪笼草在花蜜中加入了一种速效药，田鼠吃后，会马上爬到草根旁拉起屎来，这样田鼠就给猪笼草施了肥，也等于付了餐费。

No.2.3.3　蛇可以用极慢的速度移动它那凌空部分的身体。因为如用极慢的速度（和加速度）运动，蛇就不需要从那因有肥皂水而很滑的玻璃板上借多少力。

No.2.3.8　螳螂虾之所以可以击败螃蟹，是靠猛一收缩它那出锤肌肉，从而使锤的前段以极高的速度向前冲出，这时锤的动能极大，甚至可以击碎蚌壳。有人说，即便是锤前那高速前进的水，已能起到很大的打击作用了。

No.2.3.9-1　警方认为是某位偷渡客爬入了喷气客机的起落架舱，结果飞机飞到万米高空后，他因缺氧和严寒而死亡了。飞机下降前，起落架舱打开后，他的尸体就掉下来了。

No.2.3.9-2　其一，大鸟较难起飞，故它张翼后要先用助跑的速度来取得一些升力；其二，鸟翼上扬时受到的空气阻力即使等于下拍时的空气阻力，鸟翼仍可由其伯努利升力而留空；其三，鸟翼在上扬时，会略略弯曲，此时的空气阻力系数 C 会变小一些。

No.3.4　那辆摩托车的充气后轮会被地面压出一个不小的面积，因此摩托车只要把重心放到该着地面积的正上方，就能站立。

No.4.1.2　两层厚度各为 h 的板叠在一起后，下沉量只是一层时的二分之一，而不是预期的八分之一。

No.4.1.5　"没有死的木头"指"树"，"凉水大大的有"指"湖"。

No.4.1.6　自行车车轮所有钢丝受的力都是拉力，因为细长钢丝是不能受压力的，否则会产生纵弯曲现象。

No.4.3.1-1　汽车如不用局部能嵌入地面的车轮，那么它能爬上的长坡最多也不会超过45度。

No.4.3.1-2　如把绳子的一头固定在大树上，另一头用一队人来拉，那么很易理解，此时绳子中只有一队人的拉力。但如果用另一队人来代替大树，那么绳子中仍只有原来那队人的拉力。

No.4.3.1-3　如只慢抽中间那本，则会带动它上面的那本一起动；如只快抽中间那本，则可能只抽出它自己；如选一本很薄的书作为下面的那本，再把它放到光滑的桌面上，那么当上面两本书都较厚时，如慢抽中间那本，就可能三本一起抽动。

No.4.3.2-1　高速前进的轮胎下的水会来不及被挤出，以至夹在轮胎和地面之间的水会像润滑液那样，使轮胎在地面上平移滑动，从而丧失转向功能。

No.4.3.2-2　先将轴承内圈偏放在外圈内的一侧，再把各个滚珠放入内圈外的宽槽内，然后把各滚珠分开，此时内圈会自动移动到外圈的中央，最后装上滚珠的夹持圈。

No.4.4.4　因为脱壳穿甲弹在炮膛内时还很粗，膛线要使它高速旋转，就要消耗很多的能量，而脱壳弹在飞离炮口后，其高速旋转的动能会因壳体被抛掉而白白浪费，所以脱壳弹不宜用线膛炮。

No.4.4.8-1　该飞机的机翼自振频率恰好与发动机的常用频率重合了，因而会发生共振。在翼尖内装入重物后，可改变机翼的自振频率，使之不与发动机的常用频率共振。

No.4.4.8-2　将一根（约20厘米长）钢丝的中部紧靠上风扇的电机。在电机转动后，观察钢丝振动的幅度。然后在电机上改变钢丝的接触点，以找出钢丝共振时悬伸部分的长度，用这个长度就可以在专门的表格中查到相应的频率为多少。这个频率就是电机振动（转动）的频率。

No.4.4.9　人应实测，内有砖头的湿抹布和木（地板）的摩擦系数是多少。然后才能计算婴儿的拉力，再乘上30米，从而得出所做的功。再用所做的功除1 800秒（半小时）及75，才能得到婴儿那很小的马力数。

No.4.5.2-1　路程相同时，小轮子会多转一些，因此它的轴承消耗的摩擦功也会多一些。此外，小轮子不像大轮子那样，能很轻易地越过一些障碍物。虽然有的名人说大轮子的摩擦天生就比小轮子的小，但如果大轮子配了粗轴，那么大轮子的摩擦功消耗会比小轴的小轮子更大。

No.4.5.2-2　少气的轮胎受压后的变形会更大，导致轮胎侧面提前老化而开裂，那位司机得掏钱买新轮胎。

No.4.6-1　长江上的轮船抛锚后，因为锚链挂在船头上，所以江水会把船头冲得对准上游的方向。这个方向和风向合成后，船头往往会偏离来风的方向，所以那时不宜抛锚。

No.4.6-2　可将船的甲板舱门设计成在重力的作用下，门平时是开着的，而当船倾斜到45度以上时，重力就能自动关上此水密门了，或设计成舱门是时常关闭的。

No.4.7　直升机旋翼是很长的悬臂梁，所以它的下垂量就很大。但旋翼一旦高速旋转后，旋翼那极大的离心力就不但会拉直旋翼，而且还经得住机身的重力。

No.4.8.6　航母在飞机起飞前，会先放倒栏杆或干脆拆除栏杆。

No.5.14　当火箭在浓密的大气底层时，火箭刚起飞后的速度还很小，从而空气阻力和发热量都很小。当火箭加速到中速后，火箭所在高空的大气已较稀薄，从而它已不足以产生大的阻力和发热量。当火箭加速到高速时，它已基本超出大气了。

No.5.20-1　海水每天涨潮、落潮，海岸线会变动，所以海岸与海水间不会有固定的一亩地。

No.5.20-2　如把（南、北）美洲算在欧亚大陆的"东"面，这时理论上可找出所有大陆的中心（约在亚洲东南部）。但如把美洲算在欧亚大陆的"西"面，这时大陆的中心会在另一位置（约在非洲西部）。显然，以上两个（可能的）中心都不在埃及金字塔。事实上，地球的四周都是一样的，所以只好人为地约定英国格林尼治天文台为经度0点。

No.5.24-1　其实，静止的鸡蛋在受到动的鸡蛋撞击后，无论那个静止的鸡蛋有没有被手抓住，其蛋液都会被蛋壳推而突然加速，所以那个静止的鸡蛋的蛋液依力的反作用效应，也会从内部去推它的蛋壳，故静止的鸡蛋相对蛋壳也产生了运动。

No.5.24-2　较大的头，其等效简支架的跨度就较长，用材料力学可以证明，其撞击处的应力强度也比小头的大，所以易先碎。

No.5.27　子弹在飞机座舱里会因地心引力而加速下坠，但俯冲的飞机因有空气阻力，故大致是匀速下降的，所以子弹与飞行员仍不能等速下降。

No.6.1　人们不必费大事去加固整面崖壁，其实只要在河的尽头加伸一排薄（钢筋）水泥板，使河水能冲离崖壁2米以上，这样河水就不会冲蚀崖壁了。

No.6.5　当强风吹到墙面时，墙根受到的弯矩和应力是最大的，所以墙根就容易先断，这时断墙将绕断点发生整面墙的大转再倒地。

No.6.8-1　"魔法瓶"指"热水瓶"，"手纸"指"信"，"娘"则指"女儿"。

No.6.8-2　跳水运动员之所以能在空中翻滚，是因为他（她）起跳时，脚向后蹬跳板而获得了力矩。

No.6.10-1　由飞机投下的炸弹，在海面跳跃前进的速度远高于舰船航行的速度，所以舰船没有时间去避开跳跃炸弹。鱼雷的速度只与舰船的速度相当，而且鱼雷在距目标很远时就发射了，它在发射后较长时间的航行中，目标舰船已移动了很远的距离，所以鱼雷的命中率会远低于跳跃炸弹。

No.6.10-2　高速前进的跳跃炸弹在撞上水坝后，会立即反弹回很远，所以它不可能上跳或下沉。

No.6.11　滑雪者在听到（他上方）雪崩的巨响后，应该用最快的速度滑下（甚至滚下）山坡。理论上说，雪崩应该追不上滑雪者。

No.6.12　将待测样品放在一个由水包裹而又与外界绝热的容器中，然后（如用电阻丝）把该食物烧尽。在精确测出容器及水的温升后，可算出容器和水所获得的热量（应扣去电加热的能量），这样就能获得该食物燃烧后释放出的热量（千卡）。

No.6.13　喷气发动机前的钢网能轻易地将鸟切成碎片，发动机的高速涡轮叶片在撞上那些通过钢网的鸟体碎块后也会损坏，所以钢网是毫无用处的。

No.6.15-1　迫降处的地面如不够坚硬，则飞机的轮子在重重地撞地后，可能会陷入地面而不再前进。于是，飞机在惯性的作用下将就地翻一个大筋斗，从而机毁人亡。

No.6.15-2　飞机接近地面时，升力会因地面效应而显著加大，此时，飞行员如将机头拉得过高，飞机将升高而造成位能增加，从而导致速度减小。速度不够而又升高了的飞机就会坠落下来，以至撞地速度加剧。